Thomas Kunkelmann

Sicherheit für Videodaten

Thomas Kunkelmann

Sicherheit für Videodaten

Apple, Macintosh und Quicktime sind eingetragene Warenzeichen von Apple Computer, Inc.
DEC und Alpha sind Warenzeichen von Digital Equipment Corp.
GIF ist eingetragenes Warenzeichen von CompuServe, Inc.
GIF Construction Set ist ein Warenzeichen von Alchemy Mindworks, Inc.
IDEA ist ein Warenzeichen von Ascom Tech AG.
Intel, Pentium und DVI sind eingetragene Warenzeichen von Intel Corp.
Netscape ist eingetragenes Warenzeichen von Netscape Communications Corp.
Paint-Shop-Pro ist eingetragenes Warenzeichen von JASC Software, Inc.
PGP ist eingetragenes Warenzeichen von Pretty Good Privacy, Inc.
RSA und RC4 sind Warenzeichen von RSA Data Security, Inc.
Sparc und UltraSparc sind eingetragene Warenzeichen von SPARC International, Inc.
Sun und Java sind eingetragene Warenzeichen von Sun Microsystems, Inc.
UNIX ist ein Warenzeichen von X/Open Company, Ltd.
Windows ist eingetragenes Warenzeichen von Microsoft Corp.

Zu Abbildung 2.5: Abdruck mit freundlicher Genehmigung von dpunkt Verlag. © 1994 dpunkt Verlag, Heidelberg.
Zu Abbildung 4.9: Abdruck mit freundlicher Genehmigung von S. Mittra. © 1997 Association for Computing Machinery, Inc.
Zu den Abbildungen 2.7, 3.3, 3.8 und 7.5: Figures 5, 10 and G. 1 from ISO ISO/IEC 10918-1: 1994 and figure 7 from ISO/IEC JTC1/SC29/WG11 Document N2196 are reproduced with the permission of ISO. © Copyrith remains for ISO. Copies of these standards can be obtained from Beuth Verlag GmbH, D-10772 Berlin, or from ISO, postal box 56, CH-1211 Geneva 20

http://www.vieweg.de

Umschlaggestaltung: Ulrike Posselt, Wiesbader

ISBN 978-3-528-05680-3   ISBN 978-3-663-05777-2 (eBook)
DOI 10.1007/978-3-663-05777-2

Danksagung

Beim Schreiben eines Werkes wie die vorliegende Dissertation fühlt man sich — vor allem in der „heißen Phase" kurz vor der Fertigstellung — oftmals mit sich und seinen geistigen Höhenflügen oder auch Tiefschlägen alleinegelassen. Nichtsdestotrotz war diese Zeit nur mit der Unterstützung vieler netter Menschen aus meinem Umfeld durchzustehen, die mit konstruktiver oder auch vernichtender Kritik, mit praktischen Tips, mit beharrlichem Zureden oder aber durch großzügiges Nachsehen bei Schwächen und Versäumnissen meinerseits zum Gelingen der Arbeit beigetragen haben.

Meinem Doktorvater, Prof. Kammerer, gebührt großen Dank für die offene und freundliche Art, mit der er sein Institut führt, und in deren Umfeld schon so manche erfolgreiche Dissertation stattfand. Seiner Bereitschaft, sich durch die Einrichtung meiner Projektstelle auch auf für ihn ungewohntes Terrain vorzuwagen, und die stetige Unterstützung auf diesem Gebiet, verdanke ich die Entstehung der vorliegenden Arbeit. Herrn Prof. Steinmetz gebührt Dank für die sofortige Übernahme des Koreferats nach seiner Berufung an die Uni, trotz erheblicher Belastungen durch den Aufbau seines eigenen Instituts. Auch den übrigen Mitgliedern der Prüfungskommission, Frau Dr. Biehl, Prof. Buchmann und Prof. Henhapl, möchte ich an dieser Stelle für konstruktive Kritik und Anregungen zu meiner Arbeit danken.

Einen besonderen Anteil am Gelingen dieser Arbeit tragen viele meiner Kollegen, die durch Diskussionen und fachliche Unterstützung ihren Teil dazu beigetragen haben, daß ich mich bei meiner Arbeit an der Uni sehr wohl fühle und diese angenehme Atmosphäre nicht mehr missen möchte. Besonders hervorheben möchte ich hier meinen langjährigen Zimmerkollegen und Projektmitarbeiter Hartmut Vogler, der mir gehörig auf die Füße trat, bis ich mich endlich zum ernsthaften Arbeiten an der Promotion entschloß — wohl mit dem Hintergedanken, mich danach endlich nicht mehr auf den vielen Projektausflügen nach Frankreich ertragen zu müssen. Mit ihm und meiner Kollegin Marie–Luise Moschgath verbinden mich viele heitere, aber auch besinnliche Stunden beim Aufbau des ITO und dem täglichen Überlebenskampf an einer deutschen Forschungsinstitution. Meinen Kollegen Henning Pagnia und Oliver Theel vom FG Betriebssysteme möchte ich für ihr aufopferndes Bemühen danken, einen Odenwälder wie mich an die Weihen internationaler Forschung heranzuführen. Besonderen Dank möchte ich an dieser Stelle für Bernd Freisleben aussprechen, dem dieser Gedanke als erstem entsprungen ist, und dem ich neben meiner Tätigkeit als Uni-Mitarbeiter auch eine qualifizierte Betreuung meines wissenschaftlichen Werdegangs zu verdanken habe. In den „letzten Zügen" meiner Promotionstätigkeiten gesellte sich dann u.a. noch Marios Padelis zu uns, der meinen Ausfall in der Projektarbeit mehr als kompensieren konnte. All meinen Kollegen ein herzliches Dankeschön für die unvergeßliche Zeit an der Uni.

Auf dem wissenschaftlichen Sektor besonders positiv wirkte sich die Zusammenarbeit mit Rolf Reinema aus, hier entstanden einige der Gedanken und Verfahren, die sich in diesem Buch wiederfinden. Auch die kurze Zusammenarbeit mit Uwe Horn empfand ich als sehr fruchtbar. Nicht unerwähnt bleiben dürfen die Diplomanden, deren wissenschaftlicher Forschungsdrang die Basis dieser Arbeit bildet. Hier seien vor allem Thomas Blecher, Peter Hörmann, Heiko Fliegner und Jürgen Hördt genannt.

Der Firma Digital Equipment sei gedankt für die langjährige Finanzierung meiner Mitarbeiterstelle an der Uni. Hier ist vor allem Lutz Heuser hervorzuheben, der die Idee des ITO als Forschungseinrichtung an der Uni konzipierte und realisierte, sowie Joachim Schaper für die Weiterführung derselben. Besonderer Dank geht an Susan Thomas, die durch ihren einzigartigen Charme verbunden mit viel Sachverstand selbst das schwierigste Projekt für die Mitarbeiter erträglich gestalten kann.

An besonders exponierter Stelle dieser Danksagung möchte ich hier Gudrun Jörs hervorheben, deren eigenwilliges organisatorisches Talent alleine schon eine eigene Laudatio wert wäre. Viel mehr möchte ich jedoch ihre außerordentlichen Anstrengungen beim Umsetzen einer angenehmen Arbeitsatmosphäre und ihre ständige Hilfsbereitschaft bei allen möglichen großen und kleinen Problemen hervorheben, sie ist wirklich „das Beste, was einem Institut passieren kann"[1].

Ein spezielles Dankeschön möchte ich zu guter Letzt an meine Eltern richten, die mir durch ihre langjährige finanzielle und logistische Unterstützung meine nicht enden wollende Studientätigkeit erst ermöglicht haben und mir während der Promotion jederzeit mit Rat und Tat zur Seite standen.

Darmstadt, den 30. Juni 1998   Thomas Kunkelmann

---

[1] Danke, Said, für dieses treffende Zitat!

Inhaltsverzeichnis

Vorwort   **1**

1 Digitales Video — Einsatzmöglichkeiten   **3**
1.1 Klassifikation der Einsatzgebiete 4
     1.1.1 Live Video 4
     1.1.2 Gespeichertes Video 5
     1.1.3 Weitere Charakteristika 6
1.2 Vorteile der digitalen Videoverarbeitung 8
     1.2.1 Bildqualität 9
     1.2.2 Reproduktion 9
     1.2.3 Nutzen von Übertragungswegen 10
     1.2.4 Integration 10
     1.2.5 Filtertechnik 10
1.3 Digitale Repräsentation von Videoinformation 11
     1.3.1 Verarbeitungseinheiten 11
     1.3.2 Ortsauflösung 12
     1.3.3 Zeitauflösung 13
     1.3.4 Farbmodelle 14
1.4 Skalierung 19
1.5 Datensicherheit 21

2 Datenformate für digitales Video   **25**
2.1 Grundlegende Kompressionsmethoden 25
     2.1.1 Entropie und Redundanz 26
     2.1.2 Entropiecodierung 27
     2.1.3 Lauflängencodierung 30
     2.1.4 Quantisierung 31
     2.1.5 Differenzbildung und Vorhersage 32
     2.1.6 Transformationscodierung 33
     2.1.7 Hybride Videocodierung 35
2.2 Standards für die Videokompression 38
     2.2.1 JPEG und Motion–JPEG 39
     2.2.2 MPEG 42
     2.2.3 H.261 und H.263 47
2.3 Bildqualität 48

2.3.1   Maßeinheiten 49
2.3.2   Vergleich der Kompressionsverfahren 50

3   Skalierbarkeit bei der Videoübertragung   **53**
3.1   Anwendungsszenarien 53
3.1.1   Videokonferenz über heterogene Netze 53
3.1.2   Video im WWW 55
3.1.3   Pay–TV 56
3.1.4   Zugang zu Archivmaterial 57
3.2   Progressive Auflösung 57
3.2.1   Progressiver Modus von JPEG 58
3.2.2   Fraktale Codierung 61
3.3   Hierarchische Auflösung 64
3.3.1   Hierarchischer Modus von JPEG 66
3.3.2   Skalierbarkeit von MPEG–2 67
3.3.3   Skalierbarer Video Codec 69

4   Sicherheitskonzepte   **70**
4.1   Sicherheit und Kryptographie 70
4.2   Angriffe gegen gesicherte Daten 72
4.2.1   Passive Angriffe 73
4.2.2   Aktive Angriffe 74
4.2.3   Unerlaubte Verwendung von Daten 76
4.3   Kryptographische Algorithmen 77
4.3.1   Symmetrische Verschlüsselungsverfahren 78
4.3.2   Asymmetrische Verschlüsselung 88
4.3.3   Einwegfunktionen 91
4.3.4   Digitale Wasserzeichen 93
4.4   Sicherheit der vorgestellten Verschlüsselungsalgorithmen . . . 97
4.5   Sicherheitskonzepte für Gruppenkommunikation 99
4.5.1   Schwachstellen traditioneller Verschlüsselungskonzepte 100
4.5.2   Verschlüsseln mit Secure Lock 101
4.5.3   IOLUS–Framework 102

5   Partielle Verschlüsselung   **105**
5.1   Anforderungen an die Vertraulichkeit 107
5.2   Ansatzmöglichkeiten der Verschlüsselung 114
5.2.1   Applikationsebene 114
5.2.2   Middleware–Ebene 115
5.2.3   Netzwerkebene 117

5.3   Leistungsanalysen der Verschlüsselungsverfahren 120
5.4   Datenformatabhängige Verschlüsselung 121
  5.4.1   Videodaten 121
  5.4.2   Audiodaten 122
  5.4.3   Text und Applikationsdaten 123

6   Spezielle Verfahren für die Verschlüsselung von Videodaten 125
6.1   Vorschläge für partielle Verschlüsselungsverfahren 125
  6.1.1   Regelmäßiges Verschlüsseln von Nachrichtenblöcken . 125
  6.1.2   Verschlüsselung der I–Frames 127
  6.1.3   Verschlüsselung von intracodierten Blöcken 127
  6.1.4   Permutation von DCT–Koeffizienten 129
  6.1.5   Benutzen eines Teilvideostroms als Einmalschlüssel . . 130
6.2   Verfahren zur Videoverschlüsselung in der Praxis 132
  6.2.1   Zeilenpermutation 132
  6.2.2   SEC–MPEG 133
  6.2.3   DVB – Conditional Access 134
6.3   Skalierbare Adaption des Verschlüsselungsaufwands 135
  6.3.1   Designkriterien 135
  6.3.2   Realisierung 141
  6.3.3   Testergebnisse 146
  6.3.4   Sicherheitsbewertung 155
6.4   Vergleich der Verfahren 158

7   Verschlüsselung von skalierbarem Video   161
7.1   Möglichkeiten der Verschlüsselung 161
7.2   Schutz der Basisinformationen 162
  7.2.1   Verschlüsselungsmöglichkeiten bei MPEG–2 164
  7.2.2   Verschlüsselung beim skalierbaren Videocodec 166
7.3   Transparente Verschlüsselung 167
  7.3.1   Einsatzmöglichkeiten 169
  7.3.2   MPEG–2 und Conditional Access 171
  7.3.3   Ergebnisse am Beispiel des skalierbaren Videocodec . 173
7.4   Objektorientierte Sicherheitskonzepte 173
  7.4.1   Der MPEG–4 Standard 175
  7.4.2   Beispiele für objektabhängige Verschlüsselung 177

8   Anwendungen   180
8.1   Pay–TV und Videoservices 180
8.2   Videokonferenz-Unterstützung 183

8.3   Gateways 184
8.4   Videoarchive 187
8.5   Zusammenfassung der Ergebnisse 188

Literaturverzeichnis   **191**

Vorwort

Der Einsatz von digitalen Rechnern war nach ihrer Einführung zunächst auf die Berechnung komplexer Formeln und umfangreicher numerischer Ausdrücke beschränkt, was schon aus der Namensgebung ersichtlich wird. Als weiteres Einsatzgebiet entdeckte man jedoch schnell die Verarbeitung von Text und Zeichenketten, indem man diese einfach als Zahlenvektoren auffaßte und entsprechende Operationen auf ihnen definierte. Erst mit zunehmender Hardwareleistung und der gleichzeitigen Entwicklung von geeigneten Ein- und Ausgabegeräten ließen sich Computer auch für neue Aufgabenfelder einsetzen, wie z.B. in der Bildverarbeitung sowie dem Verarbeiten von multimedialen Dateninhalten [StNa95].

Ein heutzutage alltägliches Anwendungsgebiet für Computer ist die Übertragung und Verarbeitung von digitalen Videosignalen, welche erst durch entsprechend schnelle Prozessoren, durch die Entwicklung unterstützender Hardwarekomponenten sowie nicht zuletzt durch die Standardisierung geeigneter Kompressionsverfahren seit einigen Jahren auch für Arbeitsplatzrechner und PCs technisch möglich und finanzierbar wurden. Die zur Videokommunikation nötige Ausrüstung wie ein Multimedia–fähiger PC und eine digitale Kamera sowie der Anschluß an digitale Datennetze mit für Videoübertragung geeigneten Kapazitäten kann sich heute schon fast jeder private Anwender leisten, für die nahe Zukunft wird hier ein sich rapide entwickelnder Markt prognostiziert.

Ein Aspekt, der bei der Entwicklung verteilter Anwendungen auf Computern fast immer vernachlässigt wurde, ist die Vertraulichkeit und Authentizität der übertragenen Daten. Waren in den Anfängen der verteilten Computersysteme die Datennetze noch streng nach außen abgeschottet und nur für einige wenige Mitarbeiter des Anlagenbetreibers auch physikalisch zugänglich, so entsteht mit der zunehmenden Vernetzung der einzelnen Anlagen und dem Anschluß an öffentliche Netze wie das Internet ein enormer Nachholbedarf in der Entwicklung geeigneter Sicherheitsmechanismen. Als Beispiel sei hier die aktuelle Entwicklung in großen — weltweit operierenden — Firmen genannt, die aus Kostengründen zunehmend auf das Betreiben eigener Datennetze verzichten und ihre Weitverkehrsanbindung über die Netze öffentlicher Betreiber realisieren. Dieses Vorgehen kann nur durch dem Einsatz kryptographischer Methoden zur Bewahrung von Vertraulichkeit und Authentizität der übertragenen Daten gerechtfertigt werden, da oftmals Firmengeheimnisse und strategische Entscheidungen in den Daten enthalten sind oder von Dritten aus diesen gewonnen werden können. Das Ausspähen von Daten auf einem öffentlichen Netz ist nicht mehr nur eine Sache von Geheimdiensten mit speziellen Apparaturen hierfür, sondern kann von jedem Computer–Hacker oder einfach nur Neugierigen zuhause am PC erfolgen. Eine umfassende Sicherheitsarchitektur ist daher für den Betrieb von öffentlichen Netzen eine essentielle Grundvoraussetzung.

Das vorliegende Buch gliedert sich wie folgt: In Kapitel 1 wird das Einsatzgebiet von digitalem Video vorgestellt und die Verwendung von Sicherheitskonzepten speziell dafür motiviert. Kapitel 2 stellt die gebräuchlichsten Datenformate für digitales Video vor und gibt einen Überblick über die benutzte Technologie und Terminologie. Skalierbare Videoformate werden in Kapitel 3 gesondert vorgestellt, da ein Schwerpunkt dieses Buches auf diesen Verfahren beruht. Kapitel 4 gibt einen Überblick über Anforderungen aus dem Bereich der Datensicherheit und stellt die dabei verwendeten Begriffe und Techniken vor. In Kapitel 5 wird die selektive oder partielle Verschlüsselung von Videodaten eingeführt und an Beispielen motiviert. Die hierzu geeigneten Verfahren sind in Kapitel 6 zusammengefaßt. Neben einer Vorstellung der bisher entwickelten Verfahren ist in diesem Kapitel der Kern dieser Arbeit mit der Entwicklung eines neuen partiellen Verschlüsselungsverfahrens begründet, welches die daran gestellten Anforderungen am besten löst. Kapitel 7 behandelt dann im speziellen die auf skalierbaren Videokompressionsformaten beruhenden Techniken und zeigt auf, daß partielle Verschlüsselung hier ideal angewendet werden kann. Weiterhin gibt dieses Kapitel Ausblicke auf zukünftige Entwicklungen in diesem Bereich. Eine Aufstellung der mit digitalem Video möglichen Anwendungen und eine Zusammenfassung der Ergebnisse in Kapitel 8 beschließen dieses Buch.

1 Digitales Video — Einsatzmöglichkeiten

Seit dem Beginn des zwanzigsten Jahrhunderts werden bewegte Bilder mit Hilfe von analoger Technik und Geräten verarbeitet und gespeichert. Dies liegt in der Natur der Sache, denn sowohl die Lichtwellen, welche für unsere Augen die in Filmszenen enthaltenen Objekte vermitteln, als auch die Zeit, über welche diese Objekte Bewegungen vollführen, sind kontinuierliche Medien[1]. Die Helligkeits- und Farbinformation der dargestellten Objekte werden mit Hilfe einer Kamera eingefangen und entweder direkt auf einem Film durch photochemische Reaktionen als Farb- bzw. Helligkeitswerte gespeichert oder in analoge elektrische Signale umgewandelt. Die zuletzt genannte Möglichkeit hat neben der Speicherung in elektromagnetischer Form auf Videobändern noch den Vorteil, daß die Bilddaten über elektrische Leitungen direkt zu einem oder mehreren Empfängern gesendet werden können, ohne erst auf anderen Medien zwischengespeichert zu werden. Weiterhin bietet die Umwandlung in elektrische Signale die Möglichkeit, das Bild mit Hilfe eines *Filters* zu bearbeiten, z.B. um unerwünschte Frequenzen (Rauschen) aus dem Bilddatenstrom zu entfernen.

Die analoge Fernseh- und Videotechnik wird seit Beginn der achtziger Jahre durch die Technik der digitalen Videoverarbeitung ergänzt. Die digitale Videotechnik scheint auf den ersten Blick betrachtet nur Nachteile mit sich zu bringen. So wird zunächst immer ein Verlust an Information in das System eingeführt, da die Videodaten zur Verarbeitung und Speicherung durch das Digitalisieren zwangsläufig auch *quantisiert* werden müssen, da sich beliebige reelle Werte in digitaler Form nur mit Hilfe von unendlich großem Speicher darstellen ließen. Außerdem benötigt die digitale Verarbeitungsmethode wesentlich aufwendigere und teurere Geräte- und Leitungstechnik als im analogen Fall.

Warum bewegte Bildinformation dennoch mit digitalen Methoden verarbeitet wird, soll in diesem Kapitel erläutert werden. Zunächst werden die typischen Einsatzgebiete für digitales Video vorgestellt. Den Schwerpunkt dieses Kapitels bilden Methoden zur Repräsentation von Videosignalen in

---

[1] abgesehen von den Ergebnissen, welche durch die Quantenphysik in unsere Auffassung von Objekten in der realen Welt eingeflossen sind

digitaler Form sowie Überlegungen, warum für Videoinformationen eine Datenkompression eingesetzt werden muß. Abschließend folgen Betrachtungen zu Sicherheitsanforderungen an Systeme zur Verarbeitung von Videosignalen und mit welchen Methoden diese Anforderungen erfüllt werden können.

1.1 Klassifikation der Einsatzgebiete

Digitales Video wird heute in einer Vielzahl von Anwendungen eingesetzt, man denke nur an so unterschiedliche Bereiche wie Bildtelefon, Multimedia-Spiele am PC, Pay-TV, Satellitenaufnahmen oder Fernüberwachung. Die eingesetzten Systeme unterscheiden sich dabei sowohl im Hinblick auf die eingesetzte Technik als auch nach Kriterien wie Datenrate, Bildauflösung, Farbunterstützung, Audiofähigkeiten, Übertragungsleitungen und -protokollen, usw. Ein sehr charakteristisches Merkmal ist allerdings, ob das System Live-Daten bearbeitet oder ob die eingesetzten Videos bereits irgendwo im System abgespeichert sind. Daher soll dieser Punkt hier besonders herausgestellt werden.

1.1.1 Live Video

Diese Form der Videoübertragung wird hauptsächlich im Bereich von Videokonferenzen, Bildtelefonie sowie Fernüberwachung und -diagnose eingesetzt. Charakteristisch für solche Systeme ist die Tatsache, daß an keiner Stelle bei der Verarbeitung der Videoinformationen im System eine nennenswerte Verzögerung auftreten darf. Um den Eindruck von Live-Video beim Benutzer des Systems zu rechtfertigen, muß die gesamte Verzögerungszeit des Videos vom Sender bis zur Anzeige beim Empfänger unterhalb der menschlichen Wahrnehmungsgrenze liegen. Für Videoinformation wird diese Grenze mit 150 ms Gesamtverzögerung angegeben [Mil95], ein System, welches diese Bedingung einhalten kann, wird als *Echtzeit-System* bezeichnet.

Die gesamte Verzögerung in einem Echtzeitsystem wird weniger von den (meist analogen) Ein- und Ausgabegeräten des Videobildes beeinflußt, da die hier eingesetzte Technik schon seit Jahrzehnten ständig verbessert wird und die analogen Signale oft parallel nebeneinander bearbeitet werden können. Der Flaschenhals in diesen Systemen sind fast immer die Komponenten zur Komprimierung und Dekomprimierung der digitalen Videoinformation, welche in vielen Fällen auf Rechnern in Software ausgeführt wird, außerdem spielt die Verzögerung beim Transport durch ein digitales Datennetz eine nicht zu unterschätzende Rolle. Hierbei muß zur Aufrechterhaltung einer garantierten Maximalverzögerungszeit entweder ein eigenes Datennetz für die Videoübertragung eingesetzt werden (Beispiel: Telefonnetz/ ISDN), oder das im Netz verwendete Transportprotokoll muß der Anwendung eine garantierte Bandbreite zur Verfügung stellen können (Beispiel: ATM oder RSVP [BZB97]). Die in der digitalen Computertechnik bisher eingesetzten paketvermittelnden Netze (z.B Ethernet) sind für Live–Video–Applikationen wegen der fehlenden Übertragungsgarantien nur bedingt geeignet.

1.1.2 Gespeichertes Video

Im Gegensatz zu Videokonferenzen, wo das Aufzeichnen, die Übertragung sowie der Empfang und das Abspielen der Videodaten in Echtzeit stattfinden muß, gibt es auch einige Systeme, bei denen die Videoinformationen schon vorher aufgenommen und zur Speicherung im System bearbeitet worden sind. Diese Videos werden dann jeweils auf Verlangen vom Speichermedium geholt und beim Empfänger angezeigt. Dabei muß jeweils nur der zweite Schritt in einer für den Anwender akzeptablen Zeit erfolgen, die Aufnahme und das Vorverarbeiten des Videos sind in der Regel keine für die Applikation zeitkritischen Phasen, weshalb hier verstärkt Wert auf eine hohe Qualität des Videomaterials und einen hohen Kompressionsfaktor für die Speicherung auf Platte oder Band gelegt werden kann als auf eine möglichst schnelle Verarbeitung.

Zu den Reaktionszeiten des Systems beim Empfänger kann kein allgemeiner Wert angegeben werden, die folgenden Beispiele für derartige Anwendungen sollen die mögliche Bandbreite dieses Wertes verdeutlichen:

- Bei Videoclips im Internet, z.B. den verschiedenen Möglichkeiten, sich über WWW–Clients Videoclips zu holen und diese dann anzusehen, sind die Anwender beim Laden von WWW-Seiten sowieso schon an Reaktionszeiten im Minutenbereich gewöhnt. Daher wird eine mehrminütige Reaktionszeit des Systems beim Lokalisieren eines Videoclips über einen WWW-Browser vom Anwender als ganz normal empfunden, gleichgültig ob diese Zeitspanne durch eine interne Verzögerung beim Server zustande gekommen ist oder durch die Übertragungszeit im Internet.

- Bei interaktivem Fernsehen (Heimvideo, engl. *Video on Demand, VoD*) spielen kurze Verzögerungszeiten im System bis zum Abspielen eines angeforderten Videos oder dem Umschalten auf einen anderen Kanal keine allzu große Rolle für die Funktionstüchtigkeit des Systems. Der

Betreiber eines solchen Systems wird allerdings bemüht sein, diese Zeiten möglichst gering zu halten, um sich vor konkurrierenden Anbietern einen Wettbewerbsvorteil zu erhalten. Strategien zur Einhaltung von kurzen Verzögerungszeiten sind z.B. das Zwischenspeichern von häufig angeforderten Filmen auf schnellen Festplatten, um Bandsuchlaufzeiten zu vermeiden (*Caching*). Typische Reaktionszeiten eines solchen Systems liegen im Bereich von unter einer bis wenigen Sekunden.

- Für interaktive Spiele und vergleichbare Anwendungen am PC, z.B. die *Compact Disc interactive (CDi)*, wird vom Anwender ein quasi-Echtzeitverhalten der Anwendung erwartet. Die Verzögerungszeiten des Systems dürfen daher hier nur Bruchteile einer Sekunde betragen, idealerweise sind auch hier Werte unter 150 ms.

Das Entpacken der üblicherweise komprimiert abgelegten Videos sowie die Anzeige beim Benutzer muß in diesen Systemen natürlich auch mit den für digitales Video üblichen Datenraten (s. hierzu Kapitel 1.3.4) erfolgen, weshalb gewisse Minimalanforderungen an die Hardware auf Empfängerseite gestellt werden müssen.

1.1.3 Weitere Charakteristika

Neben den beiden aufgeführten Hauptunterscheidungsmerkmalen für digitale Videoverarbeitungssysteme gibt es noch eine Reihe weiterer Charakteristika, die hier kurz aufgelistet sind:

Teilnehmerzahl

Die Anzahl der Teilnehmer im System spielt für dessen Konzeption eine entscheidende Rolle. Grundsätzlich lassen sich die Systeme in die folgenden Kategorien einteilen:

- Punkt–zu–Punkt–Verbindungen (*Unicast*), genau zwei Teilnehmer

- Punkt–zu–Mehrpunkt–Verbindungen (*Multicast*), ein Sender, mehrere Empfänger aus einer Gruppe von möglichen Empfängern

- Rundfunk (*Broadcast*), alle am System angeschlossenen Teilnehmer können an der Videoverbindung teilnehmen

Videokonferenzen, bei denen mehrere Teilnehmer ein Videobild senden, werden hierbei meist als eine Verallgemeinerung des zweiten Falls behandelt. Bei Punkt–zu–Mehrpunkt–Verbindungen muß bei der Realisierung eines solchen Systems besonderer Wert auf die *Skalierbarkeit* bezüglich der Teilnehmerzahl gelegt werden, z.B. müssen bei einem interaktiven Fernsehsystem Tausende von möglichen Empfängern gleichzeitig ohne Einbußen der Systemleistung bedient werden können.

Rolle der Teilnehmer

Während bei einer Videokonferenz normalerweise alle Teilnehmer sowohl Videodaten senden und empfangen können, sind bei VoD (Heimkino) die Empfänger nicht gleichzeitig sendefähig, sie können allenfalls Kontrollinformationen (Anforderungen) an die sendende Institution schicken.

Dieser Aspekt spielt nicht nur für die benötigte Infrastruktur auf Seiten der Teilnehmer eine Rolle, er hat auch großen Einfluß auf die Wahl des zugrundeliegenden Videoformats. So kann bei Vorliegen nur eines (oder einiger weniger) Sender das Datenformat so gewählt werden, daß bei den Empfängern möglichst wenig Investitionskosten für die Hardware zum Dekomprimieren der Videodaten einzusetzen sind und der evtl. hohe Aufwand zur Erzeugung dieser Videodaten nur einmal beim Sender erfolgt.

Benutzerkreis

Unter diesem Punkt soll hier verstanden werden, ob ein System eine geschlossene Benutzergruppe adressiert (z.B. Videokonferenz innerhalb einer Firma) oder theoretisch jedem Benutzer offensteht (z.B. viele Videoübertragungen via *MBone* [Eri94], dem Multicast–Backbone für Gruppenkommunikation im Internet). Beeinflußt wird dies auch durch die eingesetzte Technologie, z.B. stehen digitale Videoausstrahlungen via Satellit prinzipiell jedem Empfänger, der mit der entsprechenden Empfangstechnologie ausgestattet ist, offen, sofern die Übertragung nicht wie bei vielen Pay–TV–Sendern mit einem Code geschützt ist. Der potentielle Kreis der Adressaten für eine Videoanwendung spielt zwangsläufig eine Rolle bei der Auswahl des geeigneten Übertragungswegs, ob ISDN bzw. Telefon, Internet, Rundfunkübertragung oder über den Vertrieb auf CD-ROM bzw. anderen geeigneten Speichermedien.

Übertragungsqualität

Für die Qualität der übertragenen Videoströme gibt es wie eingangs erwähnt
verschiedene Parameter, die ein System charakterisieren und die Einfluß auf
die Bandbreite der Videoströme und die benötigten Systemvoraussetzungen
haben:

Bildauflösung angefangen von Miniatur–Videobildern bei Bildtelefonie via
analoge Telefonleitungen oder Modem, bis hin zu Fernsehbildern im
HDTV–Format oder Kino–Projektionsqualität

Bildfrequenz und damit verbunden auch die Schwankung derselben (Ruk-
ken im Bild)

Farbtiefe sowie die Fähigkeit, überhaupt Farben darzustellen

Audiounterstützung und die dazugehörige Audioqualität (Sprache/ Musik–CD, Mono/ Stereo/ Dolby-Surround)

Adaptionsfähigkeit an schwankende Übertragungsbandbreiten, bedingt
durch unterschiedliche Netzauslastung zu verschiedenen Zeitpunkten

Skalierbarkeit des Videobildes an die unterschiedlichen Gegebenheiten
beim Empfänger (Auflösung, Bildfrequenz etc.), s. hierzu die in Kapitel 3 präsentierten Videoformate

Neben diesen vorgegebenen Parametern eines Videosystems gilt als objektives Qualitätsmerkmal zur Messung von Videosignalen der *Signal–Rausch–
Abstand* (signal–to–noise ratio, SNR). Er findet Anwendung, wenn das Videosignal zur Speicherung oder Übertragung *verlustbehaftet* komprimiert
worden ist. Seine Definition und die Anwendung auf verschiedene Videoverfahren wird in Kapitel 2 präsentiert.

1.2   Vorteile der digitalen Videoverarbeitung

Neben den Nachteilen der (noch) höheren Hardwarekosten bei der Übertragung und Speicherung von digitalem Video und der Tatsache, daß man
bei der Digitalisierung immer einen (wenn auch vernachlässigbar geringen)
Verlust an Information hinnehmen muß, bietet die Verarbeitung von Video
in digitaler Form eine Reihe von Vorteilen, die in diesem Abschnitt kurz
aufgezeigt werden sollen.

1.2.1 Bildqualität

Nach der Digitalisierung können die Bilddaten über alle Bearbeitungsstationen hinweg ohne einen Verlust in der Qualität weitergegeben werden. In digitalen Verarbeitungsstationen (Computern und Datennetzen) sind üblicherweise an allen Stellen Fehlererkennungsmechanismen eingebaut, die Übertragungsfehler aufdecken und ggf. beheben können, weshalb einmal digitalisierte Daten während ihrer Lebenszeit in einem digitalen System nicht an Informationsgehalt verlieren. In analogen Systemen wird mit jeder zusätzlichen Station, an der ein Videosignal bearbeitet bzw. übertragen wird, eine neue Quelle für die Verschlechterung der Bildqualität eingeführt, da die elektrischen bzw. optischen Signale verschiedene Bauteile durchlaufen müssen, welche auch bei nahezu perfekter Produktion immer einen Einfluß auf den Informationsgehalt des Signals haben.

Dieser Punkt spielt auch für Fernsehanstalten und Bildarchive eine sehr große Rolle, da analoge Speichermedien im Laufe der Zeit einen Teil ihres Informationsgehaltes verlieren. Bei digitalen Speichermedien kann jederzeit vor Ablauf des Haltbarkeitszeitraums des Archivierungsmediums eine genaue Kopie des Ausgangsmaterials hergestellt werden, während eine verlustfreie Archivierung von analogen Signalen über eine längere Zeitspanne prinzipiell nicht möglich ist.

1.2.2 Reproduktion

Das Kopieren von identischen Kopien ist bei digitaler Information immer möglich, während im analogen Fall aus den unter dem vorigen Punkt aufgezählten Gründen keine absolut identische Kopie herstellbar ist.

Mit der Frage der unbegrenzten Reproduktionsmöglichkeiten für digitale Daten werden allerdings auch einige rechtliche Aspekte angeschnitten, da viele der digitalisierten Filme mit einem Copyright versehen sind. Die Produzenten von Audio– und Videomaterial sind nicht daran interessiert, daß jeder auf einfachste Weise Kopien der digitalen Informationen in Originalqualität anfertigen kann, bzw. darin eingebrachte Copyright–Informationen einfach an seinem Rechner entfernen oder verändern kann. Daher fordert die Industrie einen wirksamen Schutz, um hardwareseitig das Kopieren zu verhindern. Zum Schutz von Copyrightvermerken o.ä. in Videomaterial wurden bereits verschiedene Verfahren entwickelt [ZhKo96][HaGi96].

1.2.3   Nutzen von Übertragungswegen

Für digitales Video ist die gemeinsame Nutzung von Übertragungsleitungen mit anderen Diensten wie Textübertragung, E-Mail, Telefax oder Sprache einfach lösbar. Dies bedeutet gleichzeitig eine gemeinsame Nutzung von Sende- und Empfangsinfrastruktur für alle diese Dienste, ohne daß für einzelne Dienste wie z.B. analoge Fernsehübertragung eigene Sende- und Empfangsstationen (Antennen, TV-Tuner, TV-Kabelnetz) eingerichtet werden müssen. Ein Paradebeispiel für die Integration verschiedener Dienste ist das digitale Telefonnetz *ISDN* (Integrated Services Digital Network), welches das Versenden unterschiedlicher Dienste wie Sprache, Daten und Telefax auf einer gemeinsamen Leitung anbietet, wobei der Datendienst von der angeschlossenen Applikation (PC mit Modem/ ISDN-Karte) weiter aufgegliedert werden kann.

1.2.4   Integration

Durch die Digitalisierung lassen sich Videodaten in andere Computeranwendungen einbetten und ermöglichen dadurch neue Formen der Interaktion mit dem Medium Video. Die Funktionalität ist damit nicht mehr nur auf die bei einem Videorecorder üblichen Funktionen beschränkt.

Neben der Integration von Videobildern in andere Anwendungen lassen sich auch am Computer erzeugte synthetische Objekte in digitalisierte Videos einbinden. Angefangen von Titeln und Werbeeinblendungen eröffnet diese Technologie einen sehr weiten Spielraum an Manipulationsmöglichkeiten bis hin zum Kopieren oder Entfernen von einzelnen Objekten aus einem Videoclip oder dem Mischen verschiedener Szenen, was im analogen Fall nur mit einem hohen Technikaufwand verbunden ist (Blue-Screen Studiotechnik) und nicht immer zu zufriedenstellenden Ergebnissen führt.

1.2.5   Filtertechnik

Für digitale Daten lassen sich die verschiedensten Filter relativ einfach in Software realisieren. Auf digitales Video angewendet, können somit beliebige Filter, vom einfachen Farbfilter bis zur Extraktion von sich bewegenden Objekten in einer Szene [Sch97a], definieren. Im analogen Fall sind der Entwicklung von Filtern technologische Grenzen gesetzt, da sich nicht jede Funktion mit Hilfe von analogen Bauelementen nachbilden läßt.

1.3   Digitale Repräsentation von Videoinformation

Zur Darstellung der von einer Kamera aufgenommenen Bildinformation in
digitaler Form werden verschiedene Formate zur Codierung der digitalen
Repräsentation sowie unterschiedliche Räume zur Modellierung der darin
enthaltenen Farb– und Helligkeitsinformation eingesetzt. Die Formate werden dabei sowohl von der eingesetzten Technik zum Erzeugen bzw. zur Anzeige der Videoinformation beeinflußt als auch von Randbedingungen des
verarbeitenden Systems, welche z.B. eine möglichst schnelle Verarbeitung
der Daten beim Empfänger oder eine möglichst kompakte Darstellung zur
effizienten Speicherung fordern. Aufgrund dieser Anforderungen haben sich
die verschiedenen Formate entwickelt. Modelle und Transformationen zur
kompakten Codierung der Daten werden unter dem Begriff *Kompression*
ausführlich in Kapitel 2 behandelt. In diesem Abschnitt werden zunächst
die grundlegenden Repräsentationsmodelle für digitale Videodaten vorgestellt.

1.3.1   Verarbeitungseinheiten

Die Quelle für Videodaten, die nicht künstlich auf einem Rechner erzeugt
worden sind, ist in der Regel eine *Kamera*, die die empfangene Lichtwellenin-
formation in elektrische Information umwandelt, welche zunächst meistens
in analoger Form vorliegt. Die enthaltene Information ist in jedem Fall mehr-
dimensional sowohl über die örtliche Ausdehnung in zwei Dimensionen und
die Zeit, als auch über die Farb– und Helligkeitsinformation, welche sich
nicht in einer Größe darstellen läßt, sondern in zumeist drei Komponenten
aufgeteilt werden muß.

Aus den analogen Daten wird dann in einem *Digitalisierer* die Umwandlung in eine digitale Repräsentation vorgenommen. Dieser Schritt ist immer
mit einer *Quantisierung* in allen vorhandenen Dimensionen verbunden, da
digitale Daten in einem begrenzten Speicher nur die Darstellung diskreter
Werte erlauben. Somit wird an dieser Stelle immer ein Informationsverlust in das System eingeführt, welcher allerdings im Regelfall unterhalb der
menschlichen Wahrnehmungsfähigkeit liegt und somit für die meisten Anwendungen toleriert werden kann. In modernen digitalen Kameras wird die
Digitalisierung der Information und deren Diskretisierung schon gleich beim
Empfang der Lichtsignale durchgeführt und nicht erst eine Transformation
in analoge elektrische Signale vorgenommen, was zu einem Qualitätsgewinn
der digitalen Daten durch Wegfall der zusätzlichen Transformationen führen
kann.

Nach dem Digitalisieren müssen die Daten dann mit Hilfe eines *Codierers* in ein vorher spezifiziertes Format gebracht werden, damit weitere Verarbeitungseinheiten und angeschlossene Geräte universell auf die Daten zugreifen können. Üblicherweise ist mit der Codierung der Daten auch eine Komprimierung des Datenvolumens verbunden, weshalb diese Station auch *Komprimierer* genannt wird. Die Komprimierung der Daten kann auch hier verlustbehaftet erfolgen, was bedeutet, daß die Ausgangsdaten nach der Digitalisierung nicht mehr exakt rekonstruiert werden können, sondern nur noch ein möglichst ähnliches Abbild derselben.

Weitere Stationen in einem System, das digitales Video verarbeitet, sind Stationen verantwortlich für den *Transport* der Daten, zur *Speicherung* auf digitalen Medien wie Festplatten oder Magnetbändern, zum *Umcodieren* in ein anderes Format sowie zum *Manipulieren* der Daten, wie es von den im letzten Abschnitt angesprochenen digitalen Filtern durchgeführt wird.

Zum Anzeigen der Videosignale werden dann Stationen benötigt, die genau die inversen Transformationen auf den Daten durchführen. So werden die Daten nach dem Empfang durch das Transportsystem zunächst von einem *Decodierer* oder auch *Dekomprimierer* in das für das *Ausgabegerät* benötigte Format gebracht und von jenem dann wieder in analoge Lichtsignale bzw. zwischendurch in elektrische Signale umgewandelt. Abbildung 1.1 faßt diese Verarbeitungsschritte noch einmal zusammen.

1.3.2 Ortsauflösung

Vom Standpunkt der räumlichen Auflösung ist ein Video–Objekt in zwei Dimensionen definiert und im Regelfall rechteckig[2]. Bei der Digitalisierung wird die zunächst (bei Fernsehübertragungsformaten allerdings nur in der horizontalen Komponente) kontinuierlich vorliegende Ortsinformation in kleinen Intervallen diskretisiert, für welche dann genau eine Farbcodierung digitalisiert wird. Somit entsteht an einem festgelegten Zeitpunkt eine Matrix aus Farbinformationen. Die Elemente dieser Matrix werden als *Pixel* (*picture element*, Bildelement) bezeichnet, die deutsche Bezeichnung *Bildpunkt* ist etwas irreführend, da die Elemente ja im Gegensatz zu einem Punkt eine rechteckige Ausdehnung von der Größe der jeweiligen Intervalllängen besitzen. Die Größe eines Pixels muß nicht immer quadratisch sein,

---

[2] Für spezielle Anwendungen, bei denen kein rechteckiges Videoformat verlangt wird, kann man diese o.B.d.A. auf das sie umschließende Rechteck erweitern und die nicht vorhandenen Bildelemente mit einem speziellen „Farbwert" (Markierungscode) im Videostrom kenntlich machen.

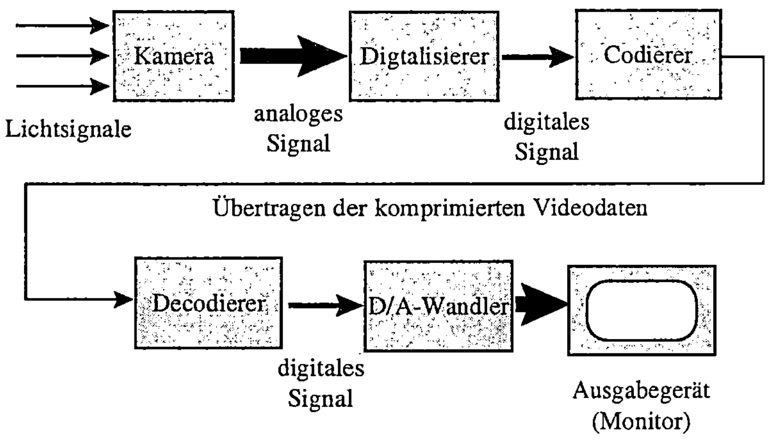

Abbildung 1.1 Die einzelnen Schritte bei der Verarbeitung von digitalem Video

bei manchen Videoformaten läßt sich das Verhältnis der Kantenlängen mit angeben.

Tabelle 1.1 gibt einen Überblick über die bei digitalem Video am häufigsten eingesetzten Bildformate sowie ihre typische Einsatzgebiete.

1.3.3 Zeitauflösung

Aus den Entwicklungen in der Kino- und Fernsehtechnik weiß man, daß das menschliche Auge ab einer Frequenz von ca. 16 Hz eine schnelle Folge von Einzelbildern nicht mehr unterscheiden kann. Ab einer Frequenz von ca. 25 Hz können solche Bildfolgen vom Auge flimmerfrei aufgenommen werden, ohne auch bei längerem Betrachten zu ermüden. Die aktuelle Fernseh- oder Monitortechnik verwendet jedoch Frequenzen im Bereich von 50–80 Hz, welche als ergonomisch günstige Werte angesehen werden, bei denen keine schädlichen Folgen durch längeres Betrachten auftreten.

Sowohl beim Kino als auch in der analogen Fernseh- und Videotechnik müssen Bewegtbildsequenzen zeitlich diskretisiert werden, da bisher keine Technik zur zeitkontinuierlichen Verarbeitung von Bildübertragungen existiert. Die hierbei eingesetzten Frequenzen liegen bei 24 Hz für Kinofilme und 25 bzw. 30 Hz für Fernsehübertragungen und Videos in den Formaten

Abk.	*Bezeichnung*	*Format*	*Anwendungsgebiet*
CIF	Common Interchange Format	352×288	Videokonferenzen
QCIF	Quarter CIF	176×144	Videokonferenzen, Bildtelefonie
SIF	Source Input Format[3]	352×288	Fernsehbilder, PAL-Norm (25 Hz Bildwiederholrate)
		352×240	Fernsehbilder NTSC-Norm (30 Hz Bildwiederholrate)
HDTV	High-Definition TeleVision (MPEG-2)	1920×1152	zukünftige Fernsehnorm
		1440×1152	(noch nicht standardisiert)

Tabelle 1.1   Standardisierte Bildformate für digitales Video

PAL/ SECAM (europäische Fernsehnormen) bzw. NTSC (Nordamerika). Beim Digitalisieren von vorhandenem Bildmaterial wird deshalb auf diese Frequenzen sowie (ganzzahliger) Teiler davon zurückgegriffen, da ein Umcodieren auf andere Frequenzen nur mit aufwendigen Interpolationsberechnungen zu erzielen ist, um die dazwischenliegenden Einzelbilder zu erhalten. Ein einfaches Duplizieren von Bildern macht sich beim Betrachten des entstandenen Videos durch ein Rucken in den Bewegungen bemerkbar.

Mit Einführung von HDTV (High Definition TeleVision) werden sich wohl auch für digitales Video bei hohen Qualitätsansprüchen die dort üblichen Bildwiederholfrequenzen von 50 Hz bzw. 60 Hz durchsetzen.

Ein Einzelbild in einer Videosequenz wird als *Frame* bezeichnet, die Bildwiederholfrequenz ist im folgenden mit *Framerate* benannt, sie wird in Hz ($^1/_s$) angegeben.

1.3.4   Farbmodelle

Das einfachste Farbmodell, welches schon seit den Anfängen der Photographie benutzt wird, verzichtet vollkommen auf jegliche Farbinformationen und repräsentiert nur die Helligkeitsinformation über die dargestellten Objekte. Auch zu Beginn des Fernsehzeitalters war nur eine Übertragung in

---

[3] wird auch als *Standard Interchange Format* bezeichnet

„schwarz–weiß" möglich[4]. Die dabei eingesetzte Übertragungstechnik wurde aber dann insoweit modifiziert und erweitert, daß auch zusätzlich Farbinformationen mit übertragen werden können, ohne am Übertragungsstandard für die herkömmlichen Schwarz–Weiß–Geräte Änderungen vornehmen zu müssen. Zur Darstellung von Farben gibt es verschiedene *Farbmodelle*, die hier kurz vorgestellt werden sollen.

RGB

Das RGB–Modell codiert alle Farben anhand der drei *Primärfarben* Rot, Grün und Blau, aus denen sich alle anderen Farben zusammensetzen lassen [EnSt88]. Dieses Farbmodell findet auch in der Gerätetechnik für Ein/ Ausgabegeräte die weiteste Verbreitung und ist prinzipiell für alle Farbdarstellungsarten gut geeignet, bei denen eine *additive* Farbmischung zur Farberzeugung benutzt wird, die Farben also direkt aus verschiedenfarbigem Licht gemischt werden. Im Gegensatz dazu wird bei der *subtraktiven* Farbmischung die Farbe durch Absorption/ Reflexion des auftreffenden Lichts erzeugt, die subtraktiven Grundfarben bilden die *Komplementärfarben* des RGB–Modells, also Cyan, Magenta und Gelb.

Die drei Farben haben eine unterschiedliche Wertigkeit für das menschliche Wahrnehmungsempfinden. So lassen sich kleine Helligkeitsunterschiede bei Grüntönen am besten unterscheiden, für Blau ist dies am schlechtesten möglich. Um Eingabegeräte und Bildcodierungsverfahren möglichst einheitlich gestalten zu können, werden die drei Farben beim Digitalisieren allerdings mit der gleichen Quantisierung abgetastet. Der Stand der Technik ist eine Abtastung mit jeweils 256 linearen Quantisierungsstufen, was sich auf eine gute Repräsentierung der Farbwerte in einem Byte, der in der Informationstechnik standardisierten Verarbeitungsbreite für Informationseinheiten, zurückführen läßt. Eine weitere Verfeinerung dieser Quantisierung hat auf den visuellen Eindruck des resultierenden Bildes keinen Einfluß, das menschliche Auge kann solch feine Abstufungen nicht mehr erkennen. Systeme, die Farben in dieser Feinheit, also mit $3 \times 8 = 24$ Bit *Farbtiefe* darstellen können, werden als *True Color Systeme* bezeichnet.

---

[4] Die Bezeichnung „schwarz–weiß" ist an dieser Stelle irreführend, da hier auch alle zwischen Schwarz und Weiß liegenden Grautöne im Signal übertragen werden.

YUV

Beim YUV–Modell wird die Farbinformation aufgetrennt in die *Luminanz* (Helligkeitswert) Y und zwei Werte für die *Chrominanz* (Farbanteil), U und V. Damit ist eine einfache Separation der Helligkeitsinformation bei diesem System gegeben, weshalb die Erweiterung des Fernsehens auf Farbübertragung mit Hilfe dieses Modells realisiert wurde. Umgekehrt läßt sich aus Farbinformationen im YUV–Format sofort der Helligkeitswert extrahieren, wenn etwa das Ausgabemedium keine Möglichkeit zur Farbdarstellung bietet.

Das YUV–Modell läßt sich einfach aus den Farbwerten des RGB–Modells mit Hilfe der folgenden Formel bestimmen [Fol90]:

$$\begin{array}{rcrcrcl}
Y & = & 0.299\,R & + & 0.587\,G & + & 0.114\,B \\
U & = & 0.596\,R & - & 0.275\,G & - & 0.321\,B \qquad \forall\, Y,U,V,\ R,G,B \in [0,1] \\
V & = & 0.212\,R & - & 0.528\,G & + & 0.311\,B
\end{array}$$

Zwei weitere Vorteile für die Reduktion der Datenmenge bei digitalem Video bieten sich durch die Wahl des YUV–Farbmodells [Mil95]:

- Ein Algorithmus, der zur Bildkompression von Graustufenbildern geeignet ist, läßt sich genausogut jeweils auf die drei Komponenten des YUV–Modells unabhängig voneinander anwenden. Dies ist bei der Wahl eines anderen Farbmodells nicht notwendigerweise gegeben.

- Da der Mensch auf Helligkeitsschwankungen wesentlich empfindlicher reagiert als auf Farbveränderungen, läßt sich die Chrominanzinformation mit weit weniger Quantisierungsstufen bei gleichbleibendem subjektiven Empfinden darstellen als die Luminanzkomponente.

Dies wird bei digitalen Videosystemen dahingehend ausgenutzt, daß die Chrominanzwerte *unterabgetastet* werden, also nicht alle Pixelwerte jeweils zwei Chrominanzwerte liefern, sondern der Mittelwert von jeweils zwei oder vier benachbarten Pixeln dafür benutzt wird. In Tabelle 1.2 sind die gebräuchlichen Unterabtastformate für die Chrominanzwerte und die entsprechenden Werte für Videoframes im CIF–Format gegenübergestellt [MPEG]. Abbildung 1.2 stellt die Lage der Abtastpunkte bei diesen Formaten noch einmal graphisch dar.

Das YUV–Farbmodell wird auch als YC_RC_B–Farbmodell oder als YIQ–Farbmodell bezeichnet. In allen Modellen bezeichnet jedoch Y den Luminanzwert einer Farbe, wenngleich sich die Modelle bei der Repräsentation der Primärfarben in U und V (bzw. C_R und C_B oder I und Q) in kleinen Details voneinander unterscheiden.

Format	Horizontale Unterabtastung	Vertikale Unterabtastung	U/V Werte pro Zeile	U/V Werte pro Spalte
4:4:4	keine	keine	352	288
4:2:2	2:1	keine	176	288
4:2:0	2:1	2:1	176	144
4:1:1	4:1	keine	88	288
4:1:0	4:1	4:1	88	72

Tabelle 1.2 Unterabtastung für verschiedene Chrominanzformate, Beispiel für ein CIF–Frame (352 × 288 Pixel Originalgröße)

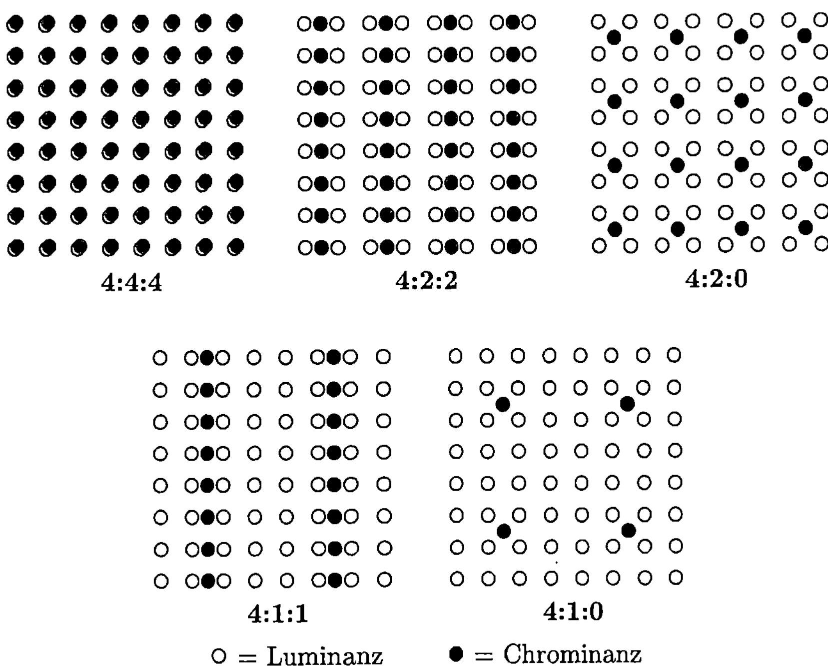

Abbildung 1.2 Vergleich der Unterabtastformate für die Chrominanzwerte, Lage der Abtastpunkte

HLS

Das HLS-Modell (Hue, Lightness, Saturation) [EnSt88] orientiert sich an der menschlichen Farbwahrnehmung, die Farben sind hierbei als Doppelkegel (oder auch als Zylinder) angeordnet. Auch für dieses Modell existieren Umrechnungsformeln für das RGB-Modell:

$$max = \max(R, G, B), \quad min = \min(R, G, B)$$

$$r = \frac{R-min}{max-min}, \quad g = \frac{G-min}{max-min}, \quad b = \frac{B-min}{max-min}$$

$$H = \begin{cases} R = max &:& 2\pi(g - b) \\ G = max &:& 2\pi(2 + b - r) \\ B = max &:& 2\pi(4 + r - g) \end{cases}$$

$$L = \frac{max+min}{2} \qquad\qquad \forall\ \text{L,S, R,G,B} \in [0,1]$$

$$S = \begin{cases} L \leq 0.5 &:& \frac{max-min}{max+min} \\ L > 0.5 &:& \frac{max-min}{2-max-min} \end{cases}$$

Das HLS-Farbmodell spielt für digitales Video keine große Rolle, ebensowenig wie viele andere Farbmodelle, z.B. CNS (Color Naming System, typischen Repräsentanten einer Farbe werden Namen zugewiesen).

Aus den angegebenen Zahlen für die verschiedenen Dimensionen eines digitalen Videostroms läßt sich nun einfach die benötigte Bandbreite für dessen Übertragung berechnen. Gehen wir von einem Video im CIF-Format aus, welches mit 25 Frames/s im YUV-Farbformat digitalisiert wurde, so benötigt das unkomprimierte Video pro Sekunde die folgende Bandbreite:

$$352 \times 288(\text{Auflösung}) \times 24(\text{Farbtiefe}) \times 25(\text{Frames}) = 60.825.600 Bit/s$$

Für einen durchschnittlichen Spielfilm von 90 Minuten werden demnach 41 Gigabyte Speicherplatz benötigt, um diesen abspeichern zu können. Selbst bei Beschränkung auf QCIF-Format und 4:2:0 Unterabtastung werden noch 13.9 MBit/s Bandbreite benötigt, was für die Mehrzahl aller installierten Datennetze und Rechnersysteme immer noch ein viel zu hoher Wert bedeutet.

In Tabelle 1.3 sind die Datenraten einiger für Videoübertragung und -speicherung eingesetzten Geräte und Leitungen gegenübergestellt. Aus den Werten ergibt sich sofort die Notwendigkeit, digitale Videodaten für den Transport und die permanente Speicherung effektiv zu komprimieren.

Komponente	Datenrate	Speicherkapazität
Festplatte (IDE)	16.5 MByte/s	4 – 12 GByte
Festplatte (Ultrawide–SCSI)	20 MByte/s	4 – 20 GByte
Telefonleitung mit Modem	28.8 kBit/s	
ISDN–Anschluß (einfach)	64 kBit/s	
Ethernet	10 – 100 MBit/s	
ATM Netzwerk	15 – 155 (– 622) MBit/s	

Tabelle 1.3 Vergleich von Speicherkapazität und Datenraten verschiedener für die Videobearbeitung eingesetzter Hardwarekomponenten

1.4 Skalierung

Neben der Kompression spielt auch die Möglichkeit zur *Skalierung* für digitales Video eine immer größere Rolle. Mit Skalierung ist die Fähigkeit gemeint, verschiedene Parameter eines Videostroms an akut auftretende Vorgaben und Einschränkungen anzupassen ohne dabei die Videodaten vollständig decodieren zu müssen. Ein triviales Beispiel für Skalierung von Videodaten ist das Auslassen von Frames beim Decodieren und Anzeigen des Videos, wenn die zur Verfügung stehende Rechenleistung nicht zur Decodierung des gesamten Videostroms ausreicht.

Zwei Bedingungen muß das Datenformat, in dem das digitale Video vorliegt, zumindest erfüllen, damit selbst dieser triviale Fall der Skalierung möglich wird. Erstens muß schnell aus dem codierten Datenstrom heraus der Anfang eines Frames bestimmbar sein, ohne die zuvor gelesenen Daten komplett decodieren zu müssen. Zweitens dürfen zwischen einzelnen Frames keine zeitlichen Abhängigkeiten (Interframe–Codierung) zur Kompression ausgenutzt worden sein. Ein Frame muß sich also ohne Kenntnis seiner decodierten Vorgänger komplett rekonstruieren lassen. Bei geschickter Implementierung des Skalierungsverfahrens können diese Bedingungen allerdings aufgeweicht werden, z.B. können Frames, welche nicht als Referenz für die Dekomprimierung anderer Frames dienen, entsprechend markiert werden, damit sie bei der Skalierung des Videos evtl. übersprungen werden können.

Die folgende Übersicht zeigt diejenigen Parameter auf, die für die Skalierung eines Videostroms herangezogen werden können:

Örtliche Skalierung: Der Videostrom wird in einer oder beiden der räumlichen Auflösungsrichtungen unterabgetastet, ähnlich der Unterabtastung für die Chrominanzwerte beim YUV–Farbmodell (Kapitel 1.3.4). Dabei sind nur ganze Teiler der Kantenlängen des Videos möglich, um zeitaufwendige Interpolationsrechnungen zu vermeiden. Sofern nur eine der beiden Richtungen unterabgetastet wird ist dabei zu beachten, daß das Verhältnis der Kanten des Videoframes bei der Darstellung erhalten bleibt. Dies kann durch Adaption der Pixel–Kantenlängen erfolgen.

Zeitliche Skalierung: Es werden einzelne Frames oder Teile daraus aus dem Videostrom entfernt und bei der Darstellung am Ausgabemedium durch den Inhalt des vorherigen Frames ersetzt (bzw. einfach nicht neu aktualisiert), um Schwankungen in der Ablaufgeschwindigkeit des Videos zu verhindern. Falls beim Empfänger noch genügend Rechenleistung zur Verfügung steht (weil z.B. die zeitliche Skalierung vom Übertragungsmedium wegen mangelnder Bandbreite vorgenommen wurde), kann dort die fehlende Bildinformation aus den beiden benachbarten Frames interpoliert werden, um einen gleichmäßigeren Bewegungsverlauf im Video zu erzielen.

Fehler–Skalierung: Wenn der eingesetzte Codierungsalgorithmus schon eine hierarchische Struktur besitzt, also zunächst das Bild oder ein Teilbild daraus grob annähert und danach weitere Feinheiten und Details der Szene codiert[5], kann man dieses Verhalten für die Skalierung ausnutzen. Die Skalierungseinheit wird demnach die Bildinformation nur bis zu dem Detaillierungsgrad übertragen, der von den nachfolgenden Einheiten noch verarbeitet werden kann, die restlichen Details des Bildes werden dann einfach weggelassen. Bei der Darstellung des so skalierten Videos macht sich dies in kleinen Detail–Fehlern bemerkbar, wenngleich der Gesamteindruck einer Videoszene erhalten bleibt.

Skalierungen im Farbraum: Als Möglichkeit sei hier z.B. genannt, die Farbinformation nur bei genügend großer Bandbreite zu übertragen bzw. auszuwerten, und sich ansonsten mit einer Schwarz–Weiß–Darstellung des Videos zu begnügen. Ansonsten ist diese Form der Skalierung nur ein Spezialfall der zuvor erwähnten Fehler–Skalierung.

Ein wesentlicher Punkt bei der Skalierung ist die Tatsache, daß die Daten im codierten Videostrom schon in verschieden skalierten Teilströmen vorliegen und nicht erst an der Stelle, die die Skalierung durchführt, umcodiert

---

[5] vgl. hierzu die Vorgehensweise des JPEG–Algorithmus auf der Ebene der DCT–Blöcke, Kapitel 2.2.1

werden müssen. Eine Möglichkeit, wie dies realisiert werden kann, ist die Codierung in Teilströmen, welche separat zum Empfänger übermittelt werden und dort erst zusammengesetzt werden. Ein Teilstrom enthält dabei die Daten für die niedrigste Auflösung, während der oder die restlichen Ströme die Erweiterungen enthalten, die zur Rekonstruktion von höheren Auflösungen (örtlich, zeitlich oder für den Fehler zum Originalbild) notwendig sind. Im Gegensatz zur hier beschriebenen Skalierung bezeichnet man das Umcodieren eines Videostroms während dessen Übertragung in ein anderes Format als *Transcodierung* [AMZ95].

Die Skalierung kann an verschiedenen Stellen bei der Übertragung von Video erfolgen. Unterschieden werden können hierbei die folgenden Fälle:

- Die Skalierung erfolgt beim Erzeuger (Sender) eines Videostroms. Dazu muß der Sender über einen Rückkanal mitgeteilt bekommen, wie hoch seine Sendeleistung maximal sein darf, bzw. welche Daten und in welchem Umfang ein angeschlossener Empfänger oder eine Zwischenstation diese verarbeiten kann. Diese Information kann dann direkt bei der Erzeugung des Videostroms zur Steuerung der verschiedenen Parameter benutzt werden, um somit die Datenrate anzupassen.

- Eine Verarbeitungsstation auf dem Transportweg entscheidet, daß sie nur eine bestimmte Menge an Daten weitergeben kann und skaliert den von ihr weitergeleiteten Datenstrom entsprechend. Dieses Vorgehen ist vor allem für heterogene Videokonferenzsysteme wie die Videokonferenzen im Internet mit den *MBone-Tools* [Eri94][McJa95] von großer Bedeutung, da hier sonst ein einzelner Teilnehmer mit einer schmalbandigen Internet–Anbindung die Videoqualität der kompletten Konferenz beeinträchtigen würde.

- Der Verbraucher (Empfänger) des Videos skaliert den Datenstrom entsprechend seiner Rechenleistung und den Fähigkeiten seiner grafischen Ausgabe.

1.5 Datensicherheit

Der Aspekt der Datensicherheit wurde lange Zeit bei der Entwicklung von Computeranwendungen vernachlässigt. Diese Auffassung wurde auch genährt durch die Einstellung vieler Militärs und Geheimdienste, daß kryptographische Methoden zur Erzielung von Datensicherheit und Vertraulichkeit als Geheimsache zu klassifizieren sind. Daher wurden die Veröffentlichungen in diesem Bereich lange Zeit vor der restlichen akademischen Welt verborgen gehalten [Kah67]. Erst mit dem Aufkommen von Computerviren und der massiven Häufung von Einbrüchen durch Hacker in fremde Datenbestände rückte auch das Problemfeld der Datensicherheit wieder in das Bewußtsein der Öffentlichkeit.

Für das Medium Video sind Sicherheitsaspekte ein besonders wichtiges Thema, impliziert die Verwendung von Videomaterial doch eine Kommunikation mit anderen Teilnehmern eines Systems über ein Datennetz oder die Nutzung von Material, auf das der Urheber einen künstlerischen oder geistigen Eigentumsanspruch hat.

Unter den Sicherheitsanforderungen an ein Videosystem soll hier nicht nur die abhörsichere Übertragung, also die Einhaltung der Vertraulichkeit bei der Datenkommunikation verstanden werden. Allgemein umfaßt dieser Begriff noch wesentlich mehr Themenbereiche, welche hier kurz angesprochen werden sollen. Eine ausführliche Darstellung der im Zusammenhang mit Datensicherheit stehenden Forderungen an Computerapplikationen sowie der Maßnahmen, mit denen diese erreicht werden können, kann in Kapitel 4 gefunden werden.

Für Systeme, die digitale Videodaten verarbeiten können, sind im besonderen die folgenden Themenkomplexe aus dem Bereich der Datensicherheit interessant [Sta95]:

- Bei der Übertragung von Videodaten in offenen Netzen und Umgebungen, die für einen geschlossenen Benutzerkreis gedacht sind, spielt die **Vertraulichkeit** eine große Rolle. Unter diesem Begriff ist zu verstehen, daß kein Außenstehender, der nicht dazu befugt ist, Zugang zum Inhalt der übertragenen Nachrichten erlangen kann. Als Beispiel für die Forderung nach Vertraulichkeit soll die Entscheidung vieler großer Firmen hergenommen werden, auf den Betrieb von firmeninternen Datennetzen zu verzichten und statt dessen auf die oft kostengünstigeren Netze privater oder öffentlicher Betreiber auszuweichen. Diese Strategie bringt vor allem bei weltweit operierenden Firmen mit vielen verteilten Standorten eine enorme Einsparung. Ohne Mechanismen zur Wahrung von Vertraulichkeit könnten solche Netze allerdings nicht zum Übertragen von virtuellen Management–Treffen per Videokonferenz genutzt werden, da somit auch oftmals wichtige strategische Entscheidungen der Firma für jedermann zugänglich über das Datennetz übermittelt werden. Selbst wenn der Netzbetreiber sicherstellt, daß kein Außenstehender — etwa mit Hilfe eines Netzwerkmonitors auf seinem PC — die übertragenen Daten abhören kann, könnte doch der Betreiber des Netzes selbst in Konkurrenz zu der Firma stehen und aus den Daten eventuelle Wettbewerbsvorteile ziehen.

- Aus dem vorangegangenen Beispiel wird deutlich, daß für viele Applikationen auch die **Authentisierung** eines Teilnehmers erforderlich ist. Damit ist gemeint, daß sich der Teilnehmer ausweisen muß, er also beweisen muß, daß er die betreffende Person auch wirklich ist, für die ein Dienst bestimmt ist. Ohne die Möglichkeit der Authentisierung ist ein Mechanismus zur Wahrung von Vertraulichkeit nutzlos, da sonst entweder niemand Zugang zu dem System erhalten könnte oder jeder beliebige Teilnehmer.

  Die Authentisierung ist nicht auf natürliche Personen beschränkt. Beispielsweise kann sie auch durch funktionale Rollen (Systemverwalter, stellvertretender Leiter) oder für Geräte und Applikationen (Bandsicherungsdienst, Mailserver) ermöglicht werden.

- Ein weiterer für Videosysteme wichtiger Punkt ist die **Zugangskontrolle** (Autorisierung) zu bestimmten Diensten. Sie ist nicht mit der Authentisierung zu verwechseln, da auch anonyme Teilnehmer zum Zugriff auf zugangskontrollierte Dienste autorisiert sein können, etwa die Benutzer eines multimedialen Kioskterminals nach Entrichtung einer Gebühr für die Übertragung eines Videoclips. Eine besondere Bedeutung für die Industrie spielt die Zugangskontrolle im Bereich von Pay–TV, da über sie die Nutzung einzelner Kanäle oder Sendungen für dazu berechtigte Kunden des Systems geregelt wird.

- Speziell für multimediale Daten erhebt sich das Problem der Wahrung von **Urheberrechten** (Copyright), da viele der Multimedia-Produktionen einen künstlerischen Wert besitzen oder auf sonstige Weise geistiges Eigentum repräsentieren. Das illegale Kopieren dieser Daten läßt sich zwar nicht oder nur mit speziellen Vorkehrungen an allen beteiligten Hardwarekomponenten verhindern, wohl aber läßt sich ein Vermerk auf die Eigentumsrechte in den Daten unterbringen. Dies sollte jedoch in der Weise erfolgen, daß solch ein Vermerk nicht ohne einen massiven Eingriff in die Qualität oder Integrität der Daten zu entfernen ist. Interesse an einer solchen Technik haben vor allem Filmproduzenten, –verleiher und –archive, die ihr herausgegebenes Material auf diese Weise markieren können. Illegale Kopien werden durch die Markierung zwar nicht verhindert, können aber jederzeit bei unberechtigten Besitzern identifiziert werden. Ein triviales, aber dennoch effektvolles Beispiel ist das Markieren von Bildern für WWW-Animationen, welche mit einer nicht registrierten Softwareversion einer Firma erstellt wurden [Alc97]. Findet der Softwarehersteller solche

Bilder beim systematischen Durchsuchen von Webseiten, werden deren Ersteller[6] abgemahnt. Die unsichtbare Markierung befindet sich einfach in einem Kommentar–Feld innerhalb der erstellten Bilder.

- Die bisher aufgezählten Punkte berührten nur den Schutz vor möglichen Angriffen durch Dritte. Unter dem Begriff Datensicherheit ist aber auch ein Schutz vor Verlust oder Beschädigung zu verstehen. Daher muß auch die **Integrität** der Daten für manche Anwendungen garantiert werden. Im Falle von Videodaten ist der Verlust einzelner Datenpakete im allgemeinen nicht so katastrophal wie z.B. bei Buchungsdaten oder Textdokumenten, zumal Videodaten auch nach erfolgter Kompression genügend Redundanz enthalten. Ein Beispiel aus dem medizinischen Bereich soll aber auch diesen Aspekt für den Anwendungsfall motivieren. Sind z.B. bei einer nicht alltäglichen Operation weitere Spezialisten per Videokonferenz mit dem Operationssaal verbunden, kann sich eine durch fehlerhaft übertragene Daten hervorgerufene Verfärbung oder Schattenbildung eventuell auf deren Diagnose auswirken, mit vielleicht verheerenden Auswirkungen auf den weiteren Verlauf der Operation.

- Das letzte Beispiel soll gleichzeitig als Motivation für einen weiteren Aspekt der Datensicherheit dienen, nämlich der **Verfügbarkeit** eines Dienstes. Damit ist gemeint, daß ein Datendienst — im Beispiel die Übertragung einer Videokonferenz — ständig und mit der zuvor garantierten Dienstgüte (Bandbreite der Übertragung) zur Verfügung steht, ohne daß z.B. ein Fremder vorsätzlich oder unwissentlich einen Teil der zugesagten Ressourcen für eigene Aktivitäten abziehen kann.

Im Kontext von Videoübertragung spielen die aufgezählten Punkte eine mehr oder minder gewichtige Rolle, damit ein Dienst von seinen potentiellen Nutzern akzeptiert wird und als verläßlich angesehen wird. Speziell die Vertraulichkeit von Informationsübermittlung und der Zugangsschutz zu bestimmten Diensten stehen beim Thema digitales Video im Vordergrund. Wie diese Anforderungen bei Anwendungen, die digitales Video übertragen, eingehalten werden können, soll Gegenstand der Kapitel 4 bis 7 sein.

---

[6] Diese sind in der Regel zwar nicht die Erzeuger der illegal produzierten Animationen, tragen aber dazu bei, daß die Benutzung illegal kopierter Software als normal angesehen wird.

2 Datenformate für digitales Video

Als Computer so leistungsfähig wurden, daß mit ihnen die Verarbeitung digitaler Videos möglich wurde, definierten die verschiedenen Hard- und Softwarehersteller zunächst ihre eigenen Verfahren, mit denen sie Videobilder codieren konnten. Weite Verbreitung fanden dabei jedoch nur die beiden Verfahren *AVI* in der Welt der Windows–PCs und *Quicktime* für den Macintosh von Apple. Um plattformübergreifend Videos austauschen zu können, mußte jedoch erst ein internationaler Standard definiert werden. Da sich sowohl unsere Welt wie auch das Medium Video als sehr vielschichtig und facettenreich darstellt, müssen wir heute jedoch mit einer Reihe von Standards für die Videokompression auskommen. Dies zum einen, weil sowohl die ISO (*International Standardization Organization*) als auch die ITU (*International Telecommunication Union*, vormals CCITT) eigene Standards jeweils für ihren Zuständigkeitsbereich definierten, und diese noch weiter ausbauen. Zum anderen, weil sich für verschiedene Anwendungsfälle wie Live–Übertragung oder Archivierung unterschiedliche Verfahren, die den jeweiligen Anforderungen am besten gerecht werden, durchzusetzen beginnen.

In der Standardisierungsphase haben sich die sogenannten *hybriden* Kompressionsverfahren als die effizientesten herausgestellt. Sie beruhen auf einer Kombination verschiedener Transformationen und Kompressionstechniken. Daher werden in diesem Kapitel zunächst diese Techniken erläutert. Anschließend werden die standardisierten Videokompressionsverfahren vorgestellt und die Einsatzmöglichkeiten erläutert. Abschließend sollen die Verfahren noch bezüglich ihrer Kompressionsleistung miteinander verglichen werden. Die hierbei gewonnenen Erkenntnisse bilden die Basis für die Entwicklung der in Kapitel 6 aufgeführten Verschlüsselungsmethoden für digitale Videostandards.

2.1 Grundlegende Kompressionsmethoden

Ziel der Kompression ist es, den Umfang der anfallenden Daten zu reduzieren, ohne dabei den Informationsgehalt zu zerstören oder zu beeinträchtigen. Es leuchtet sofort ein, daß dabei nicht immer für beliebige Daten eine Reduktion erreicht werden kann. Ansonsten könnte man durch wiederholtes Anwenden der Kompression die Datenmenge beliebig verkleinern, bis man zum Schluß nur noch 1 Bit an Information übrigbehält. Daß sich in dieser Informationsmenge kein 90minütiges Video mehr speichern läßt, benötigt wohl keiner weiteren Erklärung.

2.1.1 Entropie und Redundanz

Als ein etwas präziseres Ziel der Datenkompression definiert man nun, die in den Daten enthaltene *Redundanz* zu eliminieren. Unter der Redundanz versteht man den Anteil der Daten, der zu keinem weiteren Gewinn an *Information* beim Empfänger mehr führt, dessen Informationsgehalt also schon anderswo in den Daten enthalten ist bzw. daraus abgeleitet werden kann.

Mathematisch ausgedrückt, ist eine *Codierung* eine Abbildung eines Eingabezeichens e aus einem *Alphabet E* auf eine Folge von Ausgabezeichen (Codezeichen) c aus dem Codealphabet C. Ein Alphabet ist eine nichtleere, endliche Menge an Zeichen. Die Folge der Codezeichen für ein Eingabezeichen heißt *Codewort*. Mit der *Codewortlänge L* eines Zeichens e wird die Anzahl der Codezeichen bezeichnet, die zur Darstellung des Zeichens e für einen bestimmten Code benötigt wird. Die mittlere Codewortlänge $\bar{l}$ für eine Codierung $E \mapsto C$ mit $E = \{e_1, e_2, \ldots, e_n\}$ ist folglich:

$$\bar{l} = \sum_{i=1}^{n} p(e_i) \cdot L(e_i), \qquad p(e) = \text{Auftrittswahrscheinlichkeit von } e$$

Eine Kompression ist nun nichts anderes als eine Codierung, allerdings mit dem Ziel, die mittlere Codewortlänge zu minimieren, also die Darstellung der Ausgabezeichenfolge für eine gegebene Folge von Eingabezeichen so kurz wie möglich zu halten.

Die Information I beim Empfang eines Zeichens e wird auch über dessen Auftrittswahrscheinlichkeit p definiert:

$$I(e) := -\log_n(p(e))$$

Dabei ist n die Ordnung des Alphabets E, im Falle von Binärdaten aus der Menge $E = \{0,1\}$ ist die Information in $e \in \{0,1\}$ also:

$$I(e) = -\log_2(p(e))$$

Eingabezeichen	Präfixcode P	ASCII-Code
a	0	01100001
b	10	01100010
x	110	01110000
y	111	01100001

Tabelle 2.1 Beispiele für zwei Präfixcodes

Für ein zweielementiges Alphabet wird die Einheit der Information in *bit* gemessen. Sind die beiden Zeichen 0 und 1 in dem Datenstrom gleichverteilt, so ist die pro Zeichen erhaltene Information:

$$I(0) = I(1) = -\log_2(1/2)) = 1 \text{ bit}$$

Die *Entropie H* eines Alphabets *E* ist definiert als

$$H(E) := \sum_{i=1}^{n} p(e_i) \cdot I(e_i) = \sum_{i=1}^{n} p(e_i) \cdot \log_n \frac{1}{p(e_i)}$$

Sie ist eine untere Schranke für die mittlere Codewortlänge in Codierungen, welche zur Datenkompression eingesetzt werden sollen [Ham87].

2.1.2 Entropiecodierung

Unter einer Entropiecodierung versteht man eine Codierung, die eine verlustfreie Datenkompression durch Annäherung der mittleren Codewortlänge an die Entropie erreicht. Ein wichtiger Begriff dabei ist die *Präfixcodierung*. In einem solchen Code ist kein Codewort der Präfix eines anderen Codeworts, außerdem lassen sich alle Folgen von Codezeichen eindeutig in Codeworte zerlegen. Somit lassen sich diese Codes sofort nach dem Erhalt jeweils eines Codeworts decodieren, ohne die nachfolgenden Zeichen beachten zu müssen. Beispiele für Präfixcodes sind der Code *P* aus Tabelle 2.1, aber auch der ASCII-Code, der gleichzeitig auch ein Blockcode der Länge 8 Bit ist.

Die Zeichenfolge „aayb" wird nun im Beispielcode *P* als „0011110", in ASCII als „01100001011000010110000101100010" dargestellt. Der Code *P* führt zu einer wesentlich kürzeren codierten Darstellung für diesen Beispieltext. Eine minimale Darstellung beliebiger Texte aus $E = \{a, b, x, y\}$ wird erzielt, wenn die Verteilung wie folgt gegeben ist:

$$p(a) = \frac{1}{2}, \quad p(b) = \frac{1}{4}, \quad p(x) = \frac{1}{8}, \quad p(y) = \frac{1}{8}$$

$$\bar{l} = p(a) \cdot L(a) + p(b) \cdot L(b) + p(x) \cdot L(x) + p(y) \cdot L(y)$$

$$= \frac{1}{2} \cdot 1 + \frac{1}{4} \cdot 2 + \frac{1}{8} \cdot 3 + \frac{1}{8} \cdot 3 = \frac{7}{4}$$

Dieser Wert entspricht genau dem Entropiewert:

$$H(P) = \frac{1}{2} \cdot \log_2(2) + \frac{1}{4} \cdot \log_2(4) + \frac{1}{8} \cdot \log_2(8) + \frac{1}{8} \cdot \log_2(8) = \frac{7}{4}$$

Damit gibt es keinen Präfixcode, der E besser komprimieren kann. Für den ASCII–Code ist $\bar{l} = 8$, da alle Codeworte dieselbe Länge von 8 Bit haben. Dieser Wert ist unabhängig von der Wahrscheinlichkeit der auftretenden Zeichen.

Zum Erreichen der Entropie als untere Schranke für die mittlere Codewortlänge gibt es verschiedene Algorithmen, die aus den Eingabezeichen und deren Auftrittswahrscheinlichkeiten einen für die Datenkompression optimalen Präfixcode erzeugen.

Huffman–Codierung

D. Huffman entwickelte 1952 sein Verfahren zur Bestimmung eines Präfixcodes [Huf52], welches für ganzzahlige Codewortlängen und feste Wahrscheinlichkeiten $p(e)$ der Eingabezeichen einen optimalen Präfixcode erzeugt.

Bei dem Verfahren wird zunächst aus jedem Zeichen e ein binärer Baum erzeugt, der als Attribut die Auftrittswahrscheinlichkeit $p(e)$ erhält. Nun werden sukzessive die beiden Bäume mit den geringsten Wahrscheinlichkeiten zu einem neuen Baum mit der Summe der beiden Wahrscheinlichkeiten zusammengefügt, solange bis nur noch ein Baum vorhanden ist. Die Codierung mit $C = \{0, 1\}$ eines Zeichens ergibt sich aus der Traversierung dieses Baumes. Abbildung 2.1 zeigt dies am Beispiel des Codes P, allerdings mit leicht veränderten Wahrscheinlichkeiten. In diesem Fall kann die Entropie $H(E) = 1.683$ also von keinem Präfixcode genau erreicht werden, der Huffman–Code P bildet das Optimum mit einer mittleren Codewortlänge von 1.75.

Für Videodaten sind die Wahrscheinlichkeiten der auftretenden Zeichen

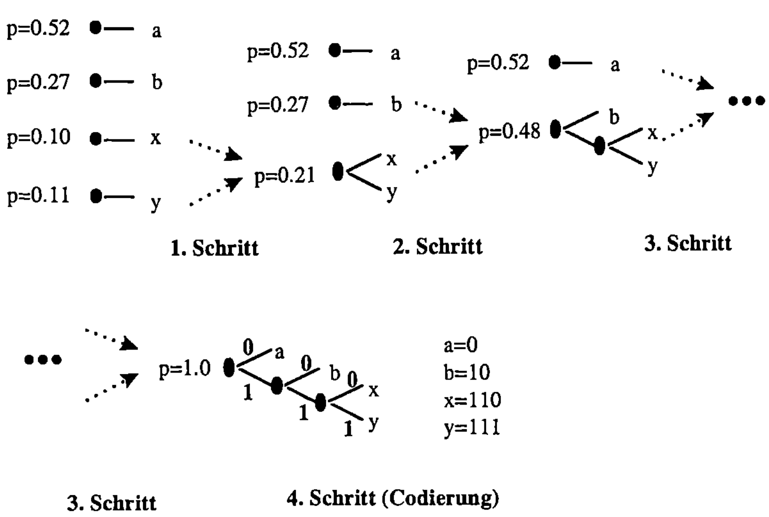

p=0.52 • — a
p=0.27 • — b
p=0.10 • — x
p=0.11 • — y
1. Schritt
p=0.52 • — a
p=0.27 • — b
p=0.21
x
y
2. Schritt
p=0.52 • — a
p=0.48
b
x
y
3. Schritt
p=1.0
0 a
0 b
1
0 x
1
1 y
a=0
b=10
x=110
y=111
3. Schritt
4. Schritt (Codierung)

Abbildung 2.1 Beispiel für die Codierung von P nach Huffman (links), Darstellung der Codeworte (rechts)

nicht vorhersagbar. Je nach Bildinhalt treten hier andere Verteilungen auf. Daher sind in den meisten Videokompressionsstandards feste Tabellen für die Präfixcodierung der auftretenden Zeichen definiert. Diese Tabellen wurden anhand von mehreren Testvideos mit Hilfe des Huffman–Verfahrens erstellt. Manche Kompressionsverfahren erlauben die vorherige Übertragung von Tabellen, die für das jeweilige Video optimiert worden sind.

Arithmetische Codierung

Die Grundidee der arithmetischen Codierung ist die Aufteilung eines Intervalls entsprechend den Wahrscheinlichkeiten der Eingabezeichen [WRC87]. Für jedes neue Zeichen wird das ihm zugeordnete Teilintervall weiter partitioniert. Die dabei entstehenden Intervallgrenzen definieren genau eine Folge von Eingabezeichen. Ein Beispiel ist in Abbildung 2.2 zu sehen.

Mit zunehmender Anzahl der Eingabezeichen steigt die benötigte Genauigkeit für die Intervallgrenzen. Wegen der beschränkten Rechengenauigkeit wird daher der Eingabezeichenstrom in Blöcke fester Länge geteilt und separat codiert. Mit zunehmender Rechengenauigkeit (und damit zunehmender

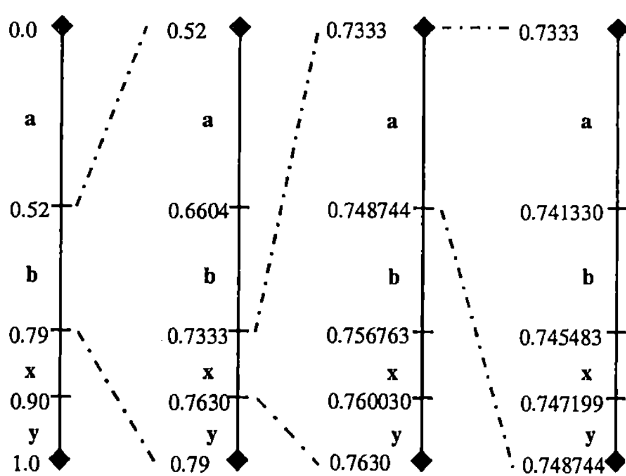

Abbildung 2.2 Beispiel für die Codierung von P nach der arithmetischen Codierung

Blocklänge) kann man sich der Entropieschranke beliebig nähern. Bei der Huffman–Codierung erreicht man diese Schranke nur, wenn die Auftrittswahrscheinlichkeiten allesamt Teiler von Zweierpotenzen sind.

Aufgrund der Gleitkomma–Multiplikationen, die auf vielen Computersystemen zeitaufwendiger sind als Festpunktarithmetik, und der Lizenzpflicht für die Benutzung der arithmetischen Codierung wird in den meisten Kompressionsverfahren jedoch eine Huffman– bzw. Präfixcodierung verwendet. Der Standard H.263 [ITU96a] sieht optional eine Codierung nach dem Modell der arithmetischen Codierung vor, diese basiert jedoch auf reiner 16–Bit Integerarithmetik.

2.1.3   Lauflängencodierung

Ein Spezialfall einer Entropiecodierung ist die *Lauflängencodierung* (engl. *run length encoding*, RLE). Hierbei werden gleiche aufeinanderfolgende Zeichen durch Angabe des Zeichens und seines Wiederholfaktors angegeben. Diese Art der Codierung ist vor allem für Bilder mit wenigen Farben (Zeichnungen, Cartoons) geeignet, da mit ihr ganze Bildzeilen und bei zweifacher Anwendung komplette einfarbige Flächen relativ kompakt dargestellt werden können.

Die Darstellung von lauflängencodierten Zeichen erfordert entweder für jedes Zeichen ein Paar (*Zeichen, Anzahl*), was aber bei vielen Anwendungen zu einer Vergrößerung der Darstellung führt. Hier kann man alternativ ein weiteres Markierungszeichen einführen, welches angibt, daß direkt danach ein solches Paar folgt.

Bei der Videokompression sieht man nun zu, daß man die Videodaten zunächst so aufbereitet, daß im Datenbestand möglichst viele Nullen enthalten sind. Dies darf den Datenbestand auch aufblähen. Bei einer anschließenden Lauflängencodierung können die so aufbereiteten Daten dann effizient komprimiert werden, da sich die aufeinanderfolgenden Nullen dann mit nur einem Codewort für ihren Wiederholfaktor darstellen lassen.

2.1.4 Quantisierung

Die bisher betrachteten Kompressionsmethoden haben alle die Eigenschaft, daß sie *verlustlos* arbeiten. Das bedeutet, die ursprüngliche Nachricht, also die Folge der Eingabezeichen, ist alleine aus der Kenntnis der Codeworte exakt rekonstruierbar. Diese Eigenschaft ist allen Präfixcodes gemeinsam. Bei Bild– und Videodaten ist aber ein exaktes Rekonstruieren nicht unbedingt notwendig, um den Gesamteindruck eines Bildes für den menschlichen Betrachter zu erhalten. So kann z.B. ein Verändern einzelner Pixel in einem genügend großen und detailreichen Bild nicht erkannt werden. Auch leichte Veränderungen an verschiedenen Farbwerten fallen nicht auf, wenn der gesamte Farb– bzw. Helligkeitswert des Bildes erhalten bleibt. Führen solche Korrekturen zu einer Verkleinerung der Bilddaten, spricht man von einer *verlustbehafteten* Kompression.

Unter *Quantisierung* versteht man nun das Zusammenfassen von ähnlichen Werten zu einem einzelnen. Beispielsweise können alle ganzen Zahlen in einem Intervall $[5n-2,\ldots,5n,\ldots,5n+3]$ rund um alle Vielfachen von 5 zu dieser Zahl $5n$ zusammengefaßt werden, wie in Abbildung 2.3. Dadurch kann man die Zahlen kompakter codieren, da sich der Wertebereich durch die Quantisierung ja verkleinert. Der *Quantisierungsfaktor* q gibt an, um welchen Faktor diese Verringerung erfolgt ist, im Beispiel also um $q = 5$.

In der Bildcodierung wird die Quantisierung oft durch Division mit dem Quantisierungsfaktor q und Abschneiden des Restes erreicht. Eine Decodierung erfolgt dann durch Multiplikation mit q, wobei natürlich nur Vielfache von q wieder restauriert werden können. Die Abweichungen der ursprünglichen Werte zu diesen Vielfachen gehen bei dieser verlustbehafteten Kompression verloren.

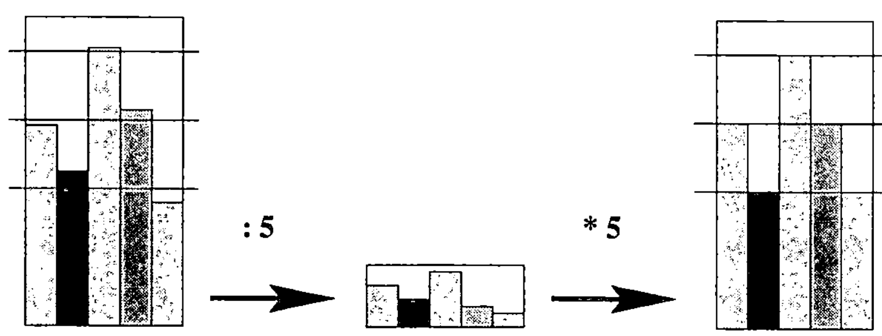

Abbildung 2.3   Beispiel einer Quantisierung mit dem Faktor 5

2.1.5 Differenzbildung und Vorhersage

Eine Folge von gleichmäßig zunehmenden oder abnehmenden Werten läßt
sich effizient codieren, wenn man jeweils die Differenzen zwischen zwei Werten bildet. Der erste Wert wir dabei als Startwert gesondert übertragen.
Einerseits kann man so bei der Codierung der Werte Bits sparen, da die
zu codierenden Zahlen durch die Differenzbildung im Durchschnitt kleiner
werden. Andererseits findet die Lauflängencodierung hier ein ideales An-
wendungsfeld, weil bei gleichmäßigen Übergängen die Differenzen zweier benachbarter Werte konstant sind und somit effizient codiert werden können.
Diese Art der Codierung findet vor allem bei Audiocodierungen ihre Verwendung, z.B. beim DPCM–Verfahren (*Differential Pulse Code Modulation*).

Für Bilddaten, also zweidimensionale Datenmengen, läßt sich dieses Verfahren noch erweitern, will man gleichmäßige Farbverläufe auch in beliebiger Richtung berücksichtigen. Im eindimensionalen Fall, also bei den eben
erwähnten Folgen von Werten, dient der vorausgegangene Wert als *Prädiktor* (Vorhersagewert) für den aktuellen Wert. Es wird dann nur noch die
Differenz zu diesem codiert. Für Pixeldaten kann dies nun dahingehend
erweitert werden, daß als Prädiktor der Mittelwert der umliegenden Pixel
verwendet wird und die Differenz zu diesem Wert codiert wird. Dabei dürfen
natürlich nur diejenigen Pixelwerte verwendet werden, die beim Decodieren
dann schon ausgewertet vorliegen, also i.a. die Pixel links und über dem
gerade zu decodierenden Wert. Abbildung 2.4 zeigt dies an einem Beispiel.

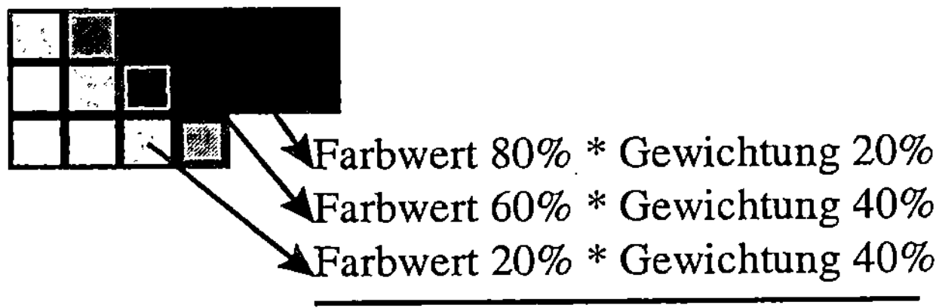

Prädizierter Farbwert: 48%

Abbildung 2.4 Zweidimensionale Prädiktion für Bilddaten

2.1.6 Transformationscodierung

Um sowohl die Lauflängencodierung als auch die Quantisierung effizient anwenden zu können, ist es oft vorteilhaft, die Eingabedaten in einen anderen Darstellungsraum zu transformieren. Für Bilddaten als besonders geeignet hat sich die Transformation der Pixeldaten von der Ortsauflösung in die Darstellung im Frequenzraum erwiesen. Dort haben „natürliche" Bilder (d.h., Objekte mit kontinuierlichen Farbübergängen, kein „weißes Rauschen") eine Darstellung, in der viele Frequenzen Null sind. Außerdem wirkt sich eine Quantisierung nicht als besonders störend aus, wenn die Daten wieder in den Ortsraum zurücktransformiert worden sind.

Zur Transformation in den Frequenzraum wird normalerweise die Fouriertransformation verwendet. Auf Computern effizient zu implementieren ist die zweidimensionale *Diskrete Cosinus Transformation* (DCT), welche denselben Zweck erfüllt. Um die Effizienz noch zu steigern, wird ein Bild in quadratische Blöcke der Größe 8 × 8 Pixel zerlegt, auf die die DCT dann einzeln angewandt wird.

Die Formel für die zweidimensionale DCT lautet [Ste94b]:

$$F(u,v) := \frac{1}{4}C(u)C(v)\sum_{x=0}^{7}\sum_{y=0}^{7}f(x,y)\cos\left(\frac{\pi(2x+1)u}{16}\right)\cos\left(\frac{\pi(2y+1)v}{16}\right)$$

mit

$$u,v,x,y \in \{0,1,\ldots,7\} \quad \text{und} \quad C(k) := \begin{cases} 1/\sqrt{2} & \text{für } k = 0 \\ 1 & \text{für } k > 0 \end{cases}$$

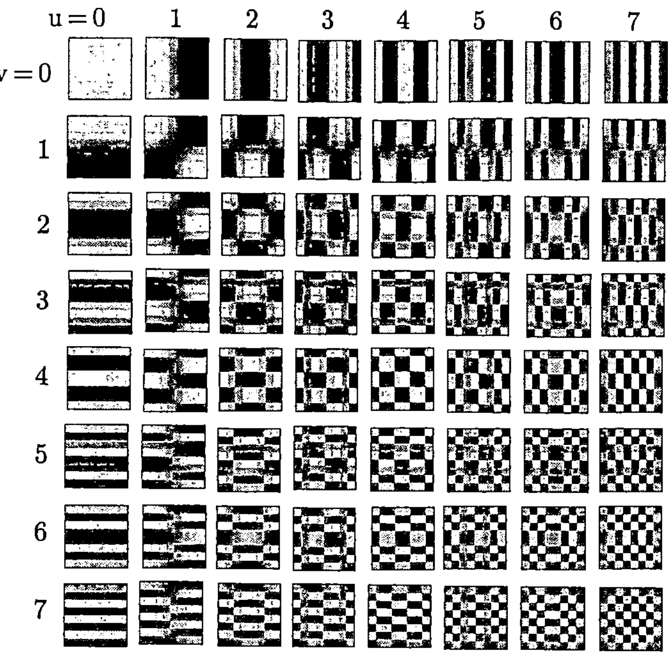

Abbildung 2.5 Die 64 Basisbilder der DCT. Dunkle Flächen weisen auf negative Werte, helle Flächen auf positive Werte des betreffenden Koeffizienten hin (aus [Mil95]).

Die inverse DCT (IDCT) sieht folgendermaßen aus:

$$f(x,y) := \frac{1}{4} \sum_{u=0}^{7} \sum_{v=0}^{7} C(u)C(v)F(u,v) \cos\left(\frac{\pi(2x+1)u}{16}\right) \cos\left(\frac{\pi(2y+1)v}{16}\right)$$

Eine effektive Implementierung der IDCT benötigt nur 11 Multiplikationen und 29 Additionen [Wan84].

Der Einfluß der Koeffizienten $F(u,v)$ im Frequenzraum auf die Pixelwerte $f(x,y)$ im Originalbild ist in Abbildung 2.5 dargestellt. Diese 8 × 8 Pixel großen Bilder für jeden der 64 Koeffizienten werden auch als *Basisbilder* der DCT bezeichnet [Mil95].

Der Koeffizient mit Index (0,0) bestimmt die mittlere Helligkeit bzw. Farbe des kompletten 8 × 8–Teilbildes. Für die Bildrekonstruktion durch die

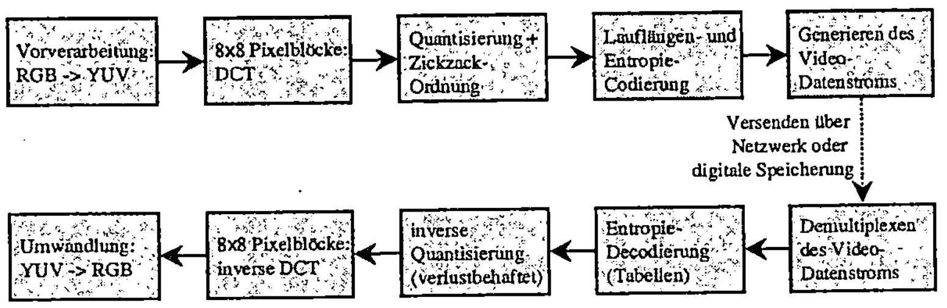

Abbildung 2.6 Blockschaltbild der hybriden Bildcodierung und der Decodierung

IDCT ist er am bedeutendsten. Er wird auch als *DC-Koeffizient* (Gleichspannungsanteil) bezeichnet. Die anderen Koeffizienten sind für jeweils unterschiedliche Frequenzbereiche im Bild zuständig, sie werden *AC-Koeffizienten* (Wechselspannungsanteil) genannt.

2.1.7 Hybride Videocodierung

Aus den vorgestellten Kompressionsverfahren lassen sich nun *hybride Codierer* zusammenstellen, welche für Bilddaten eine sehr effiziente Kompression ermöglichen. Der prinzipielle Ablauf ist für alle bisher definierten Standards zur Bild- und Videoverarbeitung gleich. Abbildung 2.6 gibt einen Überblick über die Vorgehensweise. Die einzelnen Schritte bei der Bildkompression gliedern sich wie folgt [Ste94a]:

1. Die Vorverarbeitung der Bilddaten beinhaltet normalerweise eine Umwandlung in das YUV-Farbmodell, sofern die Daten in einem anderen Modell vorliegen. Die folgenden Schritte werden nun für jede der drei Komponenten Y, U und V getrennt durchgeführt.

2. Das Bild wird in Blöcke der Größe 8 × 8 Pixel zerlegt. Für jeden Block wird die DCT durchgeführt, die Ergebniskoeffizienten werden durch Abschneiden (Clippen) auf ein geeignetes Intervall normiert.

3. Die DCT-Koeffizienten werden in die in Abbildung 2.7 gezeigte Zickzack-Reihenfolge gebracht. Dadurch wird erreicht, daß im Normalfall schon eine lineare Ordnung der Koeffizienten hergestellt wird, da die DCT-Koeffizienten links oben (beginnend mit dem DC-Koeffizient)

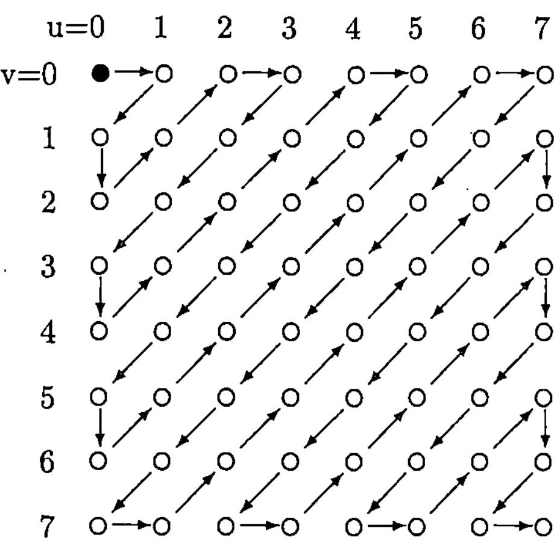

Abbildung 2.7 Die Zickzackreihenfolge der DCT–Koeffizienten, in der sie für die anschließende Lauflängencodierung geordnet werden ($\bullet$ = DC–Koeffizient). Sie entspricht der abnehmenden Bedeutung des jeweiligen Koeffizienten für den Gesamteindruck des Bildes.

den größten Beitrag zu dem Originalbild beitragen und oftmals auch die größte Amplitude besitzen. In manchen Kompressionsverfahren wird an dieser Stelle noch eine Differenzwertbildung zwischen den DCT–Koeffizienten vorgenommen.

4. Die DCT–Koeffizienten werden quantisiert. Dabei wird oft ein vom Index des Koeffizienten abhängiger Quantisierungsfaktor verwendet, der die höherwertigen Frequenzen (steigender DCT–Index in der Zickzack–Reihenfolge) aufgrund ihrer geringer werdenden Bedeutung für den Bildaufbau höher quantisiert.

5. Durch die Quantisierung sind sehr viele Koeffizienten auf Null gesetzt worden, da sie ohnehin nur eine sehr geringe Amplitude besaßen. Daher wird in diesem Schritt eine Lauflängencodierung auf die Sequenz der DCT–Koeffizienten angewendet. Dies wird dann als *spektrale Quantisierung* bezeichnet.

6. Die entstandenen Paare (*run, level*) werden mit Hilfe der Huffman– oder der arithmetischen Codierung komprimiert. Der Wert von *run* gibt dabei die Anzahl der aufeinanderfolgenden Koeffizienten mit der

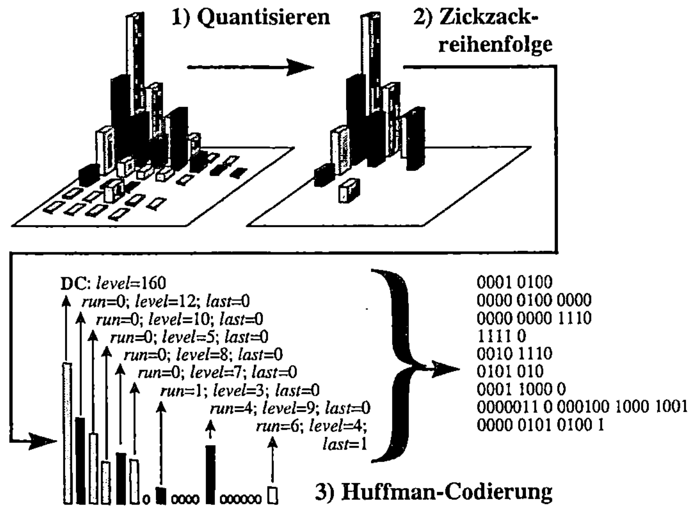

Abbildung 2.8 Die Codierung der DCT–Koeffizienten in Lauflängen– und Huffman–Codierung am Beispiel der im H.261–Standard [ITU93a] verwendeten Huffman–Tabellen.

Amplitude Null an, der Wert von *level* ist der Wert des darauffolgenden Koeffizienten, der nicht gleich Null ist.

Einige Verfahren verwenden in diesem Schritt eine feste Tabelle für die Huffman–Codes, wobei die Tabellenwerte aus einer Vielzahl von Testvideos berechnet und optimiert worden sind. In Abbildung 2.8 ist ein Beispiel zu sehen, wie diese Codierung durchgeführt wird.

7. Abschließend werden die zusammengehörigen Blöcke der verschiedenen Farb– und Helligkeitskomponenten wieder zusammengefügt (abhängig vom verwendeten Verfahren) und zusammen mit Kontrollinformationen in die Bilddatei bzw. den Videostrom geschrieben.

Alle Schritte bei der Kompression eines digitalen Videobildes sind in Abbildung 2.9 noch einmal grafisch dargestellt. Die Decodierung eines Bildes bzw. eines Frames aus dem Videostrom erfolgt in der umgekehrten Reihenfolge unter Verwendung der inversen Transformationen und Codierungen. An den Stellen, wo eine verlustbehaftete Kompression eingesetzt wird, kann hierbei keine vollkommen exakte Kopie des Originalbildes rekonstruiert werden.

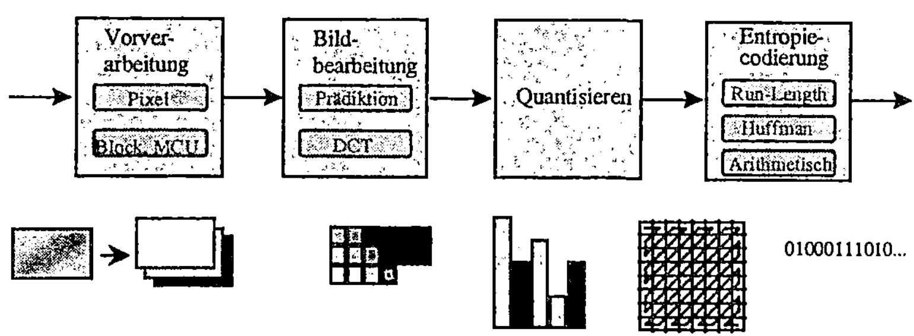

Abbildung 2.9   Hybride Codierung eines Bildes bzw. eines Videoframes

Dies ist der Fall im Quantisierungsschritt und meist auch, bedingt durch Rundungsfehler, bei der (inversen) Cosinustransformation.

2.2   Standards für die Videokompression

Neben Videokompressionsverfahren wie *AVI* oder *Quicktime*, die von Firmen im Zusammenhang mit ihren Hardware- oder Betriebssystemkomponenten entwickelt und vertrieben wurden, sind inzwischen sowohl von der ISO als auch von der ITU verschiedene Standards zur Videokompression verabschiedet worden. Die ITU hatte dabei gemäß ihrer Zielsetzung zunächst nur den Markt der Bildtelefone bzw. Videokonferenzsysteme über ISDN im Auge. Mit zunehmender Verschmelzung der Netze und der fortschreitenden Entwicklung von Gateways zwischen den einzelnen Videokonferenzstandards [BBHK96] wird eine Interoperabilität der einzelnen Systeme immer wichtiger. Viele der eingesetzten Systeme unterstützen daher mehrere der hier aufgeführten Standards.

Einige Kompressionsverfahren, die nicht standardisiert wurden, bieten dennoch einige interessante Techniken zur Datenkompression. Sie sollen hier kurz aufgeführt werden:

DVI (Digital Video Interactive) [DGH87] ist eines der ersten Videokompressionsverfahren. Es wurde von den Firmen Intel und IBM entwickelt. Das Bild wird dabei in Regionen aufgeteilt. Dies wird rekursiv für die einzelnen Regionen widerholt, bis eine Teilregion einem *Basismuster* entspricht. Die Basismuster werden von DVI fest vorgegeben. Weiterhin werden Bewegungsabschätzungen zum vorherigen Videoframe gemacht und nur die Differenzen zu diesem übertragen.

CCC (Color Cell Compression) und **XCCC** (eXtended CCC) [EfLa94] teilen ein Bild in Blöcke auf und weisen jedem Block nur zwei Farbwerte zu. Die Pixel werden dabei in helle und dunkle Pixel aufgeteilt, deren Farbmittelwert jeweils gebildet wird. Treten hierbei zu große Varianzen auf, wird ein Block in 4 Teilblöcke unterteilt und das Verfahren rekursiv darauf angewandt. Der Vorteil des Verfahrens ist die beschränkte Farbanzahl, welche es für Systeme mit 8–Bit–Farbtabellen (maximal 256 Farben) interessant macht und die Decodierung dort erleichtert.

SMP (Software Motion Pictures) [NeUl93] arbeitet ähnlich wie XCCC auf 4 × 4 Pixel großen Blöcken. Es werden jedoch keine Farben aus einer vordefinierten Farbtabelle zugewiesen, sondern direkt die durchschnittlichen Helligkeitswerte sowie ein Chrominanzwert pro Block.

nv (Network Video) [Fre94] verwendet als Transformationscodierung eine Haar–Wavelettransformation. Bei der Wavelettransformation wird ein geeigneter Hochpaß– und ein dazu passender Tiefpaßfilter in beiden Koordinatenrichtungen des Bildes angewendet, die erhaltenen Koeffizienten werden danach quantisiert. Als Mittel zur Reduktion der Videobandbreite wird *conditional replenishment* verwendet, d.h., es werden nur die Bildblöcke übertragen, bei denen eine Veränderung gegenüber dem Vorgängerbild eingetreten ist. nv findet Verbreitung bei Videokonferenzen über *MBone* (Multicast Backbone) [Eri94].

2.2.1 JPEG und Motion–JPEG

Das Videokompressionsverfahren *Motion–JPEG* (M–JPEG) ist nicht standardisiert. Es setzt jedoch auf dem JPEG–Standard für digitale Bildkompression der ISO auf [ISO94]. Dies bedeutet, daß außer für den Aufbau eines Einzelbildes kein Standard für den Aufbau eines Videodatenstroms definiert ist. Somit müssen zwei verschiedene Implementierungen vom M–JPEG nicht notwendigerweise miteinander kommunizieren können, wenn diese unterschiedliche Formate für den Aufbau eines Videostroms und das Multiplexen mit Audioinformation verwenden.

JPEG definiert verschiedene Modi, um ein Bild zu codieren:

- verlustfreier Modus

- sequentieller Modus auf Basis der DCT

- progressiver Modus auf Basis der DCT

- hierarchischer Modus

Der progressive und der hierarchische Modus werden in Kapitel 3.2 bzw.
3.3 behandelt. Auf dem sequentiellen DCT-Modus beruht das *Basisverfahren* (baseline sequential coding process), welches jeder JPEG-Codierer
bzw. Decodierer beherrschen muß. Es wird daher im Regelfall zur JPEG-
Kompression von Bildern oder Videos benutzt. Seine Charakteristika sind
folgendermaßen im Standard definiert:

- DCT-basierte Codierung

- Eingabedaten im 8-Bit- Format pro Komponente

- sequentielle Verarbeitung

- Huffman-Kompression (mit jeweils 2 Tabellen für DC- und AC-Codes)

- maximal 4 Komponenten

- Interleaved- und Non-Interleaved-Modus

Dabei ist eine *Komponente* eine Farbebene oder die Helligkeitsinformation
des Bildes. Bei RGB- oder YUV-Daten sind demnach jeweils drei Komponenten vorhanden, bei Schwarzweißbildern nur eine. Für JPEG spielt es
keine Rolle, in welchem Farbmodell die Bilddaten vorliegen. Auch die Größe
der einzelnen Komponenten darf unterschiedlich sein. Somit sind alle Un-
terabtastungen von 4:4:4 bis 4:2:0 mit JPEG verwendbar.

Mit *sequentieller Verarbeitung* ist gemeint, daß das Bild zeilenweise von
links oben nach rechts unten bearbeitet wird. Dies geschieht dabei in 8 × 8
Pixelblöcken wegen der DCT. Unter *Interleaved* wird bei JPEG verstanden,
daß im komprimierten Datenstrom abwechselnd die Daten desselben Blockes
aus unterschiedlichen Komponenten folgen. Bei Non-Interleaved stehen die
vollständigen Komponenten nacheinander im Datenstrom. Dies soll Abbildung 2.10 verdeutlichen.

Die Codierung geschieht bei JPEG im Basisverfahren genau so, wie bei
der hybriden Bildcodierung beschreiben. Zwischen den DC-Koeffizienten
der selben Komponente wird dabei die Differenz gebildet, da sich bei den

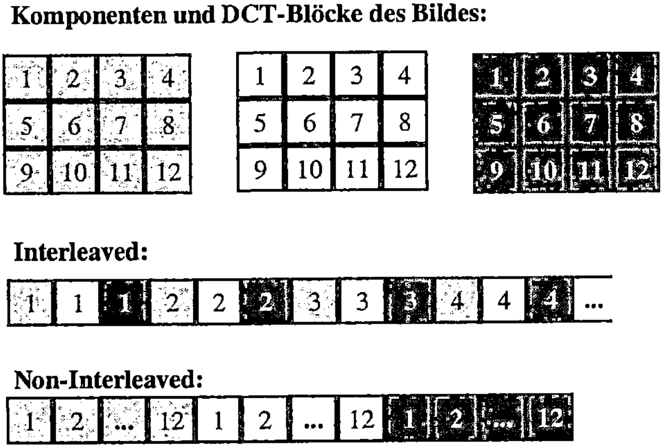

Komponenten und DCT-Blöcke des Bildes:

Interleaved:

Non-Interleaved:

Abbildung 2.10   Der Interleaved– und der Non–Interleaved–Modus bei der JPEG–Kompression

meisten Bildern die Grundfarben (Farbmittelwerte) benachbarter DCT–Blöcke nicht allzusehr unterscheiden. Es können dabei an das Bild angepaßte Huffman-Tabellen verwendet werden, wobei sowohl für die DC– und AC–Werte als auch für die Komponenten unterschiedliche Tabellen verwendet werden dürfen. Maximal dürfen 2×2 Tabellen gleichzeitig vorhanden sein, weshalb zumindest für den Interleaved–Modus die beiden Chrominanzkomponenten dieselbe Tabelle benutzen müssen. Um das Übertragen der Tabellen zum Decoder zu ersparen, gibt es Standardempfehlungen für die Tabellen bei verschiedenen Farbmodellen [Wal91].

Zum Datenaustausch ist für JPEG kein Dateiformat im Standard definiert, lediglich die zum Decodieren benötigten Daten und Tabellen werden spezifiziert. Für JPEG–Bilddateien hat sich inzwischen JFIF (JPEG File Interchange Format) als Standard durchgesetzt.

Bei Motion–JPEG werden nun die einzelnen Bilder nach dem JPEG–Verfahren komprimiert und im Videostrom einfach aneinandergehängt. Zusätzlich kann dabei noch der Audiodatenstrom sowie Synchronisationsinformationen gemultiplext werden. Um bei den Videodaten Übertragungsbandbreite zu sparen, hat sich die Technik des *conditional replenishment* (Bedingtes Auffüllen) durchgesetzt. Es werden dabei wie beim Verfahren *nv* nur diejenigen Blöcke erneut übertragen, bei denen eine Änderung gegenüber dem Vorgängerbild aufgetreten ist. Diese Änderung muß über einem einstellbaren Schwellenwert liegen. Bei mehrfachem Auslassen eines Blocks kann eine Abweichung des decodierten Bildes vom Original, hervorgerufen durch die Addition mehrerer kleiner Änderungen unterhalb des Schwellenwerts, auftreten. Daher muß im Codierer immer mit dem decodierten Bild verglichen werden, wenn eine Entscheidung über das Auslassen eines Blocks getroffen wird.

Das Auslassen von Blöcken muß im M–JPEG–Datenstrom durch ein eingefügtes Bit signalisiert werden. Demnach unterscheidet sich das Bild aus einem M–JPEG–Strom von einem Bild in JFIF. Weiterhin kann noch festgelegt werden, daß ein Block nach einer maximalen Anzahl von Auslassungen erneut übertragen werden muß, um die Synchronisation des Decoders sowie ein späteres Einklinken in die Übertragung eines M–JPEG–Videostroms zu ermöglichen.

Durch das conditional replenishment wird eine Datenreduktion um 1:2 erreicht. Besonders effizient arbeitet das Verfahren bei Videokonferenzen, bei denen die Kameraposition meistens fest ist und sich der Bildhintergrund somit nicht verändert. Hier können Reduktionsfaktoren von bis zu 1:4 erreicht werden [Fre94]. M–JPEG ist dank seines geringen Aufwands bei der Codierung sowie der Decodierung für Videokonferenzsysteme und andere Systeme, bei denen Echtzeitanforderungen bestehen, bestens geeignet.

2.2.2　MPEG

Beim M–JPEG–Verfahren wird die zeitliche Redundanz in einem Videobild nicht oder mit Hilfe des conditional replenishment nur unzureichend ausgenutzt. Deshalb wurde von der ISO parallel zu JPEG eine zweite Expertengruppe gebildet, die sich mit der Kompression bewegter Bilder befaßt. Die Verfahren, die im Rahmen von *MPEG* (Motion Pictures Experts Group) [ISO93] entwickelt wurden, setzen dabei auf die bei JPEG gewonnenen Erkenntnisse für die Bildkompression auf. Zusätzlich werden noch Verfahren zum Nutzen der *Interframe*–Korrelation definiert, also der Redundanz zwischen zwei aufeinanderfolgenden Videobildern.

Die *Intraframe*–Kompression benutzt die gleiche Technik wie JPEG. Die erlaubten Parameter sind jedoch eingeschränkt. So darf die Bildgröße bei MPEG–1 maximal 768×576 betragen[1], als Farbmodell wird YC_RC_B mit 4:2:0 Unterabtastung vorausgesetzt. Der Standard gibt alle benötigten Huffman–Tabellen fest vor. Für die Verarbeitung werden jeweils 16×16 Pixel

---

[1] im CPS (Constrained Parameter Set), das jeder MPEG–1 Decoder verarbeiten können muß

zu einem *Makroblock* zusammengefaßt, der vier Luminanzblöcke und jeweils einen Block für die beiden Chrominanzwerte C_R und C_B enthält.

Interframe–Redundanz

Zum Ausnutzen der Redundanz zwischen aufeinanderfolgenden Videoframes werden in MPEG drei verschiedene Frametypen definiert [PeMi93]:

I–Frames (Intraframes) enthalten nur Daten, die aus dem gerade dargestellten Bild durch DCT gewonnen werden. Eine Ausnutzung zeitlicher Redundanz findet nicht statt. I–Frames dienen als Referenz für andere Frames und als Synchronisationspunkt bei Übertragungsfehlern oder bei einem späteren Einklinken in eine Videoübertragung.

Ein spezieller Intraframetyp sind *D–Frames*, die nur die komprimierten DC–Koeffizienten enthalten. Sie werden selten in MPEG–Videos benutzt. Ihre Aufgabe ist es, bei schnellem Vor– bzw. Zurückspulen eine Vorschau auf den Videoinhalt zu liefern.

P–Frames (Predictive frames) enthalten neben intraframe–codierten Makroblöcken auch solche, die durch Prädiktion aus Pixeldaten des vorherigen Referenzframes gewonnen werden (Interframe–Codierung). Dazu werden die Pixel des Makroblocks mit 16 × 16 Pixel großen Feldern aus dem vorherigen I– oder P–Frame verglichen. Findet der Codierer dabei eine gute Übereinstimmung, wird die Pixeldifferenz (DCT–codiert) sowie der Vektor, um den der Referenzblock im vorigen Bild zum aktuellen Makroblock verschoben ist, codiert. Der Suchbereich für die Referenzblöcke ist dabei in horizontale und vertikale Richtung begrenzt. Abbildung 2.11 (a) zeigt ein Beispiel für diese Art der Bewegungskompensation in Bildfolgen. P–Frames können auch als Referenz für folgende Frames dienen.

B–Frames (Bidirectional predicted frames) dürfen zusätzlich Makroblöcke enthalten, die durch Bewegungskompensation aus dem folgenden Referenzframe gewonnen werden. Die größte Kompression wird jedoch durch einen zusätzlichen Makroblocktyp erzielt, der aus dem Mittelwert zweier Bildbereiche aus dem vorherigen bzw. dem folgenden Referenzframe prädiziert wird. Die beiden Referenzbereiche dürfen verschiedene Bewegungskompensationsvektoren besitzen. B–Frames dienen niemals als Referenz für andere Frames.

Abbildung 2.11 stellt die verschiedenen Arten der Bewegungskompensation in B–Frames gegenüber.

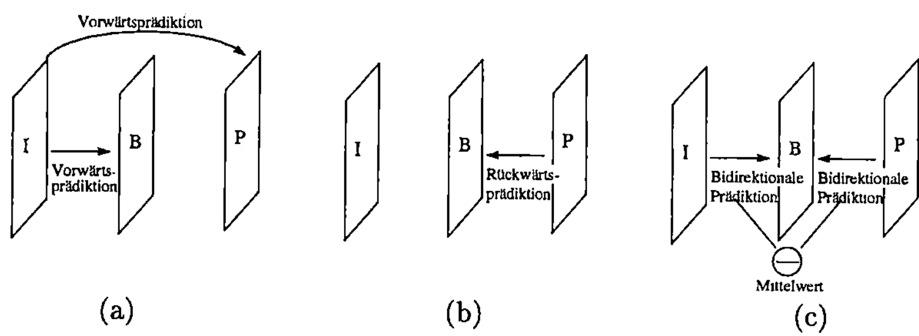

Abbildung 2.11 Die drei Arten der Prädiktion für Bewegungskompensation in MPEG: (a) Vorwärtsprädiktion in P– und B–Frames, (b) Rückwärtsprädiktion in B–Frames, (c) bidirektionale Prädiktion in B–Frames

Eine Framefolge von $I_1 B_2 B_3 P_4 B_5 B_6 B_7 P_8 B_9 I_{10}$ wird im Videodatenstrom als $I_1 P_4 B_2 B_3 P_7 B_5 B_6 I_{10} B_8 B_9$ abgelegt, damit die nach vorne referenzierten Bilder für die B–Frames bereits decodiert vorliegen. Der Decodierer muß die Bilder dann wieder in der richtige Reihenfolge zur Anzeige bringen. Als größte Einheit in MPEG–Datenströmen dient die *Group of Pictures* (GOP), die immer mit einem I–Frame beginnt. Typische Framefolgen in MPEG–Videos sind z.B. *IBBPBBPBB IBB* ... (GOP–9) oder *IBBPBBPBBPBBPBB IBB* ... (GOP–15).

Zur Quantisierung gibt es wie auch bei JPEG Quantisierungsfaktoren für jeden DCT–Koeffizienten separat (spektrale Quantisierung). Dabei wird unterschieden zwischen Intraframe– und Interframe–Quantisierungsfaktoren. Vor einer GOP können bis zu zwei Tabellen mit den Quantisierungsfaktoren für die interframe–prädizierten Werte geladen werden. Die Intraframe–Quantisierung ist fest eingestellt. Weiterhin existiert noch ein globaler Quantisierungsfaktor, der im Anschluß an die spektrale Quantisierung angewandt wird. Dieser kann zur Kontrolle der Bitrate im ausgegebenen Videostrom eingesetzt werden. Eine Erhöhung dieses Quantisierungsfaktors verringert die Bitrate, da weniger DCT–Koeffizienten ungleich Null verbleiben. Allerdings sinkt damit auch die Bildqualität.

Wenn man sich nicht auf eine reine Interframe–Codierung beschränkt, kommt MPEG bei Videokonferenzsystemen selten zum Einsatz. Dies liegt an dem stark asymmetrisch verteilten Aufwand zwischen Codierung und Decodierung. Das Ermitteln der Bewegungsvektoren nimmt relativ viel Zeit in Anspruch, je nach Größe des Suchraums. Bei Videokonferenzen mit oft statischer Kamera wird dies jedoch i.a. nicht benötigt. MPEG ist daher viel bes-

Profile	Abk.	B–Frames	SNR–Skal.	örtl. Skal.	YUV–Formate
Simple	SP				
Main	MP	⋆			
SNR Scalable	SNRP	⋆	⋆		
Spatial Scalable	SSP	⋆	⋆	⋆	
High	HP	⋆	⋆	⋆	⋆

Level	Abk.	Bitrate	PAL (25 Hz)	NTSC (30 Hz)
Low	LL	4 MBit/s	352×288	352×240
Main	ML	15 MBit/s	720×576	720×480
High 1440	H14L	60 MBit/s	1440×1152	1440×1080
High	HL	80 MBit/s	1920×1152	1920×1080

Tabelle 2.2 Die in MPEG–2 definierten Profiles und Levels

ser geeignet, um Videomaterial wie etwa Spielfilme effizient zu komprimieren. Mit MPEG erreicht man Kompressionsraten, die das Abspeichern von Spielfilmen auf einer CD–ROM ermöglichen. Die Codierung von MPEG–Videos in Echtzeit ist derzeit nur mit Hardware–Unterstützung (MPEG–Grafikkarten etc.) möglich.

MPEG-2

Der MPEG–2–Standard bildet eine Erweiterung der Möglichkeiten von MPEG–1 [ISO96b]. Da der Standard eine weite Palette von Parametern abdeckt, wurden verschiedene „Profiles" und „Levels", gemäß Tabelle 2.2, darin definiert. Ein Encoder oder Decoder, der für MPEG–1 Videos geeignet ist, entspricht demnach „Main Profile at Main Level" (MP@ML).

Die örtliche und die SNR–Skalierbarkeit[2] werden in Kapitel 3 erläutert. Weitere Ergänzungen zu MPEG–1 sind die Möglichkeit, andere YUV–Unterabtastformate als 4:2:0 zu verwenden und eine geänderte Zickzackreihenfolge der DCT–Koeffizienten für Videomaterial, welches mit Zeilensprung (Interleaving) aufgenommen wurde.

---

[2] SNR = Signal–to–noise ratio, siehe hierzu Kapitel 2.3.1

Layer	Kompressionsfaktor	Bitrate (CD-Audio, Stereo)
1	1:4	384 kBit/s
2	1:6-8	256 – 192 kBit/s
3	1:10–12	128 – 112 kBit/s

Audio-qualität	Band-breite	Modus	Standard	Bitrate [kBit/s]	Kompres-sionsfaktor
Telefon	2.5 kHz	Mono	—	8	1:96
> Kurzwelle	4.5 kHz	Mono	MPEG-2	16	1:48
> Mittelwelle	7.5 kHz	Mono	MPEG-2	32	1:24
UKW–Radio	11 kHz	Stereo	MPEG-2	56–64	1:26–24
Fast–CD	15 kHz	Stereo	MPEG-1+2	96	1:16
CD	~20 kHz	Stereo	MPEG-1+2	112–128	1:14–12

Tabelle 2.3　Vergleich der Kompressionsraten von MPEG–Audio: die verschiedenen Layer (oben) sowie unterschiedliche Qualität des Eingangssignals (unten, für Layer-3 Codierung).

Audio

Sowohl MPEG–1 als auch MPEG–2 definieren einen gemeinsamen Audiostandard [ISO95]. Dieser enthält drei Layer der Audiocodierung mit zunehmender Komplexität in jedem Layer. In Layer-1 wird das Frequenzband in 32 Teilbänder aufgeteilt, die voneinander unabhängig mit adaptiver DPCM codiert werden. Die Quantisierung der Teilbänder erfolgt mit jeweils unterschiedlichen Faktoren, die an die Empfindlichkeit des menschlichen Ohrs für verschiedene Frequenzbänder angepaßt sind. So ist das Ohr für Frequenzen zwischen 200 Hz und 3 kHz besonders sensibilisiert, da in diesen Bereich die Frequenzen von Sprache fallen.

Layer-2 erweitert die Kompressionsmethoden von Layer-1 noch durch Ausnutzen weiterer psychoakustischer Effekte, z.B. das Maskieren leiserer Töne durch sehr laute Töne, sowohl im Frequenzbereich um den lauten Ton als auch in einem zeitlichen Intervall um diesen.

In Layer-3 wird zusätzlich eine modifizierte DCT auf die Audiodaten angewandt, um durch die Transformation in den Frequenzraum eine verbesserte Kompressionsrate zu erzielen. Tabelle 2.3 stellt die durch MPEG–Audio in den unterschiedlichen Layern erreichte Kompression gegenüber [L3FAQ].

Im MPEG–2–Standard werden neben den Abtastfrequenzen von 32, 44.1 und 48 kHz noch die Frequenzen 16, 22.05 und 24 kHz zugelassen. Weiterhin können neben Stereo auch weitere Audiokanäle vorhanden sein, die Surround–Effekte oder Mehrsprachigkeit erlauben.

2.2.3 H.261 und H.263

Die Serie H der *ITU–T Recommendations* (ITU–Telekommunikationsstandards) befaßt sich mit der Übertragung von Daten („Nicht–Telefonsignale") über Telefonleitungen. Der Standard H.261 ist hauptsächlich für die Videobildübertragung bei ISDN–Videokonferenzen und Bildtelefonen konzipiert [ITU93a]. Er ist auch unter dem Namen $p \times 64$ bekannt, da mit ISDN immer ein Vielfaches von 64 kBit/s Übertragungskapazität bereitgestellt wird (für $p \in \{1, 2, \ldots, 30\}$). In seiner Funktionalität ist H.261 etwa mit SP@SL der MPEG–2 Kategorisierung vergleichbar. Es soll vor allem auf die bei Videokonferenzen notwendige Symmetrie bei der Codierung und der Decodierung abgezielt werden, also eine Gleichverteilung des Aufwands für Codierung und Decodierung.

Die Bildwiederholfrequenz ist bei H.261 fest auf 29.97 Hz (30.000 / 1001) festgelegt, kann aber durch Auslassen von Frames auf 15 oder 10 Hz gesenkt werden. Die Bitrate ist auf Vielfache von 64 kBit/s beschränkt, sie kann bis zu 1.92 MBit betragen. An Bildformaten stehen *CIF* (Common Intermediate Format, optional) mit 352×288 Pixeln und *QCIF* (Quarter CIF) mit 176×144 Pixeln zur Auswahl. Die Unterabtastung beträgt wie bei MPEG–1 immer 4:2:0. Im Gegensatz zu MPEG liegen die Abtastpunkte der Chrominanzwerte in der Mitte zwischen vier Luminanzpunkten (wie in Abbildung 1.2), bei MPEG liegen sie immer vertikal mit den Luminanz–Abtastpunkten ausgerichtet.

Die Kompression erfolgt ähnlich wie bei MPEG, eine Implementierung von H.261 ist aber aufgrund der wenigen Freiheitsgrade wesentlich einfacher und kompakter. In H.261 gibt es keine B–Frames, es wird nur zwischen *Intraframe*–Modus und *Intraframe*–Modus unterschieden. Eine Unterscheidung kann auf Makroblockbasis oder auf Framebasis gemacht werden, in der Regel werden jedoch immer interframe–codierte Frames ausgegeben.

Die Quantisierung der DCT–Koeffizienten erfolgt immer mit einem globalen Quantisierungsfaktor, es erfolgt keine spektrale Quantisierung wie in JPEG oder MPEG. Mit Hilfe des Quantisierungsfaktors kann die Bitrate an die gewünschte Übertragungsbandbreite angepaßt werden. Wenn die volle Bandbreite nicht ausgeschöpft wird, können zwischen einzelnen Frames und Makroblockgruppen *Füllbits* (stuffing) eingestreut werden.

H.263

In H.263 [ITU96a] werden über H.261 hinausgehende Erweiterungen spezifiziert. Ein großer Unterschied ist, daß nicht mehr auf Bitraten als Vielfache von 64 kBit/s abgezielt werden muß, es sind beliebige Bitraten erlaubt. Weiterhin wurden neue Bildformate definiert, die in Tabelle 2.4 aufgezählt sind. An wesentlichen Neuerungen gegenüber H.261 sind hinzugekommen:

PB–Frames: Unter diesem Frametyp ist eine Kombination aus einem bidirektional prädizierten Frame und einem normalen Interframe zu verstehen. Die Makroblöcke aus beiden Frames folgen direkt aufeinander, daher kann mit einer sofortigen Decodierung des B–Frames während des Empfangs begonnen werden.

Arithmetische Codierung: Neben der Huffman–Codierung aus H.261 darf optional auch die arithmetische Codierung mit fest vorgegebenen Tabellen benutzt werden.

Unbeschränkte Bewegungskompensation: Die Reichweite der Bewegungsvektoren ist nicht nur bis zum Bildrand beschränkt. Für Pixel, die hypothetisch außerhalb des Bildes zu liegen kommen, wird der Wert des nächsten Pixels am Bildrand eingesetzt. Dies ist oft für die Bewegungskompensation von Objekten, die sich gerade ins Bild hinein– oder herausbewegen, von großem Vorteil. Weiterhin ist die Länge der Bewegungsvektoren auf halbe Pixel Genauigkeit möglich, es werden auch doppelt so lange Vektoren wie unter H.261 unterstützt.

Verbesserte Prädiktion: Statt auf Makroblockebene kann die Bewegungskompensation auch auf Blockebene (1/4 Makroblock) erfolgen. Für die Luminanzblöcke wurde weiterhin eine verbesserte Prädiktion, basierend auf den Bewegungsvektoren der umliegenden Blöcke, eingeführt.

2.3 Bildqualität

Um die vorgestellten Videoformate bezüglich der Bildqualität und der Eignung für die in Kapitel 6 angegebenen Verschlüsselungsverfahren miteinander vergleichen zu können, werden hier einige Werte für ausgewählte Testvideos angegeben. Die angegebenen Videos werden allgemein für Experimente mit Videokompressionsverfahren benutzt und sind allesamt im Rohformat (YUV) frei zugänglich [UHK]. Ein Teil der Videos (*Coastguard* und *Akiyo*) sind Testclips für die Konformitätstests von MPEG–4. Zunächst folgen die

Name	Bildformat
sub-QCIF	128×96
QCIF	176×144
CIF	352×288
4CIF	704×576
16CIF	1408×1152

Tabelle 2.4 Bildformate des H.263 Standards

Definitionen für die verwendeten Maßeinheiten, daran schließt sich eine Tabelle mit Vergleichswerten an.

2.3.1 Maßeinheiten

Neben den in Kapitel 1.3 vorgestellten Maßeinheiten für digitales Video, die allesamt von der verwendeten Applikation vorgegeben werden, kann das Videokompressionsverfahren auf einige Werte selbst Einfluß nehmen. Ein wichtiges Maß ist die *Bitrate* (Bandbreite), die schon zuvor angesprochen wurde. Sie gibt an, welche Kapazität ein Übertragungsmedium mindestens unterstützen muß um einen Videostrom ohne Verlust transportieren zu können. Die Bitrate wird in Bit/s angegeben, Vielfache davon sind kBit/s und MBit/s. Im folgenden werden mit kBit/s und MBit/s jeweils 1000 Bit/s bzw. 1.000.000 Bit/s verstanden und nicht wie für Speicherangaben üblich, 2^{10} bzw. 2^{20} Bit.

Zur objektiven Beurteilung der *Bildqualität* wird der *Signal–Rauschabstand* (SNR, signal-to-noise ratio) oder PSNR (peak signal-to-noise ratio) angegeben. Der PSNR baut auf dem quadratischen Fehler (*mse*, mean square error) der einzelnen Pixelwerte vom Original auf:

$$mse := \sum_{x=1}^{w} \sum_{y=1}^{h} (f_{orig}(x,y) - f_{dec}(x,y))^2 \quad \text{mit} \quad \begin{array}{l} w = \text{Bildbreite} \\ h = \text{Bildhöhe} \\ f_{orig} = \text{Original–Pixelwert} \\ f_{dec} = \text{decodierter Pixelwert} \end{array}$$

Der PSNR wird nun definiert als:

$$PSNR := 20 \log_{10} \frac{f_{max}}{\sqrt{mse}}$$

mit f_{max} als dem maximalen Farb– bzw. Helligkeitswert für die Pixel, im
Falle von 8–Bit–Daten also $f_{max} = 255$. Seine Maßeinheit ist Dezibel (dB).
Damit ist die Bildqualität allerdings nur für ein Videoframe definiert. Soll
der PSNR für einen Videoclip, also eine Sequenz $[a,b]$ von Videoframes gemessen werden, so muß über die Einzelframes gemittelt werden:

$$PSNR = \frac{\sum_{z=a}^{b} PSNR_z}{b - a + 1}$$

2.3.2 Vergleich der Kompressionsverfahren

Die in Tabelle 2.5 angegebenen Videoströme wurden alle bei etwa gleichem
PSNR codiert, um objektive Vergleiche der Verfahren anstellen zu können.
Neben der Bitrate bei verschiedenen Modi (Intraframe– oder Interframe–
Codierung) sind auch die durchschnittlichen Längen verschiedener im Vi-
deostrom auftretender Felder angegeben. Diese dienen als Basis für die in
Kapitel 6 vorgestellten partiellen Verschlüsselungsverfahren, da einige die-
ser Verfahren ihren Effizienzgewinn aus der Verschlüsselung nur eines Teils
der angegebenen Felder erzielen.

Framefolge (Modus):

I	*IIIIIIII*
P9	*IPPPPPPPP*
P15	*IPPPPPPPPPPPPPPP*
B9	*IBBPBBPBB*
B15	*IBBPBBPBBPBBPBB*
IP	*IPPPPP...*

Videoclip (Format)	Verfahren (Modus)	PSNR dB	Bitrate kBit/s	Header Ø	max.	Intra-Blk. Ø	max.	Inter-Blk. Ø	max.
Flowers (NTSC)	M–JPEG	25.04	2850			64	237	-	-
	MPEG:I	25.15	3077	2	174	51	184	-	-
	MPEG:P9	25.04	1781	11	175	97	299	49	320
	MPEG:P15	24.96	1991	11	173	115	348	57	359
	MPEG:B9	25.20	1063	21	709	70	240	41	226
	MPEG:B15	25.08	1054	21	709	76	267	46	247
Mobile & Calendar (NTSC)	M–JPEG	24.78	3304			69	283	-	-
	MPEG:I	24.42	4022	2	174	67	207	-	-
	MPEG:P9	24.68	2518	10	253	117	301	62	387
	MPEG:P15	24.66	2945	10	207	140	364	73	437
	MPEG:B9	24.55	1099	18	382	83	233	44	288
	MPEG:B15	24.50	1060	19	379	94	263	49	321
Table-tennis (NTSC)	M–JPEG	31.59	1760			46	385	-	-
	MPEG:I	31.65	2405	2	174	40	299	-	-
	MPEG:P9	31.70	1665	12	206	67	399	50	446
	MPEG:P15	31.57	1852	13	202	71	399	56	489
	MPEG:B9	31.75	1082	23	1049	58	368	46	453
	MPEG:B15	31.65	1046	24	1049	65	399	48	453
Coast-guard (PAL)	M–JPEG	31.75	2072			42	276	-	-
	MPEG:I	31.56	2309	2	174	32	166	-	-
	MPEG:P9	31.42	1587	10	184	59	261	36	263
	MPEG:P15	31.39	1793	9	175	69	276	42	289
	MPEG:B9	31.66	1031	19	935	51	234	33	218
	MPEG:B15	31.57	1040	20	935	57	258	38	243
	H.261:I	31.38	2342	4	63	32	194	-	-
	H.261:P9	31.85	1036	11	254	34	201	23	219
	H.261:P15	31.84	994	11	300	36	202	23	211
	H.263:IP	31.81	897	12	279	33	193	23	198

(Fortsetzung auf der nächsten Seite)

Videoclip (Format)	Verfahren (Modus)	PSNR dB	Bitrate kBit/s	Header Ø	Header max.	Intra-Blk. Ø	Intra-Blk. max.	Inter-Blk. Ø	Inter-Blk. max.
Akiyo (PAL)	M–JPEG	36.84	191			22	171	-	-
	MPEG:I	36.48	1318	2	175	18	170	-	-
	MPEG:P9	36.53	260	9	515	24	210	24	165
	MPEG:P15	36.62	234	10	263	29	240	29	208
	MPEG:B9	36.60	233	32	4810	20	185	21	113
	MPEG:B15	36.64	183	43	4773	23	189	23	156
	H.261:I	36.71	1465	5	62	20	218	-	-
	H.261:P9	36.55	208	13	383	20	216	15	120
	H.261:P15	36.52	168	14	383	20	197	15	130
	H.263:IP	36.63	89	17	463	21	201	14	122
Miss America (PAL)	M–JPEG	37.21	537			20	190	-	-
	MPEG:I	37.23	984	2	175	13	104	-	-
	MPEG:P9	37.12	478	11	183	23	190	15	152
	MPEG:P15	36.47	569	11	175	23	190	17	167
	MPEG:B9	37.35	283	75	13055	15	115	12	89
	MPEG:B15	37.34	268	77	13058	19	156	13	108
	H.261:I	37.28	1164	6	64	15	145	-	-
	H.261:P9	37.20	199	16	366	15	122	10	91
	H.261:P15	37.20	167	17	219	15	122	10	99
	H.263:IP	37.25	106	20	259	16	143	10	107

Tabelle 2.5 Vergleich der Bitrate und der Feldlängen verschiedener Testvideos. Alle Werte sind Mittelwerte über die ersten 100 Frames der Testsequenz. Die Feldlängen geben die Anzahl der Bits an, die für die Codierung der jeweiligen Felder im Durchschnitt sowie maximal benötigt werden.

3 Skalierbarkeit bei der Videoübertragung

Nachdem in Kapitel 1.4 die grundlegenden Gedanken für die Skalierung von Videodaten vorgestellt wurden, soll dieses Kapitel nun einen vertieften Einblick in die Möglichkeiten der hierbei entwickelten Verfahren geben. Ausgehend von den verschiedenen Anwendungsszenarien für skalierbares Video werden unterschiedliche Techniken der Skalierung erläutert und anhand der bereits entwickelten Standards und Verfahren hierfür detailliert besprochen.

3.1 Anwendungsszenarien

Die Art der Skalierung von Video wird hauptsächlich beeinflußt von dem Zweck, den sie erfüllen soll. Daher ist es wichtig, zunächst die verschiedenen Einsatzmöglichkeiten für skalierbare Verfahren näher zu betrachten.

3.1.1 Videokonferenz über heterogene Netze

Videokonferenzen über heterogene Netze sind ein Paradebeispiel für die Motivation von skalierbaren Videoübertragungsverfahren. Kann doch hier ein einzelner Teilnehmer mit unzureichender Hardwareausstattung die Qualität einer ganzen, weltweit übertragenen Konferenz negativ beeinflussen, wenn sich diese an den kleinsten gemeinsamen Nenner anpassen muß. Eine Adaption des Videos an die Möglichkeiten der angeschlossenen Teilnehmer irgendwo im Netz löst dieses Problem, ohne daß andere Teilnehmer mit hochwertiger Hardwareausstattung und Netzanbindung darunter leiden müssen.

Generell gibt es zwei Arten von Videokonferenzsystemen, die durch die Wahl der zugrundeliegenden Netzinfrastruktur geprägt werden:

- Videokonferenzen im Internet, welche größtenteils dezentral gesteuert und verwaltet werden. Die Kooperation erfolgt auf Basis der von der IETF (Internet Engineering Task Force) definierten Standards und Empfehlungen, niedergelegt als *Internet Standards* und *Requests for Comment* (RFC) [IETF]. Ein Beispiel für die ressourcenschonende Nutzung des Internet für Videokonferenzen ist *MBone* (Multicast

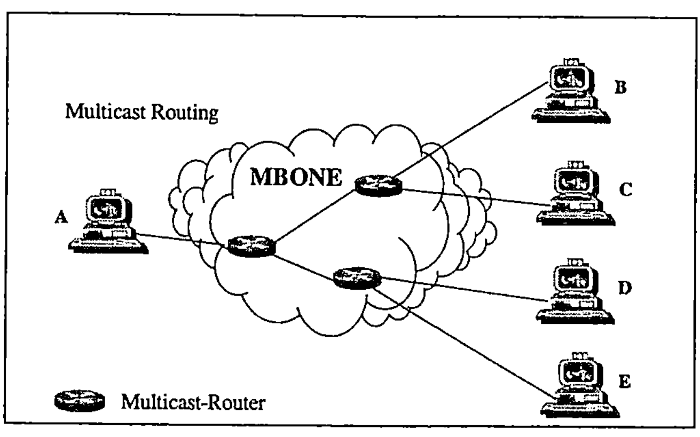

Abbildung 3.1   Videokonferenz über MBone, Prinzip der Multicast–Übertragung

Backbone) [Eri94], ein virtuelles Subnetz, auf dem gleiche Datenströme zu verschiedenen Empfängern physikalisch nur einmal durch das Netz geschickt werden müssen, solange der Weg zu den Empfängern parallel im Netz verläuft. Multicast funktioniert analog zu dem von vielen Netzen her bekannten *Broadcast*, allerdings wird an den jeweiligen Routern entschieden, ob die Daten in ein bestimmtes Teilnetz weitergeleitet werden müssen. Abbildung 3.1 zeigt dies an einem Beispiel.

- Videokonferenzen auf ISDN und anderen leitungsvermittelnden Netzen, welche meistens zentral verwaltet und gesteuert werden. Diese werden in der Regel nach dem von der ITU verfaßten Standard *H.320* [ITU93b] durchgeführt. Dieser Standard geht von einer gleichbleibenden garantierten Bandbreite für die Videokonferenz aus, was bei ISDN und den meisten anderen von Telekom–Unternehmen betriebenen Netzen immer der Fall ist. Mit dem Standard *H.323* [ITU96b] soll allerdings auch eine Lösung für paketvermittelnde Netze mit der dort üblichen schwankenden Bandbreite ermöglicht werden. Mit Hilfe von *RSVP* (Resource Reservation Protocol) [BZB97] soll hier dem Problem möglicher Bandbreitenengpässe begegnet werden.

Skalierbarkeit der Videobandbreite ist nun vor allem für den erstgenannten Fall einer Übertragung im Internet sinnvoll, da hier im Regelfall keine Aussage über die Anbindung oder die Ausstattung der möglichen Teilnehmer getroffen werden kann. Bei ISDN–Videokonferenzen steht normalerweise vor Beginn der Übertragung fest, welcher Teilnehmer mit welcher Übertragungskapazität an der Konferenz teilnimmt. Daher kann hier schon vorher eine Entscheidung über das verwendete Videoformat und die maximale Bandbreite erfolgen.

Man kann zwei Gründe für die Notwendigkeit einer Skalierung von Videodaten in heterogenen Videokonferenzumgebungen unterscheiden:

- die Netzanbindung der einzelnen Teilnehmer weist stark unterschiedliche Bandbreiten auf

- die Hardwarevoraussetzungen zum Decodieren eines Videos unterscheiden sich bei den Teilnehmern stark voneinander.

Im ersten Fall empfiehlt sich eine Skalierung auf Netzwerkebene, wie in Kapitel 1.4 schon besprochen wurde. Im zweiten Fall kann die Skalierung sowohl auf Netzwerkebene als auch beim Empfänger durchgeführt werden.

3.1.2 Video im WWW

Durch die Entwicklung von *Plugins* und anderen Möglichkeiten der Darstellung von Videos in WWW–Browsern [HoWe97] wächst auch bei den Nutzern des WWW der Wunsch, die Übertragung der Videodaten skalieren zu können. Ähnlich wie schon bei den bekannten GIF–Bildern auf Webseiten, die sich progressiv aufbauen, sollte dies auch für Videoclips möglich sein. Der Vorteil für den Anwender wäre eine schnelle Vorschau auf den Inhalt des Videos, ohne auf die komplette Übertragung aller Daten warten zu müssen. Für Bilder ist dies schon seit den Anfängen des WWW möglich, der Benutzer kann eine Übertagung eines Bildes am Browser abbrechen, wenn er nach den ersten paar angezeigten Informationen eines progressiven GIF–Bildes feststellt, daß ihn der Inhalt nicht weiter interessiert.

Für das Medium Video stellt sich hier jedoch das Problem, daß es eigentlich ein zeitkontinuierliches Medium ist. Ein progressives Übertragen macht also nur für in der Zeitdauer begrenzte Videoclips Sinn. Ein mögliches Vorgehen wäre demnach, dem Anwender zunächst nur einen kurzen Einblick in das Video zu geben, indem z.B. nur ein *Keyframe* übertragen wird. Dieser enthält die wesentlichen Informationen des Videoclips in einem Frame, also z.B. alle in der Szene vorkommenden Personen oder Objekte.

In [MFSW97] wird eine wesentlich geschicktere Möglichkeit vorgestellt, Videos im WWW skalierbar zu übertragen. Hierfür wird der Cache–Speicher eines WWW–Browsers als Hilfsmittel genutzt. Beim ersten Anklicken des Videostroms durch den Benutzer wird dieser nur in minderer Qualität und auf ein kleines Format skaliert übertragen. Mit jedem weiteren Anwählen desselben Videos wird ein neuer Datenstrom an den Benutzer gesendet, der den bereits erhaltenen Videostrom um neue Details ergänzt. Somit kann der Anwender durch mehrmaliges Betrachten sukzessive die Darstellungsqualität des Videos steigern, bis diese seinem gewünschten Niveau entspricht. Durch WWW-Proxies und Cachespeicher im Netz wird dieser Effekt noch verstärkt. Videos, die von mehreren Benutzern angewählt werden, liegen dann schon in einer guten Qualität im Cache. Mit der Beliebtheit eines Videoclips steigert sich demnach auch dessen initiale Anzeigequalität.

3.1.3 Pay–TV

Auch für digitale Fernsehübertragung ist die Skalierung von Videoströmen ein interessantes Thema. Einerseits bieten skalierbare Videoformate den Vorteil, daß verschiedene Endgeräte mit demselben Videostrom bedient werden können. Als Beispiel sei eine örtliche Skalierung einer HDTV–Videoübertragung auf das bisher übliche Fernsehformat (PAL–Norm) genannt. Werden hier keine digitalen Endgeräte eingesetzt, muß die Umsetzung allerdings in jedem Falle in einem separaten D/A–Wandler vorgenommen werden. Hier brächte ein skalierbares Videokompressionsverfahren höchstens den Vorteil, daß der D/A–Wandler nicht den kompletten Datenstrom parsen muß, sondern nur den für ihn bestimmten Anteil. Somit könnte er wohl preiswerter realisiert werden.

Ein anderes, für Pay–TV–Anwendungen wesentlich wichtigeres Kriterium für den Einsatz von skalierbaren Videoverfahren ist die damit verbundene Möglichkeit, verschiedene Nutzerklassen mit unterschiedlichen Qualitätsstufen des selben Videomaterials zu beliefern. Dies macht für den Betreiber eines solchen Systems dann Sinn, wenn er für die steigende Qualität der Videoübertragung einen höheren Preis vom Kunden erzielen kann. Die Anteile der höheren Qualitätsstufen müssen dann nur noch aus dem Videodatenstrom herausgefiltert werden, sofern der Kunde dafür nicht bezahlen möchte. Dies kann schon an Routern im Kabelnetz erfolgen, so daß der Endbenutzer keine Möglichkeit hat, bei sich zu Hause diese Filterung des Videomaterials zu manipulieren.

Eine elegante Lösung für dieses Anwendungsszenario bietet *transparente Verschlüsselung*, welche in Kapitel 7.3 vorgestellt wird.

3.1.4 Zugang zu Archivmaterial

Für Film- und Videoarchive bedeutet das Ausliefern von digitalem Videomaterial in Produktionsqualität meistens ein Verlust der Kontrolle über dieses Material. Es lassen sich dann keine Beweise auf Urheberschaft mehr zu
dem Material führen, es sei denn, die Daten wurden mit speziellen Verfahren
hierfür markiert. Aus diesem Grund ist Filmmaterial von digitalen Archiven meist nur in verminderter (Sende–)Qualität zu erhalten, falls überhaupt
eine Auslieferung in digitaler Form erfolgt.

Skalierbare Verfahren bieten nun für die Filmarchive den Vorteil, die
Videodaten nicht zweimal in verschiedenen Formaten oder Qualitätsstufen vorhalten zu müssen. Das Archivmaterial muß nur noch einmal in der
Produktionsqualität abgelegt werden, die anderen Qualitätsstufen können
durch einfache Skalierung daraus gewonnen werden. Somit können sowohl
externe Kunden als auch Inhouse–Anwendungen auf das gleiche Archiv zugreifen, je nach zugelassener Qualität wird dann ein Skalierungsfilter vorge-
schaltet.

3.2 Progressive Auflösung

Eine relativ einfache Form der Skalierung von Bildmaterial ist die *progressive Codierung*. Die Grundidee dabei ist, zunächst nur einige der Daten zur
Beschreibung eines Bildes zu übermitteln, die aber gleichmäßig über das
Bild verteilt sind. Somit erhält der Empfänger der Daten schon zu Beginn
der Bildübertragung einen groben Eindruck vom dargestellten Inhalt. Die
Übertragung ist in *Scans* (Abtastzyklen) aufgeteilt, mit jedem neu empfangenen Scan erhält der Empfänger mehr Information über den Bildinhalt,
bis er nach dem letzten Scan das komplette Bild decodieren kann.

Das visuelle Ergebnis einer progressiven Bildübertragung kann bei einigen GIF–Bildern auf WWW-Seiten beobachtet werden. Das Vorgehen bei
GIF–Bildern ist relativ einfach zu erklären [Com90]. Die Zeilen des Bildes
werden in Gruppen zu je 8 eingeteilt. Jede Zeile wird dann einem der vier
Scans zugeteilt. Im ersten Scan werden nur die Pixel jeder 8. Zeile übertragen. Bei der Anzeige kann somit die gesamte Fläche des Bildes mit 12.5%
der Bilddaten gefüllt werden, indem die übertragenen Pixelwerte komplett
die jeweils folgenden 7 Zeilen mit ausfüllen. Der zweite Scan enthält dann
wiederum jede 8. Zeile, allerdings beginnend mit Zeile 4 (12.5%), der dritte
Scan jede vierte Zeile ab Zeile 2 (25%) und der vierte Scan die restlichen
ungeraden Zeilen (50%). Abbildung 3.2 veranschaulicht dieses Vorgehen.

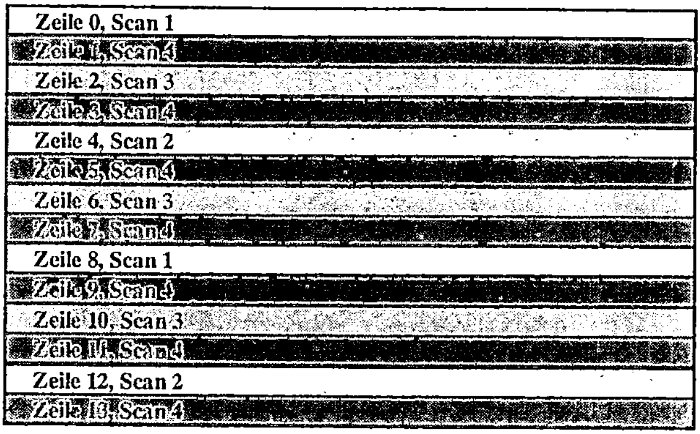

Zeile 0, Scan 1
Zeile 1, Scan 4
Zeile 2, Scan 3
Zeile 3, Scan 4
Zeile 4, Scan 2
Zeile 5, Scan 4
Zeile 6, Scan 3
Zeile 7, Scan 4
Zeile 8, Scan 1
Zeile 9, Scan 4
Zeile 10, Scan 3
Zeile 11, Scan 4
Zeile 12, Scan 2
Zeile 13, Scan 4

Abbildung 3.2　Die vier Scans bei der progressiven Codierung von GIF–Bildern

3.2.1　Progressiver Modus von JPEG

Der JPEG–Standard [ISO94] unterstützt in seinem erweiterten DCT–Verarbeitungsmodus auch eine progressive Auflösung. Dabei werden wenige Einschränkungen für die Zahl der Scans oder die Aufteilung der Daten auf die Scans gemacht. Lediglich die Unterteilung des Bildes in Blöcke ist durch die Verwendung der DCT auf 8 × 8 Pixel große Blöcke pro Komponente vorgegeben. Bei JPEG erfolgt ja keine pixelweise Codierung wie bei GIF–Bildern, sondern eine blockweise Codierung, hervorgerufen durch die DCT.

Unterschieden wird bei JPEG zwischen der *spektralen Selektion* und der *sukzessiven Approximation*:

- Bei der spektralen Selektion werden im ersten Scan alle DCT–Koeffizienten mit Index 0, also die DC–Koeffizienten, übertragen. Man erhält damit für jeden Block zunächst die Grundfarbe bzw. die mittlere Helligkeit. Die AC–Koeffizienten werden nun anhand ihrer Zickzackfolge in *Bänder* aufgeteilt, wobei pro Scan jeweils alle Koeffizienten des nächsten Bandes übertragen werden. Diese Bänder dürfen auch unterschiedlich breit sein, also unterschiedlich viele aufeinanderfolgende AC–Koeffizienten enthalten. Auch der Fall, daß das erste Band mit den DC–Koeffizienten breiter als 1 ist, also auch noch AC–Koeffizienten enthält, ist nach dem Standard möglich. Mit dem Empfang zusätzlicher Bänder gewinnt das decodierte Bild also immer mehr Details, bis mit den höherfrequenten AC–Koeffizienten eine Detaillierung auf Pixelebene möglich wird.

- Die sukzessive Approximation unterteilt die DCT–Koeffizienten zunächst nach den DC– und den AC–Werten. Für beide Koeffiziententypen getrennt kann nun eine progressive Übertragung gewählt werden. Die Koeffizientendaten werden nun so auf die Scans aufgeteilt, daß im ersten Scan alle höherwertigen Bits des Koeffizientenwertes übertragen werden. Somit ist schon eine grobe Annäherung an den Wert gegeben. Die weiteren Scans enthalten dann fortlaufend die jeweils folgenden niederwertigen Bits, bis im letzten Scan dann das Bit 0 eines jeden Koeffizienten übertragen wird. Auch hier kann die Datenbreite eines jeden Scans beliebig eingestellt werden.

  Die Übertragung erfolgt zunächst für die Scans der DC–Koeffizienten, danach folgen die Scans der AC–Koeffizienten. Abbildung 3.3 stellt die beiden progressiven Modi von JPEG noch einmal gegenüber.

Der Nachteil beider progressiven JPEG–Modi ist, daß man die Cosinustransformation nach jedem Empfang eines weiteren Scans auf alle Bildblöcke anwenden muß, will man die Vorteile der progressiven Datenübertragung nutzen. Für die Übertragung von Bildern auf WWW–Seiten ist dies noch tolerierbar, bei Echtzeitanwendungen wie der Decodierung von digitalem Video kann dies jedoch meist nicht durchgeführt werden, da die DCT einen großen Teil der zum Decodieren und Anzeigen eines Videos benötigten Zeit verbraucht [PSR93]. Hardwareunterstützung, bei der die DCT nur noch eine elementare Maschinenoperation benötigt, könnte hier Abhilfe schaffen. Die Logik vieler MPEG–Karten oder anderer Grafikbeschleuniger mit DCT–Funktionalität unterstützt einen progressiven Aufbau von JPEG–transformierten Bildern allerdings nicht.

Die Einsatzbereiche von Motion–JPEG Videoströmen, welche mit der progressiven Auflösung codiert worden sind, sind prinzipiell alle für skalierbares Video bereits identifizierten Einsatzbereiche. Eine Skalierung kann dann sowohl vom Sender als auch auf dem Übertragungsweg (Netzwerk) vorgenommen werden, indem einfach für jeden Frame nach einer bestimmten Anzahl von Scans die Übertragung eingestellt wird. Dabei sind keine aufwendigen Decodieroperationen zu leisten, da der Beginn eines Scans durch spezielle Header–Marken im JPEG–Datenstrom leicht zu identifizieren ist.

Eine Skalierung von progressiven M–JPEG Videoströmen beim Empfänger aufgrund von zeitlichen Einschränkungen ist nicht zu realisieren. Der Aufwand zum Decodieren eines Videoframes ist immer konstant, unabhängig von der Anzahl der übermittelten Scans. Für jeden Block muß die

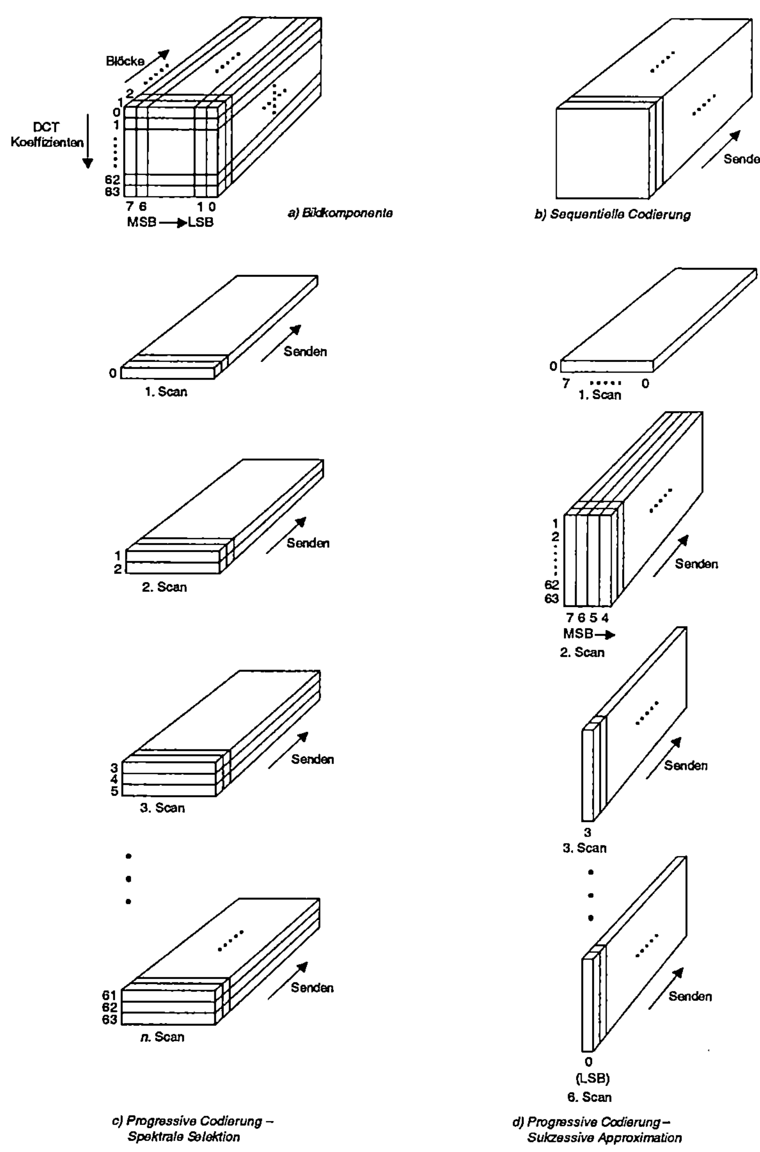

Abbildung 3.3   Die beiden progressiven Codierungsmodi von JPEG: spektrale Selektion (links) und sukzessive Approximation (rechts), übernommen aus [ISO94]

inverse DCT ausgeführt werden, auch wenn nur ein Teil ihrer jeweiligen Koeffizienten dafür benutzt wird. Die einzige Möglichkeit, den Aufwand durch Skalierung zu verkleinern ist ein Beschränken nur auf die DC–Koeffizienten eines Bildes, was keine DCT–Berechnung mehr mit sich bringt. In der Regel führt dies aber zu völlig unakzeptabler Bildqualität, außerdem ist diese Art der „Skalierung" auch ohne den Mehraufwand einer progressiven Bildcodierung einfach zu erreichen.

3.2.2 Fraktale Codierung

Die Bildcodierung mit *Fraktalen* [Fis94] läßt sich wie alle Kompressionsverfahren für Standbilder auch auf die Videokompression erweitern [FRS94]. Interessant ist diese Art der Codierung im Zusammenhang mit der Skalierung unter dem Aspekt, daß fraktale Kompression eine reine *empfängerseitige Skalierung* zuläßt. Die Bildqualität des empfangenen Videos hängt also nur von dem Aufwand ab, den man beim Empfänger in die Decodierung investieren will oder kann. Dies steht im Zusammenhang mit der speziellen Art der fraktalen Codierung, die hier kurz vorgestellt werden soll.

Fraktale Gebilde besitzen die Eigenschaft der *Selbstähnlichkeit*, bei der Vergrößerung eines Teilausschnitts sind diese gleich oder ähnlich dem Gesamtobjekt. Diese Eigenschaft läßt sich bis in unendlich kleine Teile des Objektes verfolgen. Ein bekanntes Beispiel für eine fraktale Menge ist das „Apfelmännchen" von B. Mandelbrot [Man83].

Zur Bildkompression läßt sich nun die Eigenschaft der Selbstähnlichkeit von Bildteilen nutzen. Durch iterierende Prozesse lassen sich mit wenigen Parametern selbstähnliche Objekte erzeugen. Abbildung 3.4 zeigt dies an einem Beispiel. Das Ausgangsobjekt wird hier verkleinert und dreimal kopiert. Die resultierenden Objekte werden als gleichseitiges Dreieck angeordnet. Dieser Prozeß wird beliebig oft wiederholt. Man sieht, daß nach genügend vielen Iterationen das erzeugte Objekt nicht mehr vom jeweiligen Ausgangsobjekt abhängt. Zur Beschreibung eines Objektes mittels fraktaler Kompression genügt also die Speicherung seiner Transformationsparameter.

Ein Algorithmus zur fraktalen Bildkompression teilt ein Bild nun zuerst in Blöcke auf, für die jeweils äquivalente Teilausschnitte im Gesamtbild gesucht werden. Damit die fraktale Codierung funktioniert, müssen diese Ausschnitte größer als der zu beschreibende Block sein, es muß also bei der Transformation des Teilausschnitts in den darzustellenden Block eine Verkleinerung stattfinden. Jeder Block eines Bildes wird nun durch die Transformationsparameter (Verkleinerungsfaktor, Bewegungsvektor, Drehung bzw. Spiegelung, Kontrastveränderung) beschrieben. Beispiele für die Suche nach

<table>
<tr><td>Ausgangsobjekt</td><td>Erste Kopie</td><td>Zweite Kopie</td><td>Dritte Kopie</td></tr>
</table>

Abbildung 3.4 Beschreibung eines fraktalen Objekts durch die Iteration einer Abbildungsvorschrift (hier: dreifaches Kopieren und Verschieben an die Ecken eines gleichseitigen Dreiecks). Das Ausgangsobjekt in Reihe (c) ist gleich dem durch diese Abbildung erzeugten fraktalen Objekt. Es wird als *Attraktor* bezeichnet (Beispiel aus [Fis94]).

Teilausschnitten sind in Abbildung 3.5 zu sehen.

Durch die ausgedehnte Suche nach passenden Teilausschnitten im Bild, die nicht auf einen engen Suchbereich wie für die Bewegungsvektoren bei den DCT–Verfahren aus Kapitel 2.2 beschränkt bleiben, wird die Kompression eines fraktalen Bildes sehr zeitaufwendig. Für Videoanwendungen in Echtzeit ist sie daher nur beim Einsatz von entsprechend leistungsfähiger Hardware, z.B. Parallelrechner, zu gebrauchen. Interessant ist die fraktale Videokompression daher vor allem für die Codierung gespeicherter Videos, also in VoD–Systemen oder für die Speicherung auf CD–ROM. Die Kompressionsleistung der Verfahren ist nach Angaben der Entwickler dieser Technik den Transformationscodierungen überlegen [Bar93]. Beschränkt man sich jedoch auf einfache Abbildungen (konstante Verkleinerung und Spiegelung statt Drehung), schneiden die DCT–Verfahren jedoch besser ab [Fli96].

Abbildung 3.5   Selbstähnliche Teilausschnitte in einem Bild (*Lenna*, Beispiel aus [Fis94]).

Progressive Dekompression

Durch die wiederholte Anwendung der Abbildung für die Teilblöcke entsteht bei der fraktalen Dekompression das darzustellende Bild. Die Detailtreue des Bildes hängt dabei nur von der Anzahl der Iterationen ab. Will man Blockbildungen (Artefakte) im angezeigten Videobild vermeiden, kann man dies also durch weitere Iterationen erreichen. In Abbildung 3.6 kann man diesen Effekt gut beobachten.

Die fraktale Kompression ist also ein Beispiel für die *empfängerseitige Skalierung* der Videoauflösung. Je nach zur Verfügung stehender Leistung kann die Bildqualität somit verbessert werden. Die theoretisch unendlich feine Auflösung kann dabei natürlich nicht alle Details des Originals bis hinab auf die Molekülebene rekonstruieren. Man kann nur maximal so viel Information aus dem Videostrom herausbekommen, wie bei der Kompression in diesen hineingebracht wurde. Fraktal komprimierte Bilder zeigen aber bei Vergrößerung nicht die von anderen Kompressionsverfahren her

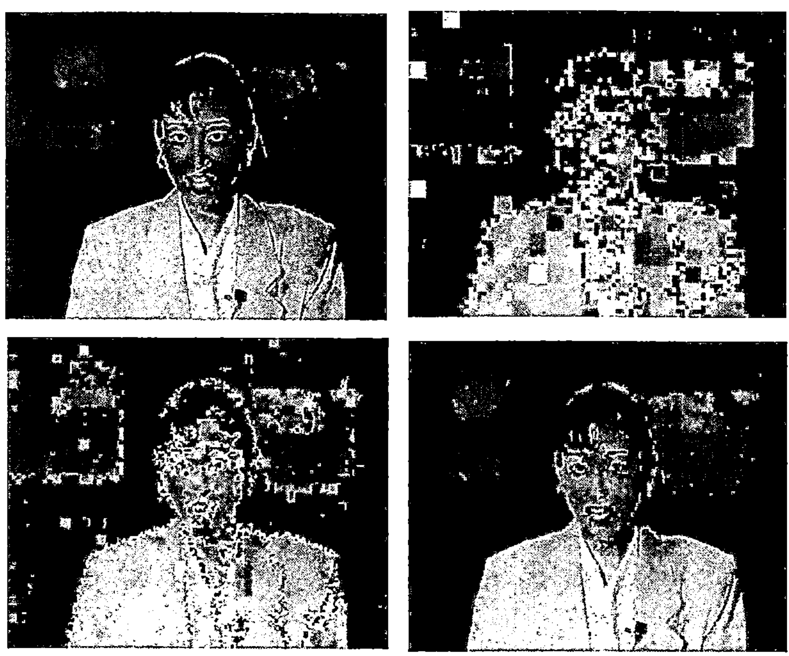

Abbildung 3.6   Fraktale Dekompression eines Videoframes (*Akiyo*). obere Reihe: Ausgangsbild (links), 1 Iteration (rechts); untere Reihe: 2 Iterationen (links) und 10 Iterationen (rechts).

bekannte Bildung von quadratischen Pixelblöcken, sondern haben in jeder Auflösungsstufe natürliche Farb- und Helligkeitsverläufe. Die Bildobjekte werden so für das menschliche Sehempfinden wesentlich angenehmer repräsentiert.

3.3   Hierarchische Auflösung

Im Gegensatz zur progressiven Auflösung bietet die *hierarchische Auflösung* ein Bild in mehreren Auflösungsformaten gleichzeitig an. Die verschiedenen Auflösungen können dabei die örtliche, die zeitliche oder die Fehlerauflösung

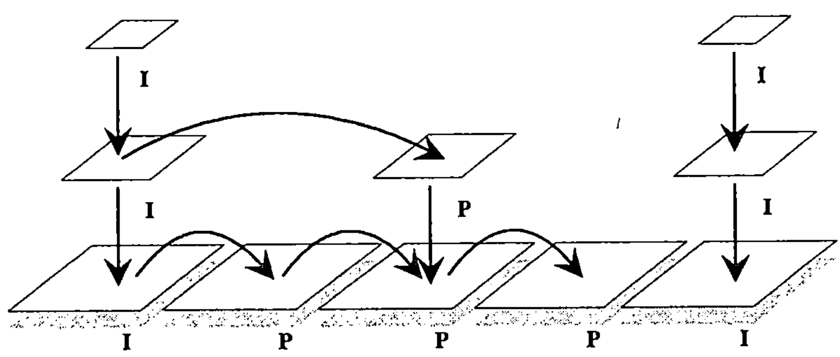

Abbildung 3.7 Auflösungspyramide für ein hierarchisches Videokompressions-verfahren in zeitlicher und räumlicher Auflösungsrichtung. Die Pfeile geben an, welche Frames als Referenzframes zur Differenzbildung benutzt werden.

sein, wie bereits in Kapitel 1.4 besprochen wurde. Bei der zuvor besproche-nen progressiven Auflösung erfolgt die Übertragung eines Bildes oder Vi-deoframes allein durch die Umsortierung aller Werte zur Beschreibung des Bildinhaltes. Diese Umsortierung kann dabei bis auf Bitebene geschehen, wie die sukzessive Approximation bei JPEG zeigt. Eine Veränderung an den Werten wird durch dieses Umsortieren allderdings nicht vorgenommen, nach Erhalt aller Daten hat man dieselben Werte vorliegen wie bei einer sequentiellen Übertragung.

Der Unterschied zur hierarchischen Auflösung ist nun, daß bei dieser zunächst ein Bild oder Videostrom in einer geringen Auflösung erzeugt wird, die *Basisebene*. Die *Erweiterungsebene(n)*, welche das Video in ei-ner oder mehreren höheren Auflösungen beschreiben, bestehen nur noch aus den Differenzwerten zur Basisebene. Man skaliert die Basisebene oder die nächstniedrigere Erweiterungsebene auf die gewünschte Auflösung und codiert hiervon die Differenzen zum ursprünglichen Videosignal. Bei mehr-maligem Anwenden dieser Vorgehensweise erhält man die für hierarchische Verfahren typische *Auflösungspyramide*, für die in Abbildung 3.7 ein Bei-spiel zu sehen ist.

Als Beispiel für eine hierarchische Skalierung in der Zeitauflösung können die B–Frames in MPEG–1 angesehen werden. Die Basisebene bilden die sie umgebenden I- und P–Frames. Eine Skalierung dieser Basisframes wird durch die (bi–direktionale) Mittelwertprädiktion für den betrachteten B–Frame erreicht. In dem B–Frame werden dann nur noch die Differenzen des

Videoframes zu den Prädiktionswerten in Form der DCT–Koeffizientendiffe-
renzen abgelegt. Eine zeitlichen Skalierung von MPEG–Videoströmen kann
durch Auslassen der B–Frames erreicht werden, da in ihnen keine Referenz-
information für andere Frames enthalten ist.

Durch die Codierung nur noch der Differenzen zur Basisebene erhofft man
sich eine Reduktion der zu codierenden Daten. Da die Differenzwerte i.a.
recht klein sind, genügen wenige Bits, um sie darzustellen. Bedingt durch die
Art der Darstellung und wegen der zusätzlichen Header für die verschiedenen Ebenen erreicht man jedoch nicht die Bitrate, die zur sequentiellen Darstellung desselben Videostroms in der höchsten Auflösungsstufe notwendig
wäre[1]. Mit dem in Abbildung 3.7 gezeigten hierarchischen Auflösungssche-
ma verliert man allerdings ca. 0.5 dB des Videosignals, verglichen mit einer
sequentiellen Codierung in der Auflösung der Erweiterungsebene 2 [HoGi97].
Dieser Wert ist bei der visuellen Bildqualität schon wahrnehmbar.

Die hierarchische Codierung erzielt jedoch gegenüber einer parallelen Aus-
strahlung mehrerer Videoströme in verschiedenen Auflösungen, welche auch
als *Simulcast* bezeichnet wird, eine deutliche Ersparnis an Bandbreite. Ein
zusätzlicher Vorteil ist das Versenden von nur einem Datenstrom, was die
Behandlung in der Netzwerkebene vereinfacht.

3.3.1   Hierarchischer Modus von JPEG

Der JPEG–Standard definiert einen hierarchischen Modus mit einer Unterabtastung von 1:2 in einer oder beiden örtlichen Auflösungsrichtungen.
Ein Bild wird dabei zunächst von einem nicht-hierarchisch (sequentiell oder
progressiv) codierten Basisbild und danach von einem oder mehreren hierarchisch codierten Differenzbildern beschrieben. Die Differenzen werden jeweils zum vorhergehenden Bild codiert. Damit erhält man eine örtliche
Auflösungspyramide wie in Abbildung 3.8 gezeigt.

Zur Videocodierung läßt sich die hierarchische Codierung in M–JPEG
für alle beschriebenen Einsatzmöglichkeiten von skalierbarem Video nutzen.
Wie schon bei der progressiven Auflösung ist eine einfache Erkennung der
Hierarchieebenen durch die Header–Markierungen im Datenstrom gegeben.
Zwei Vorteile gegenüber einer progressiven Codierung lassen sich für die
hierarchische Videocodierung ausmachen:

---

[1] Auch bei der progressiven Auflösung wird eine Erhöhung der Bitrate erzielt, da zum
einen die zusätzlichen Header und Bandbreiten der Scans mitcodiert werden müssen,
zum anderen, weil die Huffman–Codierung für die nun umgeordneten Daten nicht mehr
so effizient ist bzw. keine so effizienten Vorhersagen für die Tabellen mehr getroffen
werden können.

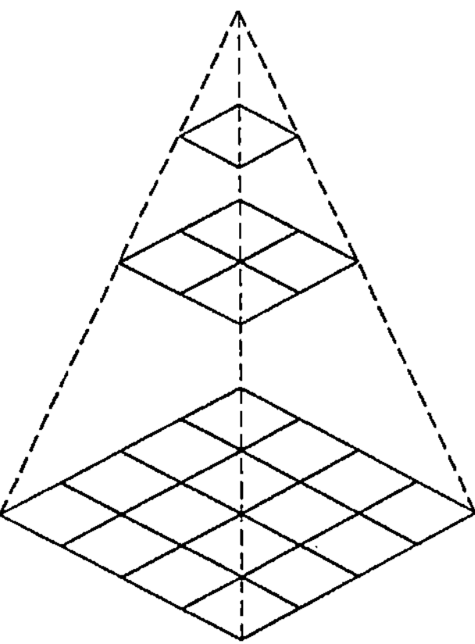

Abbildung 3.8 Auflösungspyramide eines hierarchisch codieren JPEG–Bildes
mit 3 Ebenen und einer Unterabtastung von 1:2 in beiden Ortsauflösungsrichtun-
gen (entnommen aus [ISO94])

- Ein Videobild der Basisebene ist qualitativ mit anderen Videos in
  dieser Auflösung vergleichbar. Bei der progressiven Auflösung ist in
  den ersten Scans nur der DC–Koeffizient und wenige AC–Koeffizienten
  enthalten, welche nur eine grobe Annäherung an das Bild enthalten.

- Der Aufwand für die Decodierung kann beim Empfänger skaliert werden. Reicht die Zeit zwischen der Darstellung zweier Frames nicht
  für die vollständige Decodierung aller Erweiterungsebenen, so kann
  nach dem Decodieren der Basisebene aufgehört werden und das erhaltene Bild auf die benötigte Auflösung skaliert werden. Steht vorher
  fest, daß nicht genügend Zeit für die Decodierung aller Ebenen besteht, kann das Videobild auch von vorneherein in einer geringeren
  Auflösung präsentiert werden.

3.3.2 Skalierbarkeit von MPEG–2

Die im MPEG–2 Standard [ISO96b] definierten Möglichkeiten zur Skalierung eines Videostroms sind:

Räumliche Skalierung, wie schon für die hierarchische Codierung von
JPEG angesprochen. Dadurch soll eine Interoperabilität zwischen herkömmlichen Fernsehnormen und HDTV möglich werden, oder man
zielt auf eine Interoperabilität zwischen MPEG-1 (in der Basisebene)
und zusätzlichen Features von MPEG-2 (in der Erweiterungsebene)
ab.

SNR–Skalierung oder Fehlerskalierung, welche verschiedene Qualitätsstufen eines Videos bei gleicher Auflösung erlaubt. Die SNR–Skalierung wird erreicht, indem ein Video zunächst bei niedrigem PSNR, also bei geringer Bildqualität und damit verbunden auch bei geringerer
Bitrate, codiert wird. Die Erweiterungsebene enthält dann die Differenzwerte der DCT–Koeffizienten, welche zum Erzielen eines höheren
PSNR erforderlich sind. Die Erweiterungsebenen für SNR–Skalierung
enthalten nur die Differenzwerte der DCT–Koeffizienten und keine
weiteren Informationen wie Bewegungsvektor–Differenzen etc.

Zeitliche Skalierung, gegenüber dem Auslassen von B–Frames wird noch
eine Unterteilung in eine Basisebene und eine Erweiterungsebene für
die zeitliche Skalierung angeboten. P–Frames aus der Erweiterungsebene können wahlweise auf Frames der Basisebene oder der Erweiterungsebene verweisen. Auch die zeitliche Skalierung wird in MPEG–2
genutzt, um die Kompatibilität mit HDTV und den dort üblichen
verdoppelten Frameraten herzustellen.

Datenpartitionierung, eine Möglichkeit zum abgesicherten Versenden von
MPEG–2 Videos über fehleranfällige Netze. Wenn das zugrundeliegen-
de Netz eine Unterteilung der Daten in kritische und weniger kritische
Daten zuläßt, kann mit Datenpartitionierung eine relativ störungsun-
empfindliche Übertragung von Videos erreicht werden. Die für den
Decodierprozeß unerläßlichen Daten wie Header, Bewegungsvektoren,
DC– oder die niederfrequenten AC–Koeffizienten werden über einen
ausfallsicheren bzw. mit Fehlerkorrektur versehenen Kanal durch das
Netz geschickt. Die weniger kritischen Daten, also die verbleibenden hochfrequenten AC–Koeffizienten, können über einen Kanal mit
höherer Ausfallrate oder ohne eine Fehlerkorrektur gesendet werden.
Ein Beispiel für ein Netz, welches diese Unterscheidung der Daten
nach Priorität unterstützt, ist ATM [ATM]. Für die Übertragung von
MPEG–2 über ATM werden spezielle Verfahren und Codierungen entwickelt [OrSo98]. Datenpartitionierung setzt jedoch spezielle Encoder
und Decoder für den partitionierten Videostrom voraus [ISO96b].

3.3.3 Skalierbarer Video Codec

In [HoGi97] wird ein skalierbares Videokompressionsverfahren beschrieben, welches nicht auf der DCT als Transformationscodierung beruht. Die Kompression der Videodaten beruht auf *Vektorquantisierung* von 2×4 Pixelblökken. Bei der Vektorquantisierung werden zunächst eine bestimmte Anzahl an Eingabwerten (im vorliegenden Beispiel also $2 \times 4 = 8$) zu einem Vektor zusammengefaßt. Die Elemente dieses Vektors werden nun mit einem Faktor quantisiert und der Ergebnisvektor auf ganze Zahlen gerundet. Der Vektor wird nun mit Mustervektoren aus einem *Codebuch* verglichen. Stimmt er mit einem Eintrag überein, so wird der Index des Codebucheintrags als Code für den gesamten Vektor ausgegeben. Durch das Zusammenfassen mehrerer Eingabewerte zu einem Vektor wird dieses Verfahren effizienter als eine Entropiecodierung mit ganzzahligen Codelängen. Der Nachteil der Vektorquantisierung ist allerdings die exponentiell wachsende Größe des Codebuchs mit zunehmender Anzahl der Elemente im Vektor.

Die Skalierung kann sowohl örtlich als auch zeitlich erfolgen. Im Normalfall wird eine Basisebene wie bei H.263 im Interframe–Modus codiert, da für diese Ebene eine verlustfreie Übertragung durch das Netz zugrundegelegt wird und somit davon ausgegangen werden kann, daß die Referenzierung von vorausgegangenen Frames immer möglich ist. In den Erweiterungsebenen werden im Normalfall in regelmäßigen Abständen Intra–Frames eingestreut, damit diese auch über fehleranfällige bzw. niedriger priorisierte Datenkanäle versendet werden können. Die Inter–Frames schaffen dann jeweils einen neuen Referenzpunkt, sofern bei der Übertragung ein Fehler aufgetreten ist.

Das skalierbare Verfahren benutzt Bewegungskompensation auf Basis von 16×16 Pixel großen Blöcken, wie auch bei MPEG oder H.263. Dabei ist auch eine Bewegungskompensation in den Erweiterungsebenen möglich, die Bewegungsvektoren der Basisebene bilden dabei die Prädiktoren für die Bewegungsvektoren der höheren Ebenen.

Die Effizienz der Codierung ist von der Bitrate bei konstantem PSNR mit der von H.263 vergleichbar [HoGi97] und übertrifft die mit MPEG erzielbare Kompression [KuHo98a]. Für die nächste Version des skalierbaren Codecs ist die Benutzung von H.263 für die Basisebene vorgesehen, um mit Applikationen, die nach den ITU–Standards arbeiten, kooperieren zu können. Der Decoder ist auch als Plugin für WWW–Browser implementiert, seine Eignung für skalierbare Internet–Applikationen werden im WWW demonstriert [HoWe97].

4 Sicherheitskonzepte

Wie in Kapitel 1.5 schon herausgestellt, spielen Aspekte der Datensicherheit auch für Videodaten eine zentrale Rolle. Daher widmet sich dieses Kapitel den Anforderungen an Datensicherheit und den Methoden, wie diese erfüllt werden können. Ein Schwerpunkt wird dabei auf der Einhaltung von Vertraulichkeit liegen. Zum einen, weil diese Forderung von vielen Applikationen, die sich mit der Verarbeitung von digitalem Video beschäftigen, als wichtigste Datensicherheitsanforderung eingehalten werden muß. Zum anderen, weil die dazu eingesetzen Verfahren der Verschlüsselung im allgemeinen sehr zeitaufwendig sind und für die große Menge an Daten, die bei der Übermittlung eines Videostroms auftreten, oftmals gar nicht in der geforderten Zeit durchführbar sind. Gerade im Bereich der digitalen Videoverarbeitung stoßen die eingesetzten Rechner auch mit Unterstützung durch spezielle Videohardware an die Leistungsgrenzen bei den umfangreichen Berechnungen zum Erzielen eines optimalen Kompressionsfaktors. Sollen dann noch zeitaufwendige Algorithmen zum Verschlüsseln der immensen Datenmengen quasi nebenbei eingesetzt werden, so bleiben dem Anwender nur entweder einen Qualitätsverlust durch Vermindern der Bandbreite des Videostroms hinzunehmen, oder es sind weitere Investitionen in schnellere Hardware oder auf Verschlüsselung spezialisierte Chips notwendig. Als dritte Alternative bieten sich noch spezielle Verfahren an, die für Videoströme einen guten Schutz der Vertraulichkeit bei gleichzeitig vermindertem Rechenaufwand gewährleisten. Eine Übersicht über die hierfür geeigneten Verfahren soll im Anschluß an die Vorstellung allgemeiner Sicherheitskonzepte erfolgen.

4.1 Sicherheit und Kryptographie

Die grundsätzlichen Anforderungen an sichere Systeme und Applikationen wurden bereits in Kapitel 1.5 vorgestellt. Sie seien hier deshalb nur noch einmal kurz aufgelistet:

Vertraulichkeit: Schutz vor dem Zugriff durch Unbefugte

Authentisierung: Beweis der Echtheit einer Aussage, dies impliziert somit auch das Ausweisen einer Person oder Institution vor einer anderen Instanz

Autorisierung: Zugangskontrolle für bestimmte Dienste und Handlungen

Urheberrechte: Nachweis des Eigentums oder anderer Rechte

Integrität: Nachweis, daß eine Nachricht nicht durch Dritte (somit also auch durch Fehler und Ausfälle im System) verfälscht wurde

Verfügbarkeit: Garantie, daß ein Dienst im vorher vereinbarten Umfang zur Verfügung steht

Ein weiterer Punkt, der im Zusammenhang mit Sicherheitsanforderungen noch nicht genannt wurde, ist die

Nichtzurückweisbarkeit: Nachweis, daß eine Handlung (z.B. das Versenden einer Nachricht) von einer bestimmten Person bzw. Instanz durchgeführt worden sein muß.

Die Verfahren und Algorithmen, die seit altersher zum Erzielen der geforderten Sicherheit eingesetzt werden, entstammen dem Gebiet der *Kryptographie*. Kryptographische Methoden sind schon viel älter als die Erfindung von Rechenmaschinen. Schon aus der Antike sind Beispiele für den Einsatz kryptographischer Methoden zur Übermittlung geheimer Nachrichten überliefert, z.B. die auf Caesar zurückgehende monoalphabetische Substitution [Sch96],S.11, bei der jeder Buchstabe durch den um einen konstanten Betrag versetzten Buchstaben im lateinischen Alphabet (modular) ersetzt wird.

Bis vor einigen Jahren war der Einsatz der Kryptographie auf das Anwendungsgebiet der *Verschlüsselung* von Nachrichten, also auf die Wahrung von Vertraulichkeit bei der Übermittlung, beschränkt. Dies ist darauf zurückzuführen, daß bis 1976 keine kryptographischen Methoden oder Algorithmen bekannt waren[1], die ein die Durchführung eines *kryptographischen Protokolls* für die anderen Sicherheitsanforderungen ermöglicht hätte. Ein kryptographisches Protokoll definiert den genauen Ablauf einer Handlung, mit der einer der oben aufgeführten Sicherheitsaspekte herbeigeführt werden kann [Sch96]. Erst mit der Einführung von *öffentlichen Schlüsseln* (public key cryptography) [DiHe76] und Algorithmen, die diese sicher verwalten können, konnten Protokolle zur Authentisierung und Nichtzurückweisbarkeit auf einfache Weise realisiert werden.

---

[1] genauer gesagt, für die Forscher und Wissenschaftler öffentlich zugänglich sind, da über die Aktivitäten und das Wissen von Militärs und Geheimdiensten auf dem Gebiet der Kryptographie nur sehr selten etwas an die Öffentlichkeit dringt

Bleibt zum Abschluß noch die Frage offen, was genau unter dem Begriff Verschlüsselung zu verstehen ist und wie er sich von Begriffen wie z.B. Verschleierung abgrenzt. Hierzu soll folgendes Zitat von B. Schneier aus seinem Buch „Applied Cryptography" [Sch96] zur Klärung dieser Frage beitragen:

> *If I take a letter, lock it in a safe, hide the safe somewhere in New York, then tell you to read the letter, that's not security. That's obscurity. On the other hand, if I take a letter and lock it in a safe, and then give you the safe along with the design specifications of the safe and a hundred identical safes with their combinations so that you and the world's best safecrackers can study the locking mechanism — and you still can't open the safe and read the letter — that's security.*

Das Zitat soll uns sagen: Ein Algorithmus zum Erzielen von Sicherheit ist nicht dadurch sicher zu machen, daß man seine Designkriterien oder sogar den Algorithmus selbst vor der Öffentlichkeit verschweigt, sondern nur durch ein ausgeklügeltes Design des *Schlosses* (also des Algorithmus) und eine gute Auswahl des *Schlüssels*.

4.2   Angriffe gegen gesicherte Daten

Die Entwicklung von geeigneten Sicherheitskonzepten für zu schützende Datenbestände hängt in erster Linie davon ab, welche Möglichkeiten zum illegalen Zutritt zu diesen Daten existieren und welche Personen oder Institutionen ein Interesse daran haben könnten, in den Besitz dieser Daten zu gelangen. Das perfekteste Sicherheitskonzept eines Unternehmens mit den ausgeklügeltsten kryptographischen Algorithmen nützt wenig, wenn z.B. der Systemadministrator unzuverlässig oder bestechlich ist, oder wenn die Tür zum Rechenzentrum nicht mit Codes gesichert und ständig verschlossen gehalten wird. Ein Punkt, den viele Planer eines Sicherheitskonzeptes oft unterschätzen, ist der physikalische Schutz der Daten und der Anlagen, die diese Daten manipulieren[2]. Viele Angriffe gegen Datenschutzvorkehrungen erfolgen aufgrund von Nachlässigkeit beim Schutz der Anlagen oder mit Gewalt, z.B. durch Einbruch.

---

[2] also auch die Leitungen, über die diese Daten unverschlüsselt versendet werden (z.B. zwischen zwei Gebäuden des Rechenzentrums) oder die Ausgabegeräte, die diese Daten unverschlüsselt anzeigen (z.B. Monitore, deren elektromagnetische Abstrahlung schon mit primitiven elektronischen Geräten über mehrere Meter hinweg abgehört und damit die Grafikausgabe rekonstruiert werden kann)

Der Aspekt des physikalischen Datenschutzes soll hier nicht weiter vertieft werden. Die folgenden Überlegungen sollen zwei ansonsten perfekt gesicherte Kommunikationsteilnehmer voraussetzen, die zu schützende Daten über einen unsicheren Kanal austauschen möchten. Das Paradebeispiel für einen solchen ungeschützten Kanal ist das Internet, da hier aufgrund der heterogenen Struktur nicht vorausgesagt werden kann, über welche Routen ein Datenpaket seinen Weg zum Empfänger nimmt und wer unterwegs Zugriff auf diese Daten erhalten kann.

Die Art eines Angriffs kann zunächst danach klassifiziert werden, ob es sich um einen *aktiven* oder *passiven* Angriff handelt [Sta95].

4.2.1 Passive Angriffe

Bei passiven Angriffen können die Kommunikationspartner i.a. nicht feststellen, daß ein Angriff auf ihre Kommunikation stattgefunden hat. Die Daten werden dabei vom Angreifer nicht verändert. Möglichkeiten des passiven Angriffs sind:

Abhören: Der Angreifer erlangt Einblick in den Dateninhalt. Diesen kann er dann zu seinem Vorteil nutzen, z.B. durch Veröffentlichen, Erpressen der Kommunikationspartner usw. Viel häufiger geschieht ein Abhören jedoch aus dem Motiv heraus, Zugang zu einem kostenpflichtigen Angebot (Software, Nachrichten) oder Dienst (Fernsehübertragung im Pay-TV) zu erlangen.

Datenflußanalyse: Oft ist der eigentlich wertvolle Gehalt einer Nachricht nicht deren Inhalt, sondern die Kenntnis über die daran beteiligten Kommunikationspartner. Beispiele aus dem politischen Bereich sollen diesen Aspekt motivieren, z.B. die Aufdeckung von Geheimverhandlungen zwischen Staaten in Krisenregionen und die daraus resultierenden Spannungen, wenn bekannt wird, wer mit wem zu kooperieren beabsichtigt.

Mögliche Ergebnisse, die aus der Datenflußanalyse gewonnen werden können, sind vielfältig. Sie beinhalten die Häufigkeit, die Dauer und die Länge der übertragenen Nachrichten sowie Regelmäßigkeiten in der Kommunikationsbeziehung. Die Schlüsse und Mutmaßungen, die aus diesen Analysen gezogen werden können, sind noch weitaus vielfältiger, ihnen sind nur durch die Phantasie des Angreifers Grenzen gesetzt.

Gegenmaßnahmen

Als Maßnahmen gegen Abhören bieten sich Verfahren zur Vertraulichkeitswahrung an, also Mechanismen zur *Verschlüsselung* der übertragenen Daten.

Um die Datenflußanalyse zu unterbinden, können entweder mehrere parallele Kommunikationskanäle genutzt werden, so daß bei genügend großer Anzahl aus den Analysen eines Kanals keine Aussagen über die Struktur der Kommunikation gewonnen werden kann, außer der Information über die Kommunikationsteilnehmer und der Zeitpunkt der Kommunikation. Eine wesentlich effizientere Methode ist das Einstreuen von leeren Nachrichten. Der beste Schutz wird dann erzielt, wenn permanent Nachrichten über die Leitung geschickt werden, aus denen der Angreifer nicht ersehen kann, ob diese Teil einer aktiven Kommunikation der Teilnehmer sind oder ihr Inhalt keine Bedeutung für die Kommunikation hat (Rauschen).

Soll zusätzliche die Identität der Teilnehmer verborgen bleiben, so müssen im ungeschützten Kommunikationsnetz noch mehrere *vertrauenswürdige Zwischenstationen* existieren, über die der Datenverkehr (evtl. alternierend über verschiedene Wege und Stationen) abgewickelt wird. Da die Empfängeradresse in den Datenpaketen nicht verschlüsselt werden kann, müssen zunächst diese Zwischenstationen adressiert werden, welche Zugang zum Dateninhalt haben und daraus dann den wahren Empfänger (oder eine weitere vertrauenswürdige Station auf dem Weg zu diesem) ermitteln und in die Empfängeradresse des Datenpakets eintragen können.

4.2.2 Aktive Angriffe

Aktive Angriffe sind dadurch gekennzeichnet, daß der Angreifer Veränderungen an den Daten oder der Kommunikationsstruktur vornehmen kann. Während für die Durchführung passiver Angriffe meist schon ein PC mit Netzanschluß und entsprechender Software nötig ist, sind bei aktiven Angriffen meistens erweiterte Rechte im System notwendig, wie z.B. der Zugriff auf Netzwerkkomponenten (Router, Switches). Mögliche aktive Angriffe sind:

Modifikation: Der Angreifer verändert den Inhalt der Daten. Auch wenn die Daten verschlüsselt übertragen werden, ist eine Modifikation daran nicht ausgeschlossen. Bei Kenntnis der unverschlüsselten Daten bzw. deren Datenstruktur lassen viele Verschlüsselungsverfahren noch eine gezielte Modifikation einzelner Datenteile zu. Selbst wenn dies nicht möglich ist, kann eine Modifikation die Kommunikation beeinträchtigen oder ganz unterbinden, ohne daß die Teilnehmer zunächst einen Angriff durch Dritte als Ursache dafür vermuten.

Unterbrechung: Der Angreifer unterbindet eine weitere Kommunikation der Teilnehmer. Man kann diesen Fall auch als Extremfall der Datenmodifikation auffassen. Dieser Angriff kann aus zwei Motiven heraus geschehen. Zum einen, um die Kommunikation zu stören (Mißgunst, Erlangen von Wettbewerbsvorteilen), zum anderen, um die Daten zu sich oder anderen, die daraus Vorteile ziehen können, umzuleiten.

Wiederholung: Der Angreifer spielt vorher abgehörte oder abgefangene Nachrichten erneut ins Netz ein, um dadurch eine gewünschte Wirkung beim Empfänger zu erreichen. Als Beispiel für solche Nachrichten soll eine (zunächst legale) Überweisungstransaktion zwischen zwei Banken zugunsten des Angreifers sein, die auch verschlüsselt vorliegen kann. Durch nochmaliges Senden an die Empfängerbank wird der Betrag dem Angreifer erneut gutgeschrieben.

Tarnung: Der Angreifer erzeugt selbst Nachrichten im System und gibt vor, diese stammten aus einer anderen Quelle. Bietet ein System einem Teilnehmer diese Möglichkeit (bewußt oder aufgrund einer Schwachstelle), so stehen diesem damit wohl die weitestgehenden Möglichkeiten zum Durchführen eines Angriffs offen.

Gegenmaßnahmen

Neben physikalischen Zugangsregelungen zu Systemen können aktive Angriffe durch Mechanismen der Authentisierung und der Autorisierung unterbunden werden. Mit der Authentisierung wird der Zugang zu dem System gestattet und dem Benutzer eine Identifikation darin und eine eindeutig definierte Rolle zugewiesen. Die Autorisierung regelt nun den Zugang zu den Diensten des Systems für die identifizierten Nutzer durch individuelle Regeln oder Regeln für Gruppen von Nutzern (z.B. festgelegt durch ihre Rolle im System). Der Zugang zu Diensten, welche einen Angriff auf Kommunikationsbeziehungen anderer erlauben (beispielsweise das Umkonfigurieren von Netzwerkadaptern), darf im Autorisierungssystem dann nur bestimmten privilegierten Nutzern ermöglicht werden, für welche ein besonderes Vertrauensverhältnis besteht.

Um eine Modifikation der Daten zu entdecken, können diese mit einer *Prüfsumme* zur Konsistenzwahrung versehen werden. Das kryptographisch sichere Pendant dazu ist eine *Einweg–Hashfunktion*, welche in Kombination mit weiteren Verschlüsselungsmethoden ein Anpassen der Prüfsumme an die veränderten Daten durch den Angreifer verhindert.

Zur Verhinderung vom Wiederholen verschlüsselter Nachrichten lassen sich *Zeitmarken* oder Zähler in diese einbetten, die eine Wiederholung der Nachricht beim Empfänger anzeigen.

4.2.3   Unerlaubte Verwendung von Daten

Eine weitere Art der unberechtigten Nutzung eines Systems, gegen die eine Abwehrstrategie eingebaut werden muß, ist die *unberechtigte Nutzung* von ansonsten frei zugänglichen Daten. Dieser Angriff gegen die Regeln innerhalb eines Systems läßt sich nicht mit „aktiv" oder „passiv" klassifizieren, da die unerlaubte Verwendung oft nicht von einem Angreifer von außerhalb der Kommunikationsbeziehung aus erfolgt, sondern durch den Empfänger der Daten selbst geschieht. Die Verwendung der Daten ist hierbei durch Copyright–Rechte oder andere rechtliche Grundlagen geregelt. Je nach Anwendungsfall kann eine unrechtmäßige Verwendung durch Dritte unterbunden werden, z.B. durch Verschlüsselung der Daten. In vielen Anwendungsfällen ist dies nicht möglich, beispielsweise innerhalb einer Präsentation im WWW, bei der ein dargestelltes urheberrechtlich geschütztes Bild ja bei allen, die diese Seite aufrufen, angezeigt werden soll. Das Verbreitungsmedium WWW erlaubt hier keine Unterscheidung zwischen dem Herunterladen zum Anzeigen oder dem Herunterladen zum Abspeichern in einer Datei und der späteren Verwendung. Daher müssen für diesen Fall andere Mechanismen eingesetzt werden, welche ein illegales Kopieren zwar nicht verhindern, aber dennoch im nachhinein aufdecken helfen.

Gegenmaßnahmen

Maßnahmen gegen die unerlaubte Verwendung von Daten lassen sich grob in zwei Kategorien einteilen:

- Beim *aktiven Verhindern von Kopiermöglichkeiten* können die Daten nur in speziell dafür eingerichteten Umgebungen und auch nur von Programmen, die die Daten nicht nach außen transferieren (z.B. durch Kopieren in eine Datei), manipuliert und angezeigt werden. Dies erfordert allerdings Systemvoraussetzungen, die heutige Betriebssysteme nicht beinhalten.

  Als Beispiel sei hier ein Bild genannt, auf welchem ein Urheberrecht gegen unerlaubtes Kopieren ruht. Der Eigentümer des Bildes möchte dies im WWW präsentieren, ohne die Möglichkeit der Erstellung einer

Kopie zu bieten. Ein Ansatz wäre, das Bild durch ein Java–Applet auf den fremden Rechner übertragen zu lassen und dort anzuzeigen, wonach sich das Java–Applet selbst wieder löscht, um eine Analyse des evtl. eingesetzten Verschlüsselungsalgorithmus durch den Benutzer zu verhindern. Da der Bildschirmspeicher jedoch von allen Programmen ausgelesen werden kann, ist das angezeigte Bild von Programmen wie *xv* unter UNIX (bzw. die Snapshot–Funktion von Programmen wie *Paint Shop* unter Windows) leicht zu kopieren, weshalb diese Art des Schutzes in heterogenen Systemen ohne geeignete Unterstützung durch das System ungeeignet scheint.

- Durch Markieren von Daten mit *digitalen Wasserzeichen* [ZhKo96] [HaGi96] lassen sich bei Kopien davon die Urheberschaften anhand von eingebrachten Markierungen zurückverfolgen. Dieses Verfahren setzt natürlich die Initiative des Urhebers voraus, da das Verfahren keine aktive Gegenmaßnahme gegen das Kopieren darstellt.

  Digitale Wasserzeichen sind bisher nur für Daten mit multimedialem Inhalt (Bilder [ZhKo96], Video [HaGi96], Audiodaten [BTH96], dreidimensionale VRML–Objekte [OMA97]) entwickelt worden. Auf normale ASCII–Texte ist dieses Verfahren nicht beliebig anwendbar, da durch die Markierung eine Veränderung an den Daten an für den Menschen nicht wahrnehmbaren Stellen bzw. in Strukturinformationen der durch die Daten repräsentierten Objekte vorgenommen werden muß.

Für diese Schutzmaßnahmen lassen sich wiederum Gegenmaßnahmen vornehmen, wie beim aktiven Kopierschutz schon aufgezeigt wurde. Für digitale Wasserzeichen ist bei vielen Verfahren ein Umcodieren in ein anderes Datenformat ausreichend, um das Wasserzeichen zu eliminieren oder zumindest Teile davon unkenntlich zu machen. Die entwickelten Verfahren werden jedoch immer robuster gegen geometrische oder Format–Transformationen, weshalb ein Entfernen des Wasserzeichens oft nur mit einer spürbaren Qualitätseinbuße verbunden ist.

4.3   Kryptographische Algorithmen

Um die im vorigen Abschnitt vorgestellten Sicherheitsanforderungen einzuhalten, werden *kryptographische Algorithmen* und *Protokolle* verwendet. Ein kryptographisches Protokoll ist ein Verfahren, welches einen oder mehrere der im folgenden vorgestellten Algorithmen einsetzt, um einen bestimmten Aspekt der Datensicherheit zu erfüllen. Beispielsweise gibt es Protokolle zur vertraulichen Übermittlung von Nachrichten über einen ungesicherten Kanal, oder das Protokoll dient zum sicheren Austausch von geheimen Kommunikationsschlüsseln. Komplexere Protokolle, mit oftmals mehreren beteiligten Parteien neben dem Sender und dem Empfänger, können z.B. dem Zweck dienen, eine digitale Unterschrift zu leisten oder die Bezahlung mittels anonymem[3] elektronischem Geld vorzunehmen [CFN90]. Die unterschiedlichsten Arten von kryptographischen Protokollen werden ausführlich in [Sch96] vorgestellt. Für sichere multimediale Datenübermittlung spielen im Rahmen der hier vorgenommenen Betrachtungen nur relativ einfache Protokolle eine Rolle, sie werden bei Bedarf kurz erläutert.

Die Nomenklatur zur Darstellung von Algorithmen und Protokollen in diesem Kapitel ist wie folgt:

P	*Plaintext*	Klartext der übermittelten Nachricht
C	*Ciphertext*	Chiffrat, verschlüsselter Text
E	*Encryption*	Verschlüsselungsalgorithmus
D	*Decryption*	Entschlüsselungsalgorithmus
K	*Key*	Schlüssel

E_K, D_K	Ver– bzw. Entschlüsseln mit Schlüssel K
e, d	Schlüssel zum Ver– bzw. Entschlüsseln (asymmetrisch)

Die für die Sicherheit bei Videoübertragung relevanten *kryptographischen Algorithmen* sollen hier nun vorgestellt werden, die wichtigsten Verfahren lassen sich grob in *symmetrische Verschlüsselungsverfahren, asymmetrische Verschlüsselungsverfahren* und *digitale Wasserzeichen* unterteilen.

4.3.1 Symmetrische Verschlüsselungsverfahren

Die Grundlage dieser Verfahren bildet ein Algorithmus, der aus einem Eingabestrom mit Hilfe eines *Schlüssels* einen Ausgabestrom erzeugt. Dieser muß für jede Kombination von Eingabestrom und Schlüssel einen Ausgabestrom erzeugen, der auf keine dieser beiden Eingaben Rückschlüsse zuläßt, um kryptographisch sicher zu sein. Zum Ver– und Entschlüsseln besitzen der Sender und der Empfänger jeweils eine identische Kopie des Schlüssels, der Empfänger wendet zum Entschlüsseln den inversen Verschlüsselungsalgorithmus auf die Nachricht an, um den Klartext zu erhalten. Abbildung 4.1 zeigt das Grundprinzip der symmetrischen Verschlüsselung.

---

[3] d.h. nicht an einen bestimmten Besitzer bzw. Absender gebundenes Geld

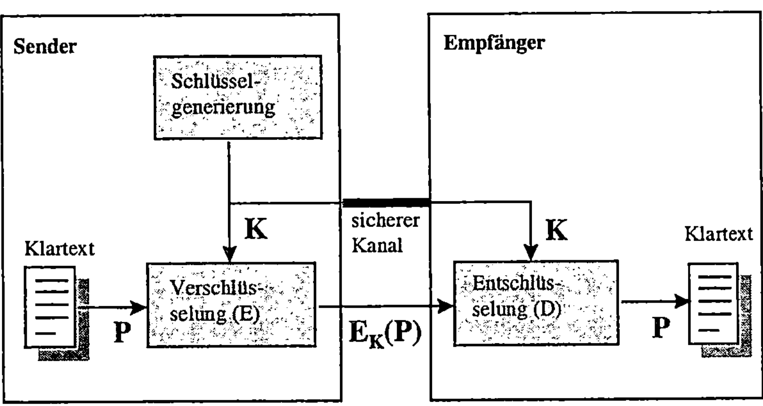

Abbildung 4.1 Grundprinzip der symmetrischen Verschlüsselung

Zwei grundlegende Techniken bilden die Grundlage eines jeden Verschlüsselungsverfahrens [Sha49]:

Konfusion: Dadurch soll die Korrelation zwischen dem Klartext und der verschlüsselten Nachricht verwischt werden. Dies kann z.B. durch *Substitution* (Ersetzen) der Zeichen in der Eingabenachricht durch andere Zeichen erfolgen, wobei diese Ersetzung natürlich ein–eindeutig sein muß, um vom Empfänger umgekehrt werden zu können.

Diffusion: Hiermit soll sichergestellt werden, daß ein Eingabezeichen Einfluß auf möglichst viele Ausgabezeichen erhält, um Redundanzen im Klartext zu streuen. Redundanzfreie Ausgabenachrichten sind die Grundlage dafür, daß ein Verfahren gegen kryptoanalytische Angriffe als sicher gilt. Diffusion wird am einfachsten durch *Permutation* der Eingabezeichen erzeugt.

Weiterhin lassen sich die Verfahren in *Stromchiffre–* und *Blockchiffre–*Verfahren einteilen [Sch96],S.4:

Stromchiffren arbeiten auf jeweils einem Eingabezeichen (im Falle von beliebigen digitalen Informationen i.a. ein Bit), welches aufgrund von Zustandsänderungen bedingt durch die Vorgängerzeichen und des Schlüssels in ein Ausgabezeichen transformiert wird [Rob95].

Blockchiffren fassen jeweils einen Block von Eingabezeichen der Länge L
als Einheit auf, der in einen entsprechenden Ausgabeblock (gleicher
oder unterschiedlicher Länge) transformiert wird. Einige Verfahren
erlauben variable Blocklängen, viele Blockchiffren sind aber nur für
bestimmte Längen (i.a. 64 Bit) geeignet oder im Hinblick auf Datensicherheit optimiert.

Blockchiffren bieten gegenüber Stromchiffren den Vorteil, daß man auch
bei genauer Kenntnis des Aufbaus der versendeten Daten nicht von außen gezielt einzelne Bits manipulieren (invertieren) kann, man benötigt
dafür Einblick in den Klartext. Dieser Aspekt spielt für die betrachteten
Videoströme jedoch nur eine untergeordnete Rolle, da durch die variablen
Längencodes die Bedeutung einzelner Bits im Datenstrom nicht aus ihrer
Position abgelesen werden kann. Außerdem beeinflußt ein Ändern von Bits
sofort die Bedeutung des gesamten restlichen Datenstromes bis zur nächsten
Synchronisationsmarke.

Zur Verschlüsselung kann ein Block–Verschlüsselungsverfahren in verschiedenen Modi betrieben werden [Sta95]. In Abbildung 4.2 sind die gebräuchlichsten Modi grafisch gegenübergestellt.

Electronic Codebook (ECB): Jeder Eingabeblock wird in den durch
den Schlüssel und den Algorithmus definierten Ausgabeblock transformiert. Dieses Verfahren ist daher nicht für Daten zu empfehlen,
die eine hohe Wiederholungsrate im den auftretenden Zeichenfolgen
haben, da gleiche Eingabeblöcke immer eine identische Ausgabe erzeugen, die von einen Angreifer auf ihre statistischen Eigenschaften
hin untersucht werden kann.

Cipher Block Chaining (CBC): Der Eingabeblock wird vor der Verschlüsselung mit dem zuletzt verschlüsselten Ausgabeblock durch XOR
verknüpft. Dadurch erzeugen identische Eingabeblöcke jeweils unterschiedliche Ausgabeblöcke, auch bei einer direkt darauffolgenden Wiederholung. Die Nachteile dieses Verfahrens sind zum einen das Fort-
pflanzen von Bitfehlern während der Übertragung auf den nächsten
Block, zum anderen kann die Verschlüsselung nicht blockweise parallel
bzw. wahlfrei vorgenommen werden[4], da die Ausgabe der vorherigen
Verschlüsselung ja zum Verschlüsseln bekannt sein muß. Als Initia-
lisierung für die Verknüpfung kann der Wert Null oder (besser) ein
Zufallswert genommen werden, der allerdings dem Empfänger (unverschlüsselt) übermittelt werden muß.

---

[4] sehr wohl aber die Entschlüsselung

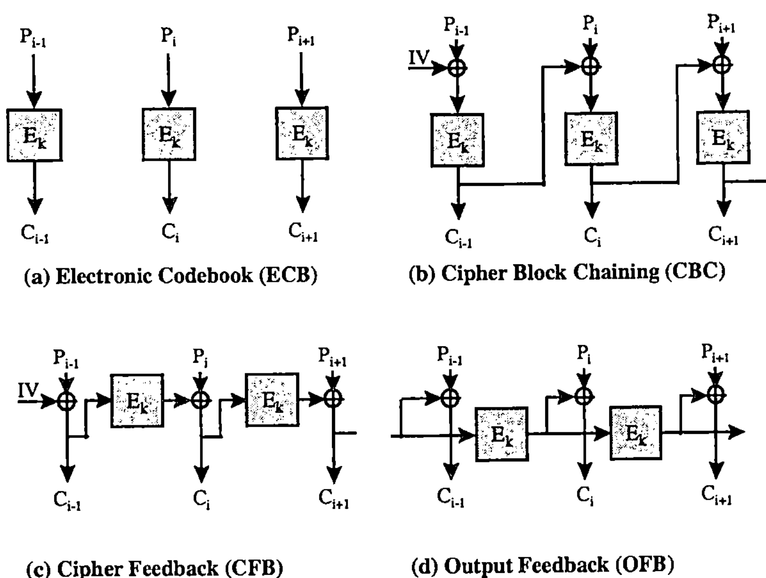

Abbildung 4.2 Die verschiedenen Modi zum Betreiben von Blockchiffre–Algorithmen

Cipher Feedback (CFB): Mit dieser Methode kann eine Blockchiffre zu einer Stromchiffre umgewandelt werden, bzw. die Blocklänge reduziert werden. Dabei wird wie bei CBC ein Initialisierungswert benötigt, der verschlüsselt wird und als XOR für das nächste Eingabezeichen (bzw. -block) dient. Danach wird der Initialisierungswert um die Breite des Eingabezeichens nach links verschoben, das verschlüsselte Ausgabezeichen ersetzt dann die fehlenden Bits.

Output Feedback (OFB): Dieser Modus ist identisch zu CFB, nur wird hier die Ausgabe der Verschlüsselungsfunktion (vor der XOR–Verknüpfung mit dem Eingabetext) anstelle des Ausgabezeichens in die fehlenden Bits des Schieberegisters eingepaßt. Diese Methode hat allerdings einige Sicherheitsmängel, wenn die Anzahl der zurückgeschriebenen Bits nicht der Blockgröße entspricht.

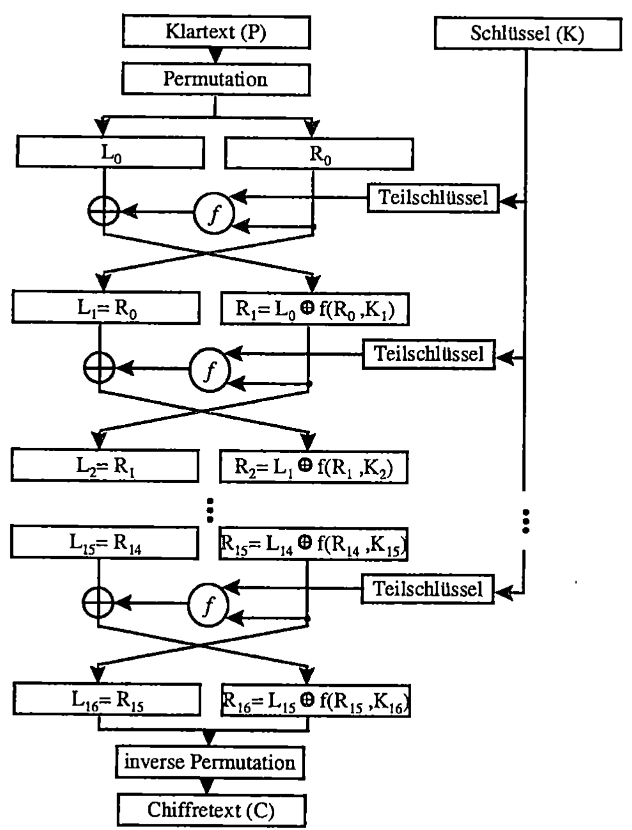

Abbildung 4.3 Blockschaltbild der 16 Runden des DES-Algorithmus

DES

Der *Data Encryption Standard*, DES [DES77], ist der wohl älteste und am besten erforschte moderne Verschlüsselungsalgorithmus, für den noch keine wirkungsvolle Kryptoanalyse–Möglichkeit bekannt ist. DES arbeitet auf Datenblöcken der Länge 64 Bit, er benutzt einen beliebigen Schlüssel der Länge 56 Bit (mit Paritätsbits 64 Bit). In Abbildung 4.3 ist die prinzipielle Wirkungsweise des Algorithmus dargestellt (nach [Sch96],S.270).

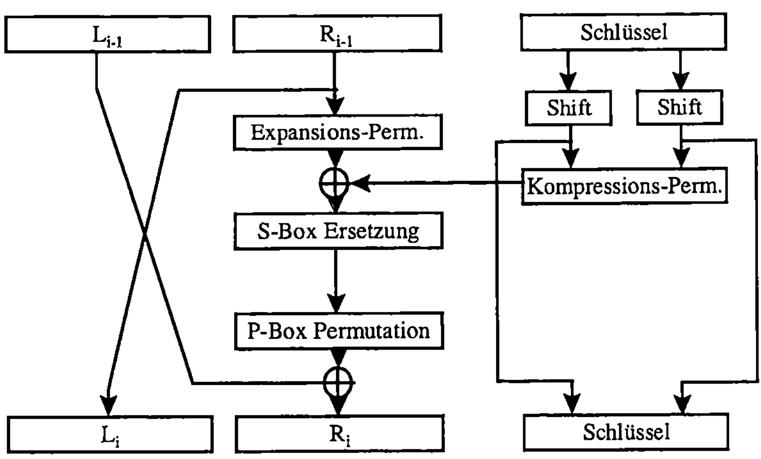

Abbildung 4.4 Eine der 16 Runden des DES–Algorithmus

Der Algorithmus arbeitet in 16 gleich aufgebauten Runden, für die jeweils ein neuer Teilschlüssel aus dem 56–Bit–Schlüssel generiert wird. Pro Runde werden die linke und die rechte Hälfte des Datenblocks vertauscht (Diffusionseffekt), auf die rechte Hälfte wird zusätzlich eine Permutation und eine Substitution (zum Erzielen von Konfusion) angewendet. Die Substitution erfolgt mit Hilfe von S–Boxen, welche jeweils einer 6–Bit–Eingabe eine 4–Bit–Ausgabe zuordnen, sowie durch eine P–Box, welche alle 32 Bit der rechten Datenblockhälfte permutiert. Abbildung 4.4 zeigt die Wirkungsweise einer DES–Runde. Die Entschlüsselung von DES erfolgt mit demselben Algorithmus, allerdings werden die Teilschlüssel K_1 bis K_{16} in der umgekehrten Reihenfolge angewandt.

Für die Benutzung von DES als Verschlüsselungsalgorithmus sprechen seine weite Verbreitung und Verfügbarkeit auf nahezu jeder Computerplattform sowie die mangelnden Möglichkeiten, die Verschlüsselung ohne Kenntnis des Schlüssels zu brechen. Für DES existieren Hardwarechips, welche eine schnelle Verschlüsselung großer Datenmengen (bis 2 GBit/s [Ebe93]) ermöglichen. Software–Implementierungen erreichen Geschwindigkeiten von ca. 2–3 MBit/s auf einem herkömmlichen Desktop–PC [Sch96],S.278.

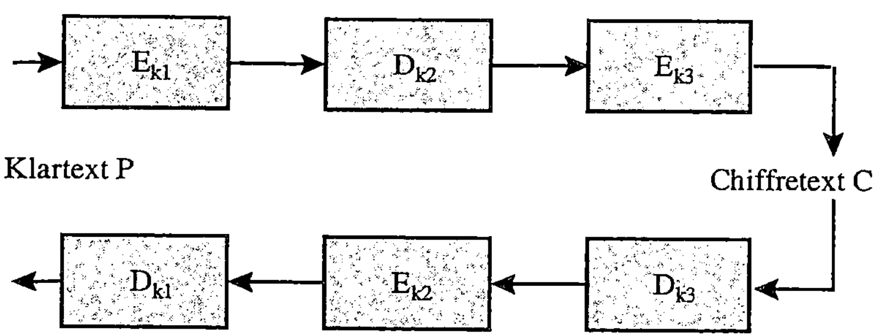

Abbildung 4.5   Verschlüsselung und Entschlüsselung mit Triple–DES

Triple–DES

Aufgrund der geringen Schlüssellänge (56 Bit) wird DES einigen der heutigen Sicherheitsanforderungen nicht mehr gerecht. Daher wurde *3DES* oder *Triple–DES* entwickelt, der den DES–Algorithmus dreimal nacheinander auf dem gleichen Datenblock ausführt, jeweils mit unterschiedlichen Schlüsseln. Die in Abbildung 4.5 dargestellte Kombination *Verschlüsseln* → *Entschlüsseln* → *Verschlüsseln* rührt daher, daß somit Hardware–Implementierungen von Triple–DES einfach auf „normale" DES–Verschlüsselung durch Einsetzen desselben Schlüssels K für K_1, K_2 und K_3 umzustellen sind.

IDEA

Der *International Data Encryption Algorithm*, IDEA, wurde 1990 als langfristiger Ersatz für DES vorgestellt [LaMa91] und später unter seinem heutigen Namen gegen neu entwickelte kryptoanalytische Angriffe abgesichert [Lai92]. Er gilt als sicher gegen die heute bekannten Angriffsmöglichkeiten gegen kryptographische Verfahren [Sch96],S.354. Auch IDEA ist eine Blockchiffre mit der Länge 64 Bit, er verwendet jedoch einen 128 Bit langen beliebigen (d.h. möglichst zufälligen) Schlüssel.

Der Algorithmus verwendet nur XOR-Operationen sowie Additionen und Multiplikationen (modulo 2^{16}), er besteht aus insgesamt 8 Runden, wie in Abbildung 4.6 dargestellt.

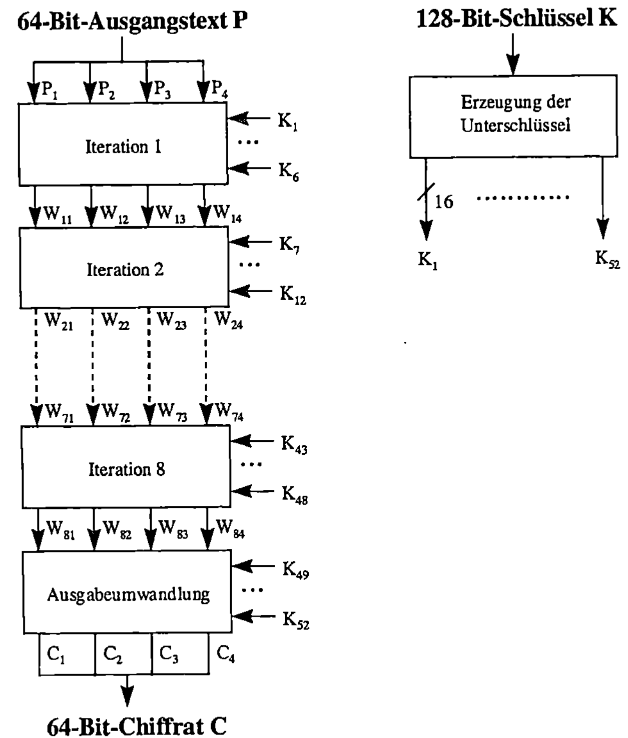

Abbildung 4.6   Aufbau des IDEA–Algorithmus

Der Algorithmus kann etwa die doppelte Geschwindigkeit von DES erreichen [Sch96], frühere Quellen sprechen von einer mit DES vergleichbaren Geschwindigkeit. Durch die zunehmende Optimierung von Multiplikationsoperationen in modernen Mikroprozessoren verändert sich hier die Leistungsanalyse wohl im Laufe der Zeit zugunsten von IDEA. Zu Messungen bezüglich der Ausführungsgeschwindigkeiten verschiedener Verschlüsselungsverfahren siehe Kapitel 5.3.

Für kommerzielle Einsätze von IDEA ist zu beachten, daß der Algorithmus sowohl in den USA als auch international patentiert ist und daher einer Lizenz bedarf. Daher sollte sein Einsatz in Applikationen, bei denen von vorneherein noch nicht abzusehen ist, wer sich daran beteiligen wird, mit

Vorsicht angegangen werden. Beispiele für solche Szenarien sind Videokonferenzen innerhalb von Firmenkonsortien oder vergleichbaren Bündnissen, deren Inhalt nur für Mitglieder des Konsortiums zugänglich sein soll, oder Newsgroups zu speziellen Themen mit Zugangs- und Abrechnungskontrolle. Das Versenden von verschlüsselter E-Mail ist allerdings kein Beispiel für diese Art von Applikationen, da ja vorher feststeht, ob der bzw. die Empfänger Zugriff auf den IDEA-Algorithmus hat. Daher kann IDEA hier ohne Bedenken Verwendung finden, wie es z.B. in dem Programmpaket *PGP* (*Pretty Good Privacy*, Programm zum sicheren Versenden von E-Mails) [Gar94] geschieht.

RC4

Das Verschlüsselungsverfahren *RC4* [Riv92b] ist im Gegensatz zu DES und IDEA ein Stromchiffre-Verfahren, es wurde schon lange vor seiner Veröffentlichung in verschiedenen proprietären Applikationen zur Verschlüsselung eingesetzt. Der Algorithmus ist sehr einfach, er benutzt 256 Werte s_i, die eine Permutation der Zahlen von 0 bis 255 in Abhängigkeit vom Schlüssel K darstellen und wie folgt initialisiert werden:

$$s_i := i \quad \forall i \in \{0, 1, \ldots, 255\}$$
$$k_0\_k_1\_ \ldots \_k_{255} := K\_K\_K\_ \ldots$$
$$\forall i \in \{0, 1, \ldots, 255\} \quad \text{do:}$$
$$j := (j + s_i + k_i) \bmod 256$$
$$\text{vertausche} \quad s_i \leftrightarrow s_j$$

Zum Verschlüsseln werden nun eine Folge von 8-Bit-Werten E erzeugt, die durch XOR mit den Eingabezeichen (bzw. -bits) verknüpft werden:

$$i := (i + 1) \bmod 256$$
$$j := (j + s_i) \bmod 256$$
$$\text{vertausche} \quad s_i \leftrightarrow s_j$$
$$t := (s_i + s_j) \bmod 256$$
$$E := s_t$$

Die Werte i und j werden am Anfang mit Null initialisiert. Damit ist eine 8-Bit-Blockchiffre im OFB-Modus realisiert, die allerdings eine gute Sicherheit gegenüber kryptoanalytischen Angriffen bietet. Bisher sind keine erfolgreichen Angriffe dagegen bekannt [Sch96],S.398, was wohl auch daran liegen kann, daß RC4 lange Zeit von Rivest geheimgehalten wurde, die Veröffentlichung erfolgte gegen seinen Willen.

Auch RC4 unterliegt einer Lizenzpflicht, weshalb hier die gleichen Anmerkungen wie beim IDEA–Algorithmus gelten, wenngleich der Algorithmus nicht patentiert ist und somit in Abwandlungen oder unter anderem Namen in proprietären Lösungen Verwendung finden kann.

Einmalschlüssel

Die Verwendung von Einmalschlüsseln gilt als die einzige Verschlüsselungsmethode, für die nachweisbar keinen Gegenangriff möglich ist. Sie fand bereits im 1. Weltkrieg Verwendung [Kah67]. Bei der Methode wird ein Zufalls–Bitstrom mit den Eingabezeichen durch XOR verknüpft. Im Falle von Nachrichten aus Zeichen eines Alphabets kann man die Verknüpfung auch auf eine Modulo–Addition mit zufälligen Zeichen über der Länge des Alphabets erweitern.

Der Empfänger muß natürlich den Zufalls–Bitstrom kennen, um an die Zeichen zu kommen. Hierin liegt der große Nachteil dieses Verfahrens, denn der Bitstrom muß mindestens die Länge der Nachricht aufweisen. Andernfalls wird diese Methode sofort wieder kryptographisch absolut unsicher. Für Videodatenströme ist diese Methode daher aufgrund des enormen Datenaufkommens nicht geeignet.

Andere Verfahren

Neben den vorgestellten symmetrischen Verfahren gibt es noch eine Reihe weiterer Verfahren, für die meisten von ihnen wurden inzwischen aber Methoden entwickelt, sie auch ohne Kenntnis des Schlüssels mit mehr oder weniger großem Aufwand zu knacken. Weitere Verfahren, über die aufgrund der kurzen Zeit seit ihrer Erfindung bzw. Veröffentlichung noch keine Aussagen über die kryptoanalytischen Möglichkeiten gegen sie gemacht werden können, für die aber dennoch eine große Stabilität gegenüber möglichen Angriffen prognostiziert wird [Sch96], sind:

Blowfish [Sch94], ein 64–Bit–Blockchiffre–Algorithmus mit 16 Runden und variabler Schlüssellänge bis zu 448 Bit. Der Algorithmus kommt mit wenigen 32–Bit–Operationen pro Runde aus (Addition und XOR), er erreicht dadurch einen sehr guten Datendurchsatz bei der Ver– bzw. Entschlüsselung.

SEAL [RoCo94], ein Stromchiffre–Algorithmus mit 160–Bit–Schlüssel, der nach einer zeitaufwendigen Vorabberechnung der Zwischenwerte aus dem Schlüssel selbst auf Low–End–PCs mit einer enormen Geschwindigkeit (58 MBit/s auf Intel 486/50 MHz [Sch96],S.400) arbeitet.

Zwei weitere Verfahren sind aufgrund ihrer Geschwindigkeit bei der Verschlüsselung im Rahmen der Videodaten–Verschlüsselung noch interessant:

FEAL [ShMi88], ein 64–Bit–Blockchiffre–Algorithmus mit einer Schlüssellänge von 64 Bit und variabler Rundenzahl. Der Algorithmus kann mit einer kleinen Anzahl an Runden eine beachtliche Geschwindigkeit erreichen, ist dann aber anfällig gegen verschiedene kryptoanalytische Angriffe [Sch96],S.311.

NewDES [Sco85], ein 64–Bit–Blockchiffre–Algorithmus mit 120 Bit Schlüssellänge und 17 Runden. Gegen den Algorithmus wurden verschiedene kryptoanalytische Angriffe unternommen die zeigen, daß er insgesamt einen schwächeren Schutz als DES bietet [Sch96],S.308.

Alle hier vorgestellten Verfahren können mit höherer Geschwindigkeit als DES oder IDEA Daten verschlüsseln, der Zeitaufwand ist jeweils um das 5–10fache geringer als bei DES. Die drei Algorithmen SEAL, FEAL und NewDES sind jeweils durch ein Patent geschützt.

4.3.2 Asymmetrische Verschlüsselung

Die Grundidee der asymmetrischen Verschlüsselungsverfahren liegt darin, jeden Kommunikationspartner mit zwei getrennten Schlüsseln auszustatten, wovon einer öffentlich zugänglich ist. Der *öffentliche Schlüssel* des Empfängers einer Nachricht wird nun vom Sender dazu benutzt, die Nachricht mit dem asymmetrischen Verfahren zu verschlüsseln. Danach kann nur noch der Empfänger diese Nachricht mit Hilfe seines *privaten Schlüssels*, den er tunlichst geheimzuhalten hat, entschlüsseln.

Die Idee zu dieser Form der Kryptographie hatten W. Diffie und M. Hellman [DiHe76] sowie unabhängig davon R. Merkle [Mer78]. Allen asymmetrischen Verfahren liegt ein Algorithmus zugrunde, der zwei verschiedene Schlüssel generiert, wobei man aus der Kenntnis nur des einen Schlüssels nicht den anderen Schlüssel bestimmen kann. Mathematisch wird dies durch Funktionen erreicht, deren Umkehrung nur schwer durchzuführen ist, wobei schwer bedeutet, daß das Problem mit zunehmender Größe der Werte für die Zeit zum Lösen zumindest einen exponentiellen Zuwachs haben muß. Andernfalls sind diese Funktionen nicht für kryptographisch sichere Verschlüsselungsverfahren geeignet, bei denen der verschlüsselte Text auch nach Jahrzehnten noch geheim bzw. geschützt bleiben soll.

Als Beispiel für eine solche schwer zu lösende Funktion soll der diskrete Logarithmus dienen. Die Funktion

$$y = f(x) = a^x \pmod{n}$$

läßt sich einfach berechnen, ihre Umkehrung

$$x = f^{-1}(y) \quad \text{mit} \quad y = a^x \pmod{n}$$

kann für ganze Zahlen x, y, a, n i.a. nur durch Ausprobieren aller möglichen Werte für $x \in \{0, 1, \ldots, n\}$ bestimmt werden, sofern sie überhaupt existiert. Mit zunehmender Anzahl z der Binärziffern von n erreicht der Algorithmus eine Zeitkomplexität von $\mathcal{O}(2^z)$, ein Aufwand, der für genügend große n auch von Computern mit heute noch undenklicher Rechenleistung nicht mehr erbracht werden kann.

Weitere Beispiele für mathematisch schwere Probleme sind die Primfaktorzerlegung großer Zahlen oder Operationen wie z.B. Wurzelziehen oder Punkte zählen auf elliptischen Kurven [Mil86]. Alle diese Techniken lassen sich mit mehr oder weniger gutem Ergebnis in asymmetrischen Verschlüsselungsverfahren anwenden, sofern die Komplexität des Problems den Sicherheitsanforderungen des Kryptosystems genügt. Im folgenden sollen nun zwei Beispiele für solche Verschlüsselungsverfahren vorgestellt werden.

RSA

Das RSA–Verfahren [RSA78] ist benannt nach seinen Erfindern Rivest, Shamir und Adleman. Es ist das wohl am besten erforschte und am weitesten verbreitete asymmetrische Verfahren. Die Idee nutzt die Komplexität der Primfaktorzerlegung großer Zahlen aus. Zum Erzeugen eines Schlüsselpaares wählt man sich zwei beliebige große Primzahlen p, q und berechnet

$$n = pq$$

Danach wählt man eine Zahl e so, daß sie zu $(p - 1)(q - 1)$ relativ prim ist, d.h. keinen gemeinsamen Teiler außer 1 hat. Mit Hilfe des erweiterten Euklid'schen Algorithmus [Knu97],Kap.4.5.2, kann nun die Zahl d ermittelt werden, so daß gilt:

$$ed = 1 \pmod{(p - 1)(q - 1)}$$

bzw.

$$d = e^{-1} \pmod{(p - 1)(q - 1)}$$

Die Zahlen e und n bilden nun den öffentlichen Schlüssel, die Zahl d (zusammen mit n) ist der private Schlüssel.

Zum Verschlüsseln teilt man die Nachricht in Blöcke kleiner als n auf (Bitdaten der Länge $l = \lfloor \log_2 n \rfloor$) und berechnet für jeden Block b_i den verschlüsselten Text v_i einfach durch

$$v_i = b_i^e \quad (\mathrm{mod}\ n)$$

Der Empfänger kann die Nachricht durch

$$b_i = v_i^d \quad (\mathrm{mod}\ n)$$

wieder rekonstruieren. Ohne Wissen von d (oder der beiden Primzahlen p und q, die man nach der Schlüsselgenerierung sofort vernichten sollte) kann ein Angreifer diese Nachricht für genügend große n nach dem heutigen Kenntnisstand in der Mathematik nicht mehr rekonstruieren.

Durch die Exponentiation auf großen Zahlen (heutige RSA–Systeme verwenden Zahlen im Bereich von 512 bis 2048 Bit Länge) wird der Algorithmus relativ langsam, die Geschwindigkeit ist etwa um den Faktor 1000 langsamer als DES [Sch96],S.469. Damit scheidet dieses Verfahren für die Verschlüsselung von Videodaten in Echtzeit wohl noch für die nächsten Jahrzehnte mit herkömmlicher Computertechnologie aus. Ein gängiges Verfahren ist daher, zunächst einen symmetrischen Schlüssel zu generieren und diesen dann durch RSA–Verschlüsselung geschützt an den oder die Kommunikationspartner zu senden. Bei asynchroner Kommunikation (z.B. E–Mail) kann man den so geschützten symmetrischen Schlüssel als Kopf vor die eigentliche Nachricht stellen. Diese Art von Kryptosystem nennt man ein *hybrides Kryptosystem*, der synchrone Schlüssel wird dann als *Kommunikationsschlüssel* oder *Sitzungsschlüssel* bezeichnet, i.a. ist er nur für die Dauer der jeweiligen Kommunikationsbeziehung gültig und wird danach nicht wieder verwendet.

Diffie–Hellman

Das Verfahren nach Diffie und Hellman [DiHe76] ist das älteste asymmetrische Verfahren in der Kryptographie, es kann allerdings nur zum sicheren Austausch von Kommunikationsschlüsseln benutzt werden. Dem Verfahren zugrunde liegt das Problem der Berechnung des diskreten Logarithmus. Zunächst einigen sich die Kommunikationspartner auf eine große Primzahl n und eine Zahl g. Diese Zahlen können öffentlich ausgehandelt werden oder schon vom System für jede zukünftige Kommunikation darin bereitgestellt werden. Als Bedingung muß noch gelten, daß g primitiv zu n ist, also

$$\forall a \in \{1, 2, \ldots, n-1\} \quad \exists b \quad | \quad g^b = a \bmod n$$

Die beiden Kommunikationspartner, Sender und Empfänger der Nachricht, wählen jeder nun eine große Zufallszahl x bzw. y und berechnen

$$X = g^x \bmod n \qquad \text{bzw.} \qquad Y = g^y \bmod n$$

und senden diese Werte X bzw. Y ihrem jeweiligen Gegenüber. Nun können beide den gemeinsamen Kommunikationsschlüssel k berechnen:

$$k = g^{xy} \bmod n = Y^x \bmod n \qquad \text{bzw.} \qquad k = g^{xy} \bmod n = X^y \bmod n$$

Auch dieses Verschlüsselungsverfahren ist aufgrund der Exponentiation großer Zahlen zeitaufwendig. Da es aber nur für hybride Kryptosysteme zu gebrauchen ist, spielt dieser Effekt i.a. nur eine Rolle bei der Initiierung einer Kommunikationsbeziehung, wo gewöhnlich keine strengen Realzeitanforderungen einzuhalten sind.

4.3.3 Einwegfunktionen

Neben den asymmetrischen Verschlüsselungsverfahren zugrundeliegenden Funktionen, die man auch als „Einwegfunktion mit Hintertür" bezeichnen kann, kann man daraus recht einfach echte Einwegfunktionen machen, indem man den privaten Schlüssel (also die „Hintertür") vernichtet. Zum Verschlüsseln sind solche Funktionen dann natürlich nicht mehr zu benutzen, es gibt allerdings sehr viele Bereiche in der Kryptographie, wo sie sich einsetzen lassen, wie später noch erläutert wird.

Die normalerweise benutzten Einwegfunktionen haben allerdings ein wesentlich besseres Zeitverhalten als die asymmetrischen Verfahren, ihre Konstruktion orientiert sich vielmehr an den bei symmetrischer Verschlüsselung eingesetzten Operationen (Addition, Verschiebung oder XOR).

Eine spezielle Klasse der Einwegfunktionen sind die *Einweg-Hashfunktionen*. Diese liefern zu einer vorgegebenen Nachricht mit beliebiger Länge einen Hashwert mit fester Länge. Natürlich sind sie damit automatisch nicht mehr umkehrbar. Die in der Kryptographie verwendeten Hashfunktionen lassen zudem absolut keine Rückschlüsse auf Teile der Nachricht aus dem Hashwert zu.

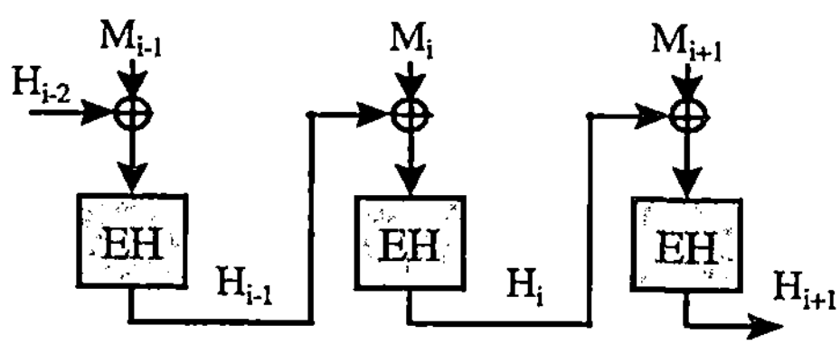

Abbildung 4.7 Grundprinzip einer Einweg–Hashfunktion

Durch die Einweg–Eigenschaft läßt sich zu einer gegebenen Nachricht keine andere Nachricht konstruieren, die denselben Hashwert besitzt. Eine weitergehende Forderung ist die *Kollisionsfreiheit* einer Einweg–Hashfunktion $H(m)$. Diese Eigenschaft besagt, daß für zwei beliebige Nachrichten m_1 und $m_2, m_1 \neq m_2$ praktisch niemals $H(m_1) = H(m_2)$ ergeben darf, bzw. die Konstruktion eines solchen Beispiels schwer zu lösen sein muß. Für eine Einweg–Hashfunktion darf also kein Algorithmus existieren, der zwei Nachrichten mit demselben Hashwert liefert. Aufgrund des Geburtstags–Paradoxons, welches besagt, daß die Wahrscheinlichkeit zum Auffinden einer beliebigen Kombination zweier unabhängiger Ereignisse nur die Wurzel derer zum Auffinden eines speziellen Ereignisses beträgt, sollte der Wertebereich einer Hashfunktion entsprechend groß gewählt werden, damit die Kollisionsfreiheit eingehalten wird [Sch98]. Gebräuchliche Hashfunktionen haben demnach Ausgabewerte von 128 oder 160 Bit, manche Verfahren sind nach oben hin skalierbar.

Hashfunktionen können so konstruiert werden, daß sie jeweils in einem Schritt einen Block der Nachricht einlesen und mit der Ausgabe des vorherigen Schritts kombinieren, wie in Abbildung 4.7 dargestellt. Dabei wird ein Initialwert sowie ein Füllwert zum Auffüllen des letzten Blocks der Nachricht vom Algorithmus fest vorgeschrieben, damit ein für die Nachricht eindeutiges Ergebnis berechnet werden kann.

Zwei der gebräuchlichsten Einweg–Hashfunktionen sind:

SHA [SHA93], der *Secure Hash Algorithm*, der in den USA als Standard für digitale Unterschriften und vergleichbare Anwendungen festgeschrieben ist. SHA produziert einen 160–Bit–Ausgabewert und arbeitet auf Blöcken der Länge 512 Bit. SHA gilt als sehr sicher [Sch96],S.455, auch die Ausgabelänge von 160 Bit genügt allen Sicherheitsanforderungen.

MD5 [Riv92a], wurde von Rivest als Reaktion auf die erfolgreichen Kryptoanalyseversuche an seinem Vorgänger MD4 entwickelt. Als Ausgabewert wird ein 128–Bit–Wert geliefert, wie bei SHA beträgt die Blocklänge 512 Bit. Implementierungen von MD5 sind etwas schneller als SHA [Sch96],S.456, wenngleich die Sicherheit bedingt durch die geringere Ausgabebreite nicht ganz das Niveau von SHA erreicht.

Zum Einsatz kommen Einweg–Hashfunktionen vor allem bei der Konsistenzprüfung von Nachrichten. Schickt der Sender den (verschlüsselten) Hashwert einer Nachricht mit dieser mit, kann der Empfänger überprüfen, ob die Nachricht unterwegs verfälscht wurde. Dieses Vorgehen wird auch *digitaler Fingerabdruck* (Message Authentication Code, MAC) genannt. Ein unverschlüsseltes Übermitteln des Hashwertes macht hierbei keinen Sinn, da ein potentieller Angreifer dann ja einfach den ursprünglichen Hashwert gegen den der verfälschten Nachricht austauschen kann.

Bei vielen Szenarien, in denen Videodaten übertragen werden, wird als mögliche Angriffsquelle gegen die Datenintegrität nicht ein böswillig gesinnter Angreifer, sondern potentiell auftretende Störungen in der Netzwerkkommunikation angesehen. Beispielsweise soll nach der Übertragung jedes Videoframes festgestellt werden, ob ein möglicher Bitfehler in der Übertragung die Videoplayer–Software zum Absturz bringen könnte. Für solche Fälle lohnt sich der Aufwand einer kryptographisch sicheren Hashfunktion nicht unbedingt. Hier können einfachere und effizientere Verfahren zum Feststellen der Datenintegrität benutzt werden. Beispiele sind die Paritätsprüfung oder der *Cyclic Redundancy Check* (CRC) [PeWe72], welche auf einer Polynomdivision modulo 2^n beruht.

Einweg–Hashfunktionen finden weiterhin in komplexeren kryptographischen Protokollen ihre Verwendung, beispielsweise bei *digitalen Signaturen* [DSS94].

4.3.4 Digitale Wasserzeichen

Die in diesem Abschnitt vorgestellten Verfahren entstammen einem interessanten Teilgebiet der Kryptographie, nämlich der *Steganographie*. Diese Teilwissenschaft beschäftigt sich mit dem Verbergen von Nachrichten in anderen, unverfänglichen Texten. Ein handfestes Beispiel dafür ist unsichtbare Geheimtinte aus Zitronensaft, die der Empfänger durch Erhitzen des Papiers sichtbar machen kann. Voraussetzung für eine erfolgreiche Übermittlung von Nachrichten hierbei ist, daß der Empfänger weiß, daß die übergebene Nachricht eine weitere geheime Nachricht enthält und wie er sie aus der unverfänglichen Nachricht zurückgewinnen kann (im Beispiel: durch Erhitzen). Für alle anderen Personen, die die Nachricht zu Gesicht bekommen, enthält diese nur die unverfänglichen Informationen.

Im Zuge der Verbreitung digitaler Medien und des damit möglich gewordenen verlustfreien Kopierens von Informationen werden steganographische Methoden zum Einbringen von Copyright-Informationen in andere Daten immer interessanter. Drei Kriterien sind dabei von besonderer Wichtigkeit für die Qualität eines solchen Verfahrens:

- Die Daten, in denen die zusätzlichen Informationen eingebracht werden, dürfen dadurch nicht spürbar verändert werden. Damit scheiden die meisten Nachrichtenformen, z.B. Textdaten im Rohzustand (ASCII–Format), von vorneherein für eine Übermittlung aus, da jede kleine Veränderung am Inhalt sofort auffallen würde bzw. bei Applikationsdaten diese bisweilen völlig unbrauchbar machen würde.

  Für Daten mit multimedialem Inhalt sind digitale Wasserzeichen bzw. steganographische Verfahren allerdings problemlos einzusetzen, da die Daten oft eine Überräpresentation des menschlichen Wahrnehmungsraumes darstellen (vgl. Kapitel 1.3). Ein Verbergen von Information z.B. im jeweils niedrigsten Bit eines jeden Farbwertes fällt einem Betrachter nicht auf und ermöglicht das Speichern von mehreren Kilobytes an Informationen in größeren Bildern.

- Das Verfahren sollte unentdeckbar bleiben. Selbst bei Kenntnis aller nur denkbaren digitalen Markierungsverfahren durch einen Empfänger sollte dieser ohne die unveränderte Originalnachricht nicht feststellen können, daß weitere Informationen darin verborgen sind. Analog zu den Verschlüsselungsverfahren, bei denen das Entschlüsseln nur durch Kenntnis einer geheimen Information (des Schlüssels) und nicht durch Kenntnis des Verfahrens oder möglicher Variationen desselben möglich sein soll, sollte die Erkennbarkeit von digitalen Markierungen nur durch Kenntnis eines für die spezielle Nachricht gültigen Schlüssels möglich sein.

- Das Verfahren sollte robust gegen Transformationen der Daten sein. Ein Empfänger, der vermutet, daß die empfangenen Multimedia–Daten Copyright–Informationen enthalten könnten, sollte nicht durch einfaches Umcodieren in eine anderes Format diese Informationen aus den Daten entfernen können.

Für Bild- und Videodaten wurden verschiedene Möglichkeiten der digitalen Markierung bzw. des Einbringens von Copyright-Informationen vorgeschlagen. Als mögliche Ansatzpunkte hierfür lassen sich verschiedene Ebenen ausmachen:

- Durch Einbringen von Zusatzinformationen in die Daten. Viele Datenformate, z.B. MPEG oder GIF, haben Felder für Benutzerinformationen oder Kommentare darin vorgesehen. Diese Art der Markierung ist aber vom Empfänger leicht zu identifizieren und soll hier nicht weiter betrachtet werden.

- Durch Verändern der Daten im Pixelraum. Wie erwähnt, lassen sich in Bildern die Farb- oder Helligkeitswerte einzelner Pixel geringfügig verändern und damit große Mengen an versteckten Informationen darin unterbringen. Damit der visuelle Eindruck des Bildes gewahrt bleibt, müssen geeignete Kompensationsverfahren eingesetzt werden, um z.B. den Gesamthelligkeitswert des Bildes nicht zu verändern.

  Beispiele für solche Verfahren sind z.B. in [HaGi96] zu finden. Auch *SysCop* (System for Copyright Protection) [ZhKo96] benutzt diese Art des Einbringens von Informationen in Standbilder.

- Durch Verändern der Daten im transformierten Raum. Bei vielen Bild- und Videokompressionsverfahren wird eine hybride Kompression (vgl. Kapitel 2.1.7) eingesetzt, welche die Bilddaten zur Übermittlung in den Frequenzraum transformiert. Das Einbringen der digitalen Wasserzeichen geschieht nun auf diesen transformierten Daten [HaGi96]. Der Vorteil bei dieser Technik liegt darin, daß man Copyright-Informationen auch an Daten anbringen kann, welche bereits in komprimierter Form vorliegen. Eine zeitaufwendige Rücktransformation in den Bildraum und der damit verbundene Informationsverlust wird dadurch vermieden. Weiterhin kann die Größe des Bildes bzw. die Bandbreite bei der Videoübertragung konstant gehalten werden, wenn man die Markierungen nur dort einbringt, wo dies ohne Vergrößerung des Datenvolumens möglich ist.

Die prinzipielle Vorgehensweise beim Einbringen digitaler Wasserzeichen ist die folgende (s. hierzu auch Abbildung 4.8):

- Die einzubringenden Informationen werden *expandiert*, z.B. durch eine einfache Replikation aller Bits. Die Robustheit des digitalen Markierungsverfahrens hängt im wesentlichen von dem hier benutzten Expansionsfaktor, also der zusätzlich geschaffenen Redundanz in den hiermit erhaltenen Daten, ab.

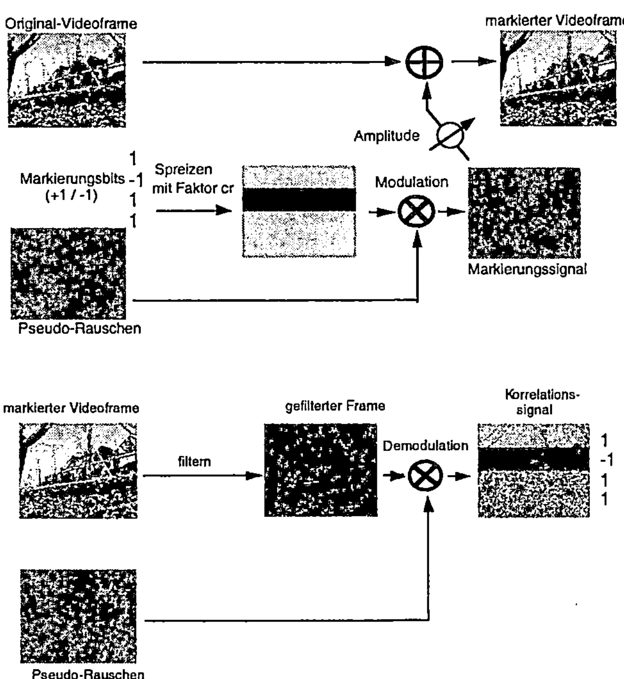

Abbildung 4.8 Markieren von Bildern mit digitalen Wasserzeichen, Einbringen (oben) und Auslesen (unten), aus [HaGi96]

- Die Daten werden mit einer Pseudo–Zufallsfunktion *moduliert*. Daß hier keine echte Zufallsfunktion eingesetzt werden darf, ist damit zu begründen, daß diese Funktion den Schlüssel zum späteren Auslesen der Daten darstellt. Sie muß demnach wieder exakt zu rekonstruieren sein. Hervorragend geeignet sind hierfür die in Abschnitt 4.3.1 vorgestellten Stromchiffren, die ja eine pseudo–zufällige Bitfolge generieren sollen.

- Der im letzten Schritt erhaltene Datenstrom wird in die Bilddaten an geeigneten Stellen *eingeflochten*. Beispielsweise wird jedes Bit des Datenstroms in das niederwertigste Bit eines Pixelwertes bzw. DCT–Koeffizienten geschrieben.

Das Rekonstruieren der eingebetteten Information aus digital markierten Bildern erfolgt in der umgekehrten Reihenfolge. Zunächst werden die eingebetteten Daten gesammelt und dieselbe pseudozufällige Funktion wie beim Einbetten darauf angewandt. Nun wird für jedes Bit der Nachricht der hierfür expandierte Bitraum verglichen. Ist die überwiegende Menge der Bits 1, so war das entsprechende Bit der eingebetteten Nachricht 1, sonst 0.

Modifikationen dieses Verfahrens arbeiten auf der Differenz des markierten Bildes zum Originalbild. Man erkennt, daß bei allen Varianten eine geheime Zusatzinformation (die pseudozufällige Funktion oder das Originalbild) nötig sind, um die Copyright–Information auszulesen. Damit kann nur der Erzeuger der Markierung an einem vorliegenden Bild nachweisen, daß dieses von ihm markiert wurde und er somit Rechtsansprüche darauf haben könnte.

Das Einbetten von Wasserzeichen kann nun einfach von Bilddaten auf Videosignale übertragen werden. Hier sind sogar noch viel größere Mengen an Information pro Video integrierbar, da man die Information auf alle Videobilder verteilen kann. Ein Punkt, der bei der Veränderung an den Videodaten beachtet werden muß, sind mögliche Driftprobleme in Bildern, die sich auf das markierte Bild beziehen. Werden sowohl Referenzbilder als auch Bilder mit Referenzen auf diese markiert, können sich diese Markierungen überlagern und zu sichtbaren Veränderungen (Artefakten) im Video führen, ja sogar durch weitere Referenzen über das gesamte Bild negativ bemerkbar machen [HaGi96]. Daher müssen an den Bildern, die markierte Bilder zeitlich referenzieren, entsprechende Kompensationsmaßnahmen vorgenommen werden.

Weitere Arbeiten auf dem Gebiet digitaler Wasserzeichen erstrecken sich auf das Markieren von Audiodaten [BTH96] oder dreidimensionaler Objekte, die in VRML beschrieben sind [OMA97]. Auch eine Markierung etwa von PostScript–Dokumenten wäre dank der darin enthaltenen großen Redundanzen und der verschiedenen Möglichkeiten, ein und dasselbe Dokument in PostScript zu beschreiben, denkbar.

4.4 Sicherheit der vorgestellten Verschlüsselungsalgorithmen

Die Frage nach der Sicherheit eines kryptographischen Verfahrens muß auch berücksichtigen, für welchen Zweck das Verfahren eingesetzt werden soll. Vor allem muß bedacht werden, welche Mittel ein potentieller Angreifer zur Verfügung hat und auch gewillt ist, gegen das Verschlüsselungsverfahren einzusetzen. Letzteres kann wohl am einfachsten damit motiviert werden, daß z.B. die Nachrichtendienste jedes bedeutenderen Staates wohl die nötigen Mittel besitzen, einige der vorgestellten Verschlüsselungsverfahren zu brechen, diesen Aufwand aber in keinem Falle für jede mitgeschnittene verschlüsselte Kommunikation zweier Bürger ihres Landes betreiben können.

Zur Unterscheidung der möglichen Angriffe gibt es verschiedene Szenarien, bei denen das Ziel des Angreifers das Ausspähen oder Berechnen des Kommunikationsschlüssels, bzw. das Entschlüsseln einer ihm unbekannten Nachricht ist:

Ciphertext–Only–Attack: Der Angreifer kennt nur die verschlüsselte Nachricht.

Known–Plaintext–Attack: Der Angreifer kennt verschiedene Kombinationen von Originaltext und verschlüsseltem Text.

Chosen–Plaintext–Attack: Der Angreifer kann beliebige Ausgangstexte vom System für ihn verschlüsseln lassen.

Chosen–Ciphertext–Attack: Der Angreifer kann beliebige verschlüsselte Texte vom System für ihn entschlüsseln lassen. Ziel ist hierbei natürlich nur, Kenntnis über den Schlüssel zu erlangen.

Die beiden letztgenannten Angriffe spielen hauptsächlich in komplexeren kryptographischen Protokollen eine Rolle, für die bloße Verschlüsselung von Nachrichten sind sie meist vom Angreifer nicht durchzuführen. Daneben gibt es noch weitere ausgeklügelte Angriffsmöglichkeiten. Die für den Angreifer effektivste und am häufigsten angewandte Lösung ist jedoch Einbruch, Diebstahl, Erpressung oder Bestechung.

Falls für eine Algorithmus keine der aufgezählten Angriffe möglich ist, hilft nur noch das Ausprobieren aller möglichen Kombinationen von Ausgangstext und verschlüsseltem Text (*Brute-Force-Attack*). Für Algorithmen wie DES ist dies inzwischen die sinnvollste Vorgehensweise, wenngleich Unmengen an Rechenleistung dafür benötigt werden, die ein einzelner Angreifer in den meisten Fällen nicht zur Verfügung hat. Für Nachrichtendienste, große Firmen oder Organisationen wie etwa die Mafia ist dieser Angriff jedoch einer Überlegung wert.

Für DES sind verschiedene Versuche unternommen worden, mit Hilfe von analytischen Verfahren,z.B. differentielle Kryptoanalyse [BiSh93] oder lineare Kryptoanalyse [Mat94], die Anzahl der Versuche gegenüber der Methode des simplen Ausprobierens (2^{56}) zu verringern. Dabei müssen günstigstenfalls immer noch 2^{47} Nachrichten entschlüsselt werden. Geht man von einer virtuellen Maschine aus, die eine Milliarde Entschlüsselungen pro Sekunde bearbeiten kann, kommt man damit auf Zeiten von 1.6 Tagen (2.3 Jahre für das Ausprobieren aller 2^{56} Kombinationen). Denkt man an Hardware–Implementierungen von DES, liegt dies durchaus im heute realistischen Rahmen. Es gibt Gerüchte, daß die NSA (*National Security Agency* der US–amerikanischen Regierung) DES in 3 – 15 Minuten entschlüsseln kann, bei einem Stückpreis für die Entschlüsselungsmaschine von \$50.000 [Sch96],S.300.

Für die anderen symmetrischen Verschlüsselungsalgorithmen (Blowfish, SEAL, IDEA) sind bisher keine Verfahren veröffentlicht worden, die mit geringeren Versuchen als beim reinen Ausprobieren auskommen. Beim IDEA–Algorithmus würde die oben erwähnte virtuellen Maschine 10^{22} Jahre zum Entschlüsseln benötigen, was weit über dem Alter des Universums liegt. Auch zum Bau von Parallelrechnern, die diese Zeit verkürzen könnten, bietet unser Universum nicht genügend Ressourcen. Daher kann dieser Algorithmus sowie die übrigen mit einer Schlüssellänge über 100 Bit als sicher angesehen werden.

Bei den asymmetrischen Verschlüsselungsverfahren werden heute 768 Bit als sicher angesehen, für langlebige Sicherheitsanwendungen sollten 2048 Bit genügend Spielraum nach oben offenlassen.

Abschließend sollte noch einmal die Feststellung aus Kapitel 4.2 wiederholt werden, daß die Sicherheit eines gesamten Systems nur so gut ist wie die Sicherheit seiner schwächsten Komponente. Das Absichern einer Videoübertragung durch Verschlüsselung aller ausgehenden Datenpakete mittels IDEA ist demnach wirkungslos, wenn gleichzeitig für einen Angreifer die Möglichkeit besteht, sich auf einem der beteiligten Rechner einzuwählen und die dort auftretende Kommunikation (z.B. die mit der Grafikkarte auf dem Empfangsrechner) abzuhören.

4.5 Sicherheitskonzepte für Gruppenkommunikation

Die bisher vorgestellten Sicherheitsprotokolle und Verschlüsselungsverfahren setzen eine Kommunikationsbeziehung zwischen *einem* Sender und *einem* Empfänger voraus. Soll stattdessen vom Sender einer Gruppe von *mehreren* Empfängern eine vertrauliche Nachricht übermittelt werden (Multicast), so müssen die vorhandenen Konzepte an diese neue Situation entsprechend angepaßt werden. Soll die Zusammensetzung der Empfängergruppe dagegen variabel sein, so müssen entsprechende neue Protokolle und Verfahren definiert werden, da mit den bisher üblichen Methoden dieser Aspekt nicht mehr handhabbar ist.

4.5.1 Schwachstellen traditioneller Verschlüsselungskonzepte

Die bisher vorgestellten Verfahren weisen Schwächen auf, soll als Empfänger
nicht eine einzelne Person sondern eine evtl. dynamisch zusammengesetzte
Gruppe von Personen oder Institutionen adressiert werden.

Symmetrische Verfahren

Das größte Problem beim Einsatz symmetrischer Verschlüsselungsverfahren
liegt in der sicheren Übermittlung des geheimen Schlüssels für die übermit-
telte Nachricht. Wird ein einzelner Empfänger adressiert, läßt sich dieses
Problem durch Übermitteln des Sitzungsschlüssels mit einem öffentlichen
Verschlüsselungsverfahren lösen. Für den Fall einer Empfängergruppe ist
dieses Problem nicht ganz so trivial, da die Gruppe keinen gemeinsamen
öffentlichen Schlüssel besitzt. Stattdessen muß der Sitzungsschlüssel jedem
einzelnen Empfänger mit dessen eigenen öffentlichen Schlüssel übermittelt
werden. Bei n Empfängern bedeutet dies, daß der Sender zunächst in n
verschiedene Kommunikationsbeziehungen (Unicast) treten muß, bevor er
eine vertrauliche Multicast-Nachricht absenden kann. Ist der Overhead zum
Aufbau einer Kommunikationsverbindung relativ hoch (z.B. in ATM– oder
ISDN–Netzen), kann dies bei einer entsprechend großen Gruppe ein unver-
tretbar hoher Aufwand bedeuten.

Wird der Sitzungsschlüssel hingegen an das Ende der Nachricht verschlüsselt angehängt, wie z.B. bei sicheren E–Mails mit PGP, beinhaltet dies
ein Anwachsen der Nachricht um n verschieden codierte Sitzungsschlüssel.
Bei dem Platzbedarf öffentlicher Verschlüsselungsverfahren (z.B. bei RSA
bis zu 2048 bit pro verschlüsseltem Datenblock) kann auch diese Methode
bei genügend großer Empfängergruppe zu nicht mehr vertretbaren Nach-
richtenlängen führen.

Beide Methoden sind allerdings immer noch wesentlich effizienter als ein
n–maliges Verschicken der Nachricht per sicherem Unicast an die einzelnen
Mitglieder der Empfängergruppe.

Öffentliche Verfahren

Um öffentliche Verschlüsselungsverfahren auf Gruppen von Empfängern zu
erweitern, kann man sich prinzipiell überlegen, für jede potentielle Gruppe

von Empfängern ein eigenes privates/ öffentliches Schlüsselpaar bereitzuhalten. Somit kann jede beliebige Empfängergruppe mit einer vertraulichen Nachricht adressiert werden, ohne auf die Vorteile eines öffentlichen Verfahrens verzichten zu müssen. Dieser Ansatz bringt jedoch einige Nachteile mit sich:

- Die Anzahl potentieller Gruppen steigt exponentiell mit der Anzahl der an ein System angeschlossenen Mitglieder. So können beispielsweise die Angestellten eines mittleren Unternehmens mit mit 100 Mitarbeitern theoretisch 10^{30} verschiedene Gruppen bilden. Die Anzahl der zu verwaltenden Schlüssel wäre selbst in diesem Beispiel viel zu groß für jede Datenbank.

- Jeder Benutzer muß alle privaten Schlüssel der Gruppen verwalten, in denen er Mitglied ist. Deren Anzahl steigt auch exponentiell mit den Teilnehmern des Systems. Außerdem ist nicht geklärt, wer dieses Schlüsselpaar für jede Gruppe erzeugen soll, da zunächst kein Mitglied der Gruppe eine herausragende Rolle einnimmt, um für diese Aufgabe prädestiniert zu sein.

- Ist eine Nachricht einmal mit einem Gruppenschlüssel verschlüsselt worden, kann sie nur genau von den Mitgliedern dieser Gruppe gelesen werden. Ein dynamisches Ändern der Empfängergruppe (z.B. das Hinzukommen weiterer Empfänger) ist nicht mehr möglich.

Um die aufgezählten Nachteile bei der vertraulichen Gruppenkommunikation zu vermeiden, wurden verschiedene Verfahren speziell für Multicast–Kommunikation entwickelt. Zwei davon sollen im folgenden vorgestellt werden, zum einen Secure Lock als ein Verschlüsselungsalgorithmus, zum anderen das IOLUS–Framework als umfassende Sicherheitsarchitektur.

4.5.2   Verschlüsseln mit Secure Lock

Das *Secure Lock*–Verfahren für sichere Multicast–Verbindungen [ChCh89] baut auf einem Verschlüsselungsalgorithmus auf, der eine Erweiterung der in der Public–Key–Kryptographie eingesetzten Algorithmen darstellt. In einem System besitzt jeder Teilnehmer u_i eine ihm zugeordnete Zahl N_i, welche seinen öffentlichen Schlüssel darstellt. Die Zahlen N_i sind zueinander relativ prim, sie wurden mit Hilfe des Chinesischen Restsatzes nach einem in [ChCh89] angegebenen Algorithmus konstruiert. Dieser Algorithmus liefert für jeden Benutzer gleichzeitig einen privaten Schlüssel d_i.

Zum Versenden einer Nachricht konstruiert der Sender u_s nun mit Hilfe der öffentlichen Schlüssel N_i aller potentiellen Empfänger eine Zahl X, die als *Schloß* (Secure Lock) bezeichnet wird. Mit Hilfe von X wird nun der Sitzungsschlüssel verschlüsselt und zusammen mit X an die verschlüsselte Nachricht angehängt.

Die Empfänger können nun mit ihrem privaten Schlüssel d_i prüfen, ob die Nachricht für sie bestimmt ist. Liefert der Entschlüsselungsalgorithmus einen verwertbaren Sitzungsschlüssel, so können sie die Nachricht damit entziffern. Alle übrigen Teilnehmer erhalten vom Entschlüsselungsalgorithmus Null zurückgeliefert, nämlich dann, wenn ihre Zahl N_i nicht zur Konstruktion von X benutzt wurde.

Das Secure–Lock–Verfahren bietet den Vorteil, daß nur ein — wenn auch relativ großer — Schlüssel an die Nachricht angefügt werden muß, der eindeutig zu einer genau definierten Gruppe von Empfängern paßt. Nachteilig ist auch hier, daß kein dynamisches Gruppenmanagement möglich ist, also nach dem Verschlüsseln der Nachricht kein weiterer Teilnehmer zu der Gruppe der potentiellen Empfänger mehr hinzugenommen werden kann. Tritt dieser Fall im Verlauf einer Kommunikationsbeziehung auf, so ist mit dem vorgeschlagenen Algorithmus nur ein sehr aufwendiges Neuberechnen des Schlosses X für die veränderte Empfängergruppe möglich.

4.5.3 IOLUS–Framework

Die in [Mit97] vorgeschlagene Sicherheitsarchitektur *IOLUS* adressiert als erstes das Problem der dynamischen Veränderung von Empfängergruppen und stellt dessen Lösung in den Vordergrund. Probleme entstehen hierbei in zwei Fällen:

1. Beim Eintritt eines neuen Teilnehmers in die Gruppe der zugelassenen Empfänger muß diesem der für die Kommunikationsbeziehung gültige Schlüssel ausgehändigt werden.

2. Beim Verlassen der Empfängergruppe (freiwillig oder zwangsweise) eines Teilnehmers muß ein neuer Kommunikationsschlüssel erzeugt und auf sicherem Wege an die restlichen Empfänger übermittelt werden, damit der ausgeschiedene Teilnehmer nicht mehr an der Kommunikation teilnehmen kann.

IOLUS spezifiziert nun keinen eigenen Verschlüsselungsalgorithmus, sondern setzt auf bekannten symmetrischen und öffentlichen Verfahren auf. Um

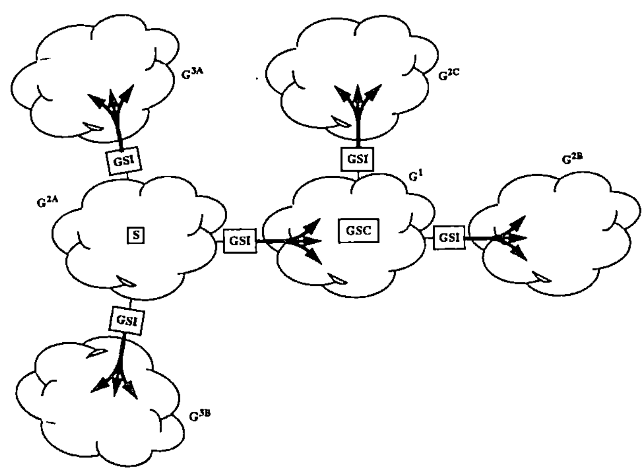

Abbildung 4.9   Der Verteilungsbaum mit der Wurzel G^1 und verschiedenen Untergruppen G^i im IOLUS–Framework, sowie das Verteilen einer Nachricht über sicheres Multicast von einem Sender S in G^{2A} (aus [Mit97])

möglichst flexibel zu sein und somit beliebige Systeme, z.B. auch das gesamte Internet mit dem MBone als Multicast–Transportmedium adressieren zu können, wird ein hierarchischer Ansatz gewählt. Die Teilnehmer werden in Gruppen zusammengefaßt, die Gruppen sind in einem Verteilungsbaum angeordnet, wie in Abbildung 4.9 angedeutet. Das IOLUS–Konzept sieht einen *Group Security Controller* (GSC) auf der obersten Ebene des Verteilungsbaumes vor, der für die Einhaltung der Sicherheitsfunktionalitäten im Gesamtsystem verantwortlich ist. Jede Untergruppe besitzt nun einen *Group Security Intermediary* (GSI), der mit benachbarten GSI und dem GSC kommuniziert. Diese Einheiten werden als sichere Bereiche im System angesehen, denen alle anderen Instanzen vertrauen.

Das Eintreten und Ausscheiden von Teilnehmern in einer Untergruppe wird nun von den lokalen GSI (bzw. GSC) geregelt. Ein solches Ereignis wird nun nicht an alle Teilnehmer im System propagiert, sondern nur bei Bedarf der Sitzungsschlüssel lokal für die betreffende Untergruppe gewechselt. Die Nachrichten werden also beim Wechseln in eine andere Gruppe entschlüsselt und anschließend neu verschlüsselt. Um den Schlüsselwechsel auch in der eigenen Gruppe für den Sender transparent zu machen, sollte dieser Multicast–Nachrichten nur über den lokalen GSI absenden. Dieser übernimmt jegliches Schlüsselmanagement für die Teilnehmer im IOLUS–System.

Somit wird ein gravierender Nachteil des IOLUS–Framework deutlich: In großen Systemen mit vielen angeschlossenen Gruppen muß eine Multicast-Nachricht an vielen Stellen neu verschlüsselt werden. Da Multicast-Konzepte gerade für die Medien Audio und Video aufgrund der dort vorherrschenden hohen Bandbreiten entwickelt wurden, kann dies schnell zum Flaschenhals des gesamten Systems werden. Jedes Umverschlüsseln bringt eine zusätzliche Verzögerungszeit in die Datenübertragung hinein, ganz abgesehen von der benötigten Rechenzeit auf den GSC– und GSI–Rechnern. Diese Verzögerung, die bei Multimedia–Daten zumeist nicht hingenommen werden kann, sowie die benötigte Rechenleistung werden wohl die größten Hindernisse für die Verbreitung des IOLUS–Framework bilden.

Andererseits ist das IOLUS–Konzept aufgrund der Skalierbarkeit für beliebige Gruppengrößen und des flexiblen Gruppenmanagements ideal für die in Kapitel 8.3 vorgestellte Security–Gateway–Implementierung zur sicheren Verteilung von Multimedia–Daten geeignet.

5 Partielle Verschlüsselung

Das Verschlüsseln von Nachrichten mit einem der in Kapitel 4.3.1 vorgestellten sicheren Verfahren ist, bedingt durch die Komplexität dieser Verfahren, eine zeitaufwendige Angelegenheit Beim Versenden von Textnachrichten, etwa der Verschlüsselung von E–Mail mit PGP [Gar94], fällt dies nicht so sehr ins Gewicht. Die Kommunikation ist asynchron angelegt, die 100 Millisekunden, die PGP braucht, um die Nachricht zu verschlüsseln, fallen dem Benutzer beim Absenden der Nachricht nicht auf. Außerdem erwartet er von dem Medium E–Mail auch keine „sofortige" Auslieferung beim Empfänger, seine Erfahrung lehrt ihn, daß E–Mails oftmals Stunden im Internet unterwegs sein können. Auch bei synchroner Textkommunikation, etwa mit dem Programm *talk*, ist die Verschlüsselung kein Problem. Selbst wenn jedes Zeichen einzeln verschlüsselt wird, ist die dafür benötigte Zeit wesentlich geringer als die Zeit, die ein Benutzer zum Drücken einer Taste benötigt.

Anders sieht es bei der Kommunikation über das Medium Video aus. Messungen zeigen, daß Workstations mit heute üblichen Prozessoren und Taktraten mit dem Empfang, der Dekomprimierung und der grafischen Ausgabe von einem Videostrom mittelmäßig bis stark ausgelastet sind [BGU95]. Sollen von der Videoapplikation auch private Anwender mit PC–Endgeräten erreicht werden, muß deren Leistungsfähigkeit mit berücksichtigt werden. Für das Decodieren und Anzeigen des Videos sind diese Maschinen oftmals bis zum Ende ihrer Leistungsfähigkeit ausgelastet. Ein zusätzlicher Zeitaufwand für Verschlüsselungsalgorithmen, der aufgrund der umfangreichen Datenmengen im Videostrom relativ groß ist, kann hier nicht mehr erbracht werden ohne die Darstellungsqualität des Videos zu verringern.

Eine Lösung dieses Problems bietet die Verwendung von *partieller Verschlüsselung* an. Damit ist gemeint, daß nicht das gesamte Datenaufkommen einer Nachricht verschlüsselt wird sondern nur Teile davon. Die Vorteile, die sich daraus ergeben, sind hier zusammengefaßt:

- Es können auch Maschinen an der Kommunikationsbeziehung teilnehmen, deren Leistungsfähigkeit nicht ausreicht, den gesamten Datenstrom zu verschlüsseln bzw. entschlüsseln. Der Aufwand, der für die Verschlüsselung notwendig ist, kann an die Leistung der schwächsten Maschine im Gesamtsystem angepaßt werden.

- Auch auf Maschinen, deren Kapazität eine Verschlüsselung aller anfallenden Kommunikationsdaten zuläßt, wird durch Verringerung des Verschlüsselungsaufwandes weitere Rechenleistung frei, die in einem Mehrbenutzersystem anderen Applikationen zugute kommen kann. So können beispielsweise mehrere Videoströme gleichzeitig in einer Videokonferenzapplikation auf derselben Maschine decodiert und angezeigt werden, wobei noch Zeit bleibt, die Daten, die die eigene Videokamera liefert, zu komprimieren und für den Transportweg zu verschlüsseln.

- Bei gezielter Verschlüsselung von z.B. nur den Bildinformationen eines Videostroms kann eine Applikation den Gesamtstrom noch immer parsen. Sie kann dann evtl. Teile, die sie nicht benötigt (z.B. Farbinformation an einem S/W–Terminal) oder mangels genügend Rechenzeit nicht darstellen kann (z.B. die B–Frames eines MPEG–Videos) überspringen. Die Synchronisation mit den für die Applikation wichtigen Daten geht nicht verloren, da die Kontrollinformationen aus dem Videostrom ja weiterhin unverschlüsselt zugänglich sind.

- Es lassen sich gezielt Teilinformationen aus einem Datenstrom schützen. Als Beispiel sei hier die *transparente Verschlüsselung* (s. Kapitel 7.3) von Videoströmen aufgeführt, die ein Spezialfall der partiellen Verschlüsselung darstellt. Hierbei werden die hochfrequenten Anteile eines Videobildes, welche sämtliche Detailinformationen beinhalten, verschlüsselt, während die niederfrequenten Anteile unverschlüsselt zugänglich bleiben. Somit können Pay–TV–Szenarien realisiert werden, bei denen jeder Benutzer sich das Bild als Vorschau in geringer Qualität ansehen kann und nur bei Interesse am Inhalt den Schlüssel zur Entzifferung der hohen Bildqualität für diese Sendung erwirbt.

Daneben bringt die partielle Verschlüsselung auch einige Nachteile mit sich:

- Es müssen zusätzliche Informationen über die Lage und den Umfang der verschlüsselten Datenanteile mit übertragen werden, die das Gesamtdatenvolumen erhöhen. Bei fest vorgegebener Bandbreite kann diese Technik also nicht eingesetzt werden. Alternativ kann auch durch das partielle Verschlüsselungsverfahren die Lage der verschlüsselten Daten vorgegeben werden (z.B. jeder dritte 64–Bit–Block im Datenstrom), was aber für einige Anwendungen kaum einen Gewinn an Sicherheit gegenüber einer unverschlüsselten Übertragung bringt.

- Zur effizienten Implementierung müssen oftmals im Code der sendenden und empfangenden Applikationen Veränderungen vorgenommen

werden, um die partielle Verschlüsselung zu integrieren. Dies ist nicht
möglich, wenn gekaufte Softwarekomponenten eingesetzt werden, die
nicht als Quellcode erhältlich sind.

- Die meisten Datenströme enthalten Redundanzen, die einen Rück-
  schluß auf den verschlüsselten Anteil aus dem Klartextanteil heraus
  zulassen. Andererseits können sämtliche Daten einer Nachricht so vertraulich sein, daß sie unbedingt geschützt werden müssen. Bei vielen
  Datentypen, vor allem bei Text oder Kontrollinformationen, ist keine
  Aufteilung in für die Vertraulichkeit relevante und irrelevante Teile
  möglich.

Der letztgenannte Punkt stellt vor allem bei Videodaten ein lösbares Problem im Sinne der partiellen Verschlüsselung dar. Daher ist der Aufteilung
von Videoströmen in sensitive und für die Verschlüsselung unerhebliche Anteile ein eigenes Kapitel gewidmet. Die dabei eingesetzten Verfahren werden
in Kapitel 6 ausführlich behandelt.

5.1 Anforderungen an die Vertraulichkeit

Die Wahrung der Vertraulichkeit für die durch einem Videostrom übermittelten Informationen stellt bei Videodaten die größten Anforderungen an
Rechenleistung und Ausstattung der Endgeräte. Die meisten der übrigen Sicherheitsanforderungen für Videoapplikationen lassen sich auch ohne strenge Realzeitanforderungen an die verwendeten Algorithmen durchführen. So
kann eine Authentisierung und die Regelung der Zugangskontrolle zu einem
Video–Server stets vor der Belieferung des Kunden mit einem Videostrom
erfolgen, ohne daß dabei strenge Realzeitforderungen auftreten, die die Auswahl des Authentisierungsverfahrens beeinflussen würden. Eine der Sicherheitsanforderungen ist allerdings neben der Vertraulichkeitswahrung noch
abhängig von der auftretenden Datenmenge und damit Überlegungen zur
Einhaltung von Realzeit–Anforderungen unterworfen: der Integritätsschutz.
Geht man jedoch von einer (zumindest teilweise) verschlüsselten Übertragung eines Videostroms aus und definiert mögliche Angriffspunkte an die
Integrität des Videostroms nur auf dem Übertragungsweg, so kann man für
die Überprüfung der Datenintegrität auch ein einfaches und nicht so zeitin-
tensives Verfahren wie z.B. den CRC einsetzen [MeGa94]. Auf die Verwendung von kryptographisch sicheren Einweg–Hashfunktionen ist man nur in
den seltensten Fällen angewiesen, nämlich dann, wenn gleichzeitig noch eine

Validierung des Absenders durch die Daten selbst erfolgen muß, also eine digitale Unterschrift des Senders an den Videodaten angebracht sein muß. Die möglichen Einsatzszenarien für solche digitalen Unterschriften sind jedoch so speziell und gewiß auch so sensitiv gegenüber möglichen Angriffen, daß man hier den entsprechenden Hardwareaufwand für die notwendigen Sicherheitsmaßnahmen investieren muß.

Im allgemeinen Fall hat man zur Wahrung der Vertraulichkeit und zum Schutz des Inhalts eines Videostroms prinzipiell verschiedene Möglichkeiten, den hierfür notwendigen Aufwand zu verringern:

- Man verringert die Bandbreite der übertragenen Videodaten, um eine Verschlüsselung in Echtzeit mit der anvisierten Hardware möglich zu machen. Damit muß entweder die Orts– bzw. die Zeitauflösung des Videos verringert werden, oder die Bandbreitenreduktion wird auf Kosten der Detailtreue des Videos durchgeführt. Diese Lösung ist zwar am einfachsten durchzuführen, sie stellt die Benutzer eines solchen Systems aber sicherlich nicht zufrieden. Ein solches System kann für die Akzeptanz von sicherer digitaler Videoübertragung wegen der eingeschränkten Qualität der Videodaten bestimmt kein förderndes Beispiel sein.

- Man verwendet ein Verschlüsselungsverfahren, welches einen geringeren Zeitaufwand benötigt, um die Videodaten in der gewünschten Qualität in Echtzeit bearbeiten zu können. Damit erkauft man sich in den meisten Fällen einen schwächeren Schutz der Daten und eine einfachere Möglichkeit für einen potentiellen Angreifer, das eingesetzte Verfahren zu brechen.

- Man verwendet ein als kryptographisch sicher angesehenes Verschlüsselungsverfahren und konzentriert sich auf für die Vertraulichkeit essentielle Anteile der Daten, welche hiermit verschlüsselt werden. Die restlichen Daten beläßt man ungeschützt und vertraut darauf, daß aus ihnen keine oder nur wenige Information auf den gesamten Inhalt des Videos gewonnen werden kann. Die hierbei möglichen Verfahren werden in Kapitel 6 ausführlich vorgestellt.

Die erstgenannte Möglichkeit soll hier nicht weiter beleuchtet werden, da sie aufgrund der fehlenden Erweiterbarkeit und Skalierbarkeit sowie der wohl geringen Akzeptanz allenfalls eine Notlösung sein kann. Die beiden anderen Möglichkeiten sind in den verschiedensten Situationen sinnvoll einsetzbar, wobei allerdings auf die speziellen Anforderungen verschiedener Anwendungen, die digitales Video übertragen, eingegangen werden muß.

Videokonferenzen

Videokonferenzen stellen wohl die höchsten Anforderungen an die Vertraulichkeit der übertragenen Informationen. Eine Anwendung, die Videokonferenzmöglichkeiten bietet, kann nicht von vorneherein auf die speziellen Anforderungen in einem konkreten Einsatzfall konzipiert werden. Die Bedeutung einer Videokonferenz wird erst durch die daran beteiligten Parteien und die jeweiligen Konferenzthemen bestimmt. Damit ist auch die Motivation für Außenstehende, die Konferenz abzuhören, in jedem einzelnen Fall unterschiedlich. Eine für digitale Videokonferenzen geeignete Applikation sollte sowohl für Videoübertragungen einsetzbar sein, bei denen z.B. unverschlüsselt öffentlich zugängliche Diskussionsrunden gesendet werden, als auch für vertrauliche Videokonferenzen, z.B. für das Management weltweit verteilt operierender großer Firmen, geeignet sein.

Generell gibt es verschiedene Anforderungen an die Vertraulichkeit, die ein Verfahren oder eine Applikation für Videodaten erfüllen kann:

- Die wohl interessantesten Informationen in einer vertraulichen Videokonferenz sind wohl die gesprochenen Informationen, also die Audiodaten im Videostrom. Ist diese Information einer Videoübertragung nicht mehr zugreifbar, so ist damit meist schon deren kompletter Informationsgehalt für einen Mithörer verloren.

- Hat die Videokonferenz ein Gespräch zweier oder mehrerer Personen zum Ziel (Bildtelefonie), so ist der Schutz der Erkennbarkeit dieser Personen ein weiteres Ziel für die Vertraulichkeitswahrung. Kann ein Angreifer nicht erkennen, wer etwa gerade ein Gespräch über eine Videokonferenz miteinander führt, sind die weiteren Informationen darin meist von geringem Nutzen für ihn. Andererseits kann ein Angreifer aus einer Videokonferernz, bei der er Zugang nur zur Bildinformation hat, bei guter Qualität anhand der Lippenbewegungen der beteiligten Personen den Ton rekonstruieren. Sind die beteiligten Personen bzw. deren Gesichter für ihn unkenntlich gemacht, so ist dies nicht mehr möglich.

- Auch aus dem Bildhintergrund lassen sich in bestimmten Situationen Rückschlüsse ziehen. So kann die Tatsache, daß das Gespräch einer Videokonferenz aus dem Büro des Firmenchefs geführt wird, Hinweise auf die Bedeutung des darin geführten Gesprächs liefern.

- Ein wichtiger Punkt in den übertragenen Videodaten sind darin enthaltene Texte. Diese können Teil des aufgenommenen Kamerabildes

sein, etwa Beschriftungen im Bildhintergrund, oder danach erst eingeblendet werden, z.B. Datum und Uhrzeit bei automatischen Überwa-
chungskameras. Oftmals enthalten auch diese Texte besonders sensitive Informationen und sollten daher von einem Verfahren zum Schutz
der Vertraulichkeit in jedem Falle erfaßt werden.

- Für manche Videokonferenzen ist das Wissen über die daran beteiligten Personen oder Institutionen schon wichtiger als der eigentliche Inhalt der Konferenz. In diesen Fällen sollte das eingesetzte Verschlüsselungsverfahren auch die Angaben über Sender und Empfänger
  der Daten schützen. Zumindest für die Adresse des Empfängers ist dies
  in heutigen Netzen jedoch nicht oder nur mit hohem technischen Aufwand möglich, da alle Router im Netz ja die Adresse des Empfängers
  zur Bestimmung des weiteren Wegs der Daten auslesen müssen. Außerdem verlangen die meisten der üblichen Netzwerkprotokolle die Angabe von Sender- und Empfängerrechner in den übermittelten Datenpaketen. Somit ist diese Art des Schutzes wohl nur in geschlossenen
  Netzwerken zu erreichen, nicht aber bei offenen Systemen wie dem
  Internet.

Ein Verfahren, welches selektiv Daten aus einem Videostrom schützt, sollte den Schutz der aufgezählten Einzelaspekte unterstützen. In den meisten
Fällen ist der Schutz der Audioinformation schon ausreichend, bei vertraulichen Geschäftsanwendungen ist der Schutz der visuellen Information in
dem Video, vor allem von Personen oder von darin erkennbaren Texten,
von genauso großer Bedeutung.

Videoarchive

Bei Videoarchiven muß man zunächst unterscheiden, ob die gespeicherten
Videos einen vertraulichen Inhalt besitzen oder nicht. Erstgenannter Fall
trifft auf einige staatliche oder firmeninterne Archive zu, z.B. bei Polizeiar-
chiven. Muß auf die Daten nicht ständig in Echtzeit zugegriffen werden, sollte über eine Komplettverschlüsselung der archivierten Daten nachgedacht
werden, um einen Schutz auch bei Einbruch und Diebstahl von Hardware zu
gewährleisten. Wenn allerdings die ständige Verfügbarkeit der Daten im System eine Komplettverschlüsselung und die damit verbundene Verzögerung
bei der Entschlüsselung ausschließt, müssen die Daten in einem geschlossenen oder nach außen genügend abgeschirmten System mit entsprechender
Zugangskontrolle und Authentisierung der Teilnehmer gelagert werden, um
einen ausreichenden Schutz zu gewährleisten.

Bei vielen staatlichen oder privaten Filmarchiven werden allerdings Videos mit nicht vertrauenswürdigem Inhalt gelagert, die z.B. schon im Rundfunk ausgestrahlt worden sind. Ziel von Verschlüsselung dieser Videos ist nicht der Schutz des Inhalts vor Ausspähung, sondern den Zugang zu dem Videomaterial kontrollieren zu können. Eine gängige Praxis von Filmarchiven ist die Bezahlung entsprechend der Qualität des ausgelieferten Filmmaterials. Inwieweit sich hier für Filmarchive die in Kapitel 7.3 behandelten transparenten Verschlüsselungsverfahren durchsetzen werden, wird die Zukunft entscheiden. Gegen eine komplette Verschlüsselung des archivierten Materials sprechen oftmals schon die gigantischen Mengen an Filmmaterial von einigen Terabytes, die geschützt werden müßten. Verschlüsselungsverfahren, die hier zum Einsatz kommen sollen, müssen die folgenden Eigenschaften besitzen:

- Die Verfahren müssen aufgrund der enormen Datenmenge sehr schnell arbeiten, um eine Verschlüsselung eines gesamten Archivs überhaupt in absehbarer Zeit mit kalkulierbarem Hardwareaufwand möglich zu machen.

- Die verschlüsselten Videos müssen ein schnelles Retrieval und andere Datenbankoperationen darauf erlauben, damit die geschützten Daten auch wieder im Datenbestand gefunden und weiterverwendet werden können. Auf jeden Fall sollten die Steuerungsinformationen in den Videoströmen und die *Metadaten*, welche eine inhaltliche Beschreibung des Videos liefern, nicht verschlüsselt vorliegen.

- Der Platzbedarf für ein Video sollte durch die Verschlüsselung nicht steigen, um ein daraus resultierendes Umsortieren und -kopieren des Videomaterials in der Archivdatenbank zu vermeiden.

Für solche Systeme ist es oftmals günstiger, die Videodaten unverschlüsselt zu belassen und eine ausgefeilte Zugriffsstrategie für das Archivsystem zu entwickeln. Schirmt man das eigentliche Videoarchiv z.B. durch einen Firewall entsprechend gut nach außen ab, muß der Aufwand zur Verschlüsselung des Archivmaterials nicht betrieben werden. Stattdessen kann man diesen Aufwand für die Authentisierung der Benutzer im System und die Autorisierungsstrategien zum Zugriff auf die Videodaten verschiedener Kategorien und Qualitäten unternehmen.

Pay-TV und Video-on-Demand Systeme

Auch für diese Dienste soll der Vertraulichkeitsschutz keine Hürde darstellen, Kenntnis von der in einem Video übertragenen Informationen zu erlangen, sondern nur ein Abspielen des Videos in voller Qualität durch Unbefugte zu verhindern. Die eingesetzten Verfahren müssen keinen perfekten Schutz aller im Video vorkommenden Details darstellen, sondern haben im allgemeinen die folgenden Charakteristika:

- Sie müssen einfach und kostengünstig zu implementieren sein. Mit Blick auf die Zielgruppe der Heimanwender sollten die Empfangsgeräte, in denen die Entschlüsselung vorgenommen wird, möglichst einfach und preisgünstig herzustellen sein, da sie oftmals auch direkt vom Diensteanbieter den Abonnenten zur Verfügung gestellt werden. Eine Kostenreduktion ist z.B. dadurch zu erreichen, daß Bauteile aus der vorletzten PC-Generation als Lagerbestände eingekauft und in der Produktion der Endgeräte eingesetzt werden, da diese Prozessoren und Bauteile gerade noch die zum Decodieren des Videos nötige Rechenleistung erbringen können. Auch wenn der eigene PC des Endanwenders als Empfangsgerät zum Einsatz kommen soll, muß berücksichtigt werden, daß die meisten Computeranwender Geräte besitzen, die dem Stand der Technik vor einigen Jahren entsprechen.

- Sie müssen die anfallenden Datenmengen entsprechend schnell decodieren können. Bei verschlüsselten Sendungen darf für den Benutzer des Systems keine merkliche Verzögerung durch die Entschlüsselung hinzukommen, da sonst die Akzeptanz des Dienstes sinkt.

- Sie sollten flexibel sein, um verschieden Schutzkonzepte (z.B. Pay-per-View, Pay-per-Channel) damit realisieren zu können. Wünschenswert wäre auch, die verschiedenen Qualitätsstufen des ausgelieferten Dienstes für einzelne Anwender oder Nutzergruppen getrennt einstellen zu können.

Ein Spezialfall der letzten Eigenschaft für das eingesetzte Verschlüsselungsverfahren ist die *transparente Verschlüsselung*. Dabei liegen Teile des Videostroms unverschlüsselt vor, die ein Abspielen mit geringerer Qualität als die des Original-Videos erlauben. Somit kann ein Nutzer des Dienstes sich zunächst einen Eindruck vom Inhalt des Videos machen, bevor er sich dazu entschließt, den vollen Dienst und damit den Schlüssel zum Entschlüsseln des kompletten Videostroms zu erwerben. Der Vorteil für den Dienstanbieter ist die gemeinsame Nutzung von Übertragungswegen für unterschiedliche

Qualitäten desselben Videostroms. Andernfalls müßte für jede Qualitätsstufe ein eigener Kanal für die Übertragung reserviert werden. Voraussetzung zum Einsatz von transparenter Verschlüsselung ist die Benutzung eines skalierbaren Videokompressionsverfahrens aus Kapitel 3, welches in demselben Datenstrom die verschiedenen Qualitätsstufen parallel oder hierarchisch zur Verfügung stellt. Zum Einsatz kommen hier Videostandards wie MPEG–2, die diese skalierbare Eigenschaft besitzen.

Ein Punkt, der allgemein beim Reduzieren des Verschlüsselungsaufwandes bedacht werden sollte, ist die Abwägung eines schnelleren wenngleich unsichereren Verfahrens gegenüber dem Einsatz eines als sicher angesehenen Verfahrens auf nur Teile des Videostroms. Im ersten Fall braucht man sich keine Gedanken darüber zu machen, welche Teile der Daten man besonders schützen möchte. Auch fallen die nötigen Funktionen zum Parsen des Videostroms und zur Aufspaltung in wichtige und unwichtige Teile weg, die für die meisten der partiellen Videoverschlüsselungsverfahren aus Kapitel 6 benötigt werden. Ein unsichereres Verfahren zugunsten von Ausführungsgeschwindigkeit einzusetzen macht keinen Sinn, wenn Daten langfristig geschützt werden sollen, wie der Fall des Programms *PKZip* beweist. Der eingebaute Verschlüsselungsalgorithmus ist auf einem PC in wenigen Stunden zu überwinden [BiKo95],daher wird vom Einsatz dieses Algorithmus zum Schutz der Daten abgeraten [Sch96].

Aber auch für Daten, die keinen besonders vertrauenswürdigen Inhalt haben, wie beim Beispiel Pay–TV–Service, kann der Einsatz von sicheren Verschlüsselungsverfahren Vorteile bringen. Für einen illegalen Nutzer des Dienstes gibt es damit keine einfache Möglichkeit, ohne Erwerb des Schlüssels an die Videos in voller Qualität heranzukommen. Damit sinken auch die Chancen eines gewerbsmäßigen Mißbrauchs dieses Dienstes. Bei vielen Pay–TV–Sendern, die als einfaches Verschlüsselungsverfahren nur die Permutation von wenigen Bildschirmzeilen verwenden, ist meist schon direkt nach dem Wechsel des Permutationsschlüssels durch den Betreiber auf dem Schwarzmarkt dieser neue Schlüssel (passend zur ebenfalls illegal nachgebauten Entschlüsselungsbox) zu erhalten. Würde der Betreiber stattdessen nur ca. 5 % der Videodaten mit einem als sicher angesehenen Verfahren schützen und den Schlüssel nicht nach außen dringen lassen, wäre dieser Schwarzmarkt wohl unterbunden. Aus dem Videomaterial ließe sich dann zwar noch eine große Menge an Informationen über den Inhalt gewinnen, ein Abspielen mit zumutbarer Qualität wäre damit aber zu verhindern. Gleichzeitig hätte man den Nebeneffekt, daß die Sicherheit des eingesetzten Verschlüsselungsalgorithmus in einem landesweiten Feldversuch durch Neugierige und herausgeforderte Cracker auf mögliche Angriffspunkte untersucht werden würde.

5.2 Ansatzmöglichkeiten der Verschlüsselung

Der Einsatz von Verschlüsselungstechnik kann auf unterschiedlichen Ebenen der Datenübermittlung erfolgen [BKR97]:

- auf Applikationsebene

- auf der Ebene eines eigenen Sicherheitsprotokolls

- auf Leitungsebene

Im Hinblick auf partielle Verschlüsselung der Daten sind diese drei Ebenen unterschiedlich gut geeignet. Daher sollen die verschiedenen Einsatzmöglichkeiten für partielle Verschlüsselung hier näher untersucht werden.

5.2.1 Applikationsebene

Kann auf alle Applikationen, die den zu schützenden Videostrom verarbeiten, Einfluß genommen werden, so ist dies sicher die geeignetste Stelle, partielle Verschlüsselungsverfahren zu integrieren. Zum einen kann damit eine Ende–zu–Ende–Verschlüsselung erreicht werden. Der Videostrom wird beim Sender verschlüsselt und beim Empfänger entschlüsselt und braucht auf dem Weg dorthin nirgendwo angefaßt zu werden, was ein Bereithalten des Schlüssels an dieser betreffenden Stelle notwendig machen würde.

Weiterhin kann die sendende Applikation direkt beim Entstehen des Videodatenstroms entscheiden, welche Anteile davon verschlüsselt werden sollen. Damit entfällt ein weiteres Parsen des Videostroms in einem nachfolgenden Verschlüsselungsschritt, um die für die partielle Verschlüsselung notwendige Datenaufteilung vorzunehmen. Als Sonderfall der partiellen Verschlüsselung können somit auch Verfahren eingesetzt werden, die direkt in den Kompressionsalgorithmus eingreifen, um die gewünschte Vertraulichkeit zu erreichen. Ein Beispiel dafür ist die Permutation der DCT–Koeffizienten bei der MPEG–Videokompression aus [Tan96], welche in Kapitel 6.1.4 vorgestellt wird.

Außerdem von Vorteil bei der Integration von Sicherheitsfunktionalität in die Applikationsebene ist, daß kein Eingriff in darunterliegende Schichten der Transport- und der Netzwerkebene notwendig sind. Vertrauliche Videokommunikation läßt sich damit auch über Datennetze und Leitungen betreiben, bei denen keine Modifikation an der Netzwerkfunktionalität möglich ist, z.B. per Modem über das Netz eines Online-Providers.

5.2.2 Middleware-Ebene

Der letztgenannte Punkt bei der Verschlüsselung auf Applikationsebene trifft genauso zu, wenn die Sicherheitsfunktionalität in einer eigenen Ebene zusammengefaßt wird. Dabei entsteht weiterhin der Vorteil, daß auch unabhängig von der Applikation Sicherheit implementiert werden kann. Ein Eingriff in den Quellcode einer Applikation ist damit nicht mehr erforderlich.

Für diese Art der Verschlüsselung gibt es bereits verschiedene Implementierungen oder Ansätze der Integration:

- Die Sicherheitsfunktionalität wird in eine existierende Middleware-Plattform integriert. Ein Beispiel dafür ist *DCE* (Distributed Computing Environment) [Sch97b], in das schon bei seiner Spezifikation ein Sicherheitssystem nach dem Modell von *Kerberos* [Hu95] integriert wurde. Das System sieht eine benutzerspezifische Authentisierung vor, der Zugang zu einzelnen Diensten wird über sog. Tickets geregelt, die man aufgrund seiner Authentisierung von einem Autorisierungsservice erhält.

  Für die objektorientierte Middleware-Plattform *CORBA* (Common Object Request Broker Architecture) der Object Management Group [OMG98] wurde Ende 1996 ein erster Entwurf für einen Sicherheitsservice definiert [OMG96]. Damit wird nun auch das Einbeziehen von Sicherheitsaspekten in die Kommunikation über CORBA-Objekte möglich.

- Die Sicherheitsfunktionalität wird als eigene Anwendung implementiert. So kann mit dem Programm *SSH* (Secure SHell) [Ylo95] das Arbeiten auf einem entfernten Rechner vertraulich abgesichert werden. Alle dabei auftretende Kommunikation, wie die Übermittlung des Passwortes oder die Kommunikation mit dem X-Server (optional), wird von dem Programm mit einem symmetrischen Verfahren verschlüsselt. Das Programm ersetzt bzw. ergänzt die UNIX–Programme *rsh* und *rlogin*. Die Authentisierung erfolgt dabei hostbasiert, jeder Rechner erzeugt dabei ein eigenes asymmetrisches Schlüsselpaar, welches zur Übermittlung des geheimen Sitzungsschlüssels verwendet wird. Das Programm kann auch dazu verwendet werden, beliebige Ports zwischen zwei Rechnern abhörsicher zu verbinden.

- Die Sicherheitsfunktionalität wird als Vorsatz zur Netzwerkschicht implementiert. Ein Beispiel dafür ist das *SSL*–Protokoll (Secure Socket Layer) von Netscape [FKK96]. Damit wird eine sichere Verbindung zweier Rechner über die von UNIX oder Windows her bekannten Sockets erreicht. Das Programm bietet die von den Sockets bekannte Schnittstelle und verwendet zur Authentisierung und Verschlüsselung die Algorithmen RSA bzw. RC4.

- Die Sicherheitsfunktionalität wird in einem *Gateway* zusammengefaßt. Dadurch läßt sich auch die Auslagerung der Verschlüsselungsfunktionen auf einen anderen Rechner als den Sende- bzw. Empfangsrechner erreichen, wenn zwischen diesen beiden die Verbindung als nicht abhörgefährdet angesehen wird. Für die Umsetzung verschiedener Videokonferenzstandards gibt es bereits Gateway–Lösungen wie die Umsetzung verschiedener Videocodierungsformate [AMZ95] oder die Umsetzung der Sitzungsprotokolle von H.323 nach H.320 [BBHK96] und nach MBone [Hoe98]. Eine Integration von Sicherheitsfunktionalität in diese Gateways wird in [KuRe97b] vorgestellt, wobei Algorithmen zur partiellen Videoverschlüsselung in das Videokonferenzgateway integriert werden.

Soll nun auch partielle Verschlüsselung in Middleware integriert werden, so müssen zunächst Vorkehrungen getroffen werden, diese von einer Applikation aus gezielt anzusprechen sowie zu steuern. Da nur für vertrauliche Videodaten die Verschlüsselung selektiv vorgenommen werden soll und auch in Abhängigkeit vom Inhalt der Daten das Maß der Vertraulichkeit für die Übertragung eingestellt werden soll, müssen geeignete Schnittstellen zum Ansprechen der Verschlüsselungsroutinen definiert werden und die nötigen Parameter wie z.B. das für den Videostrom verwendete Kompressionsverfahren, der Anteil der verschlüsselten Daten am Gesamtdatenaufkommen (also das Maß für die Vertraulichkeit) und der zu verwendende Verschlüsselungsalgorithmus, übergeben werden. Soll das partielle Verschlüsselungsverfahren in eine standardisierte Middleware–Architektur, wie DCE oder CORBA, integriert werden, muß zunächst geprüft werden, ob der Standard überhaupt

das Einbeziehen eines anderen Verschlüsselungsverfahrens und der dafür
nötigen Parameter unterstützt. Bei CORBA ist eine Erweiterung der im
Standard vorgegebenen Funktionalität aufgrund des objektorientierten An-
satzes sicher wesentlich einfacher als bei Applikationen wie SSL, die eine
feste Schnittstelle und vorgegebene Verschlüsselungsalgorithmen definiert
haben.

Ein Nachteil bei der Integration von partiellen Verschlüsselungsverfahren
in einer Schicht unabhängig von der Applikation ist die Notwendigkeit, den
Videostrom erneut auf für die Verschlüsselung wesentliche und unwesentli-
che Anteile zu parsen. Der hierzu notwendige Aufwand muß mit dem Gewinn
verglichen werden, der durch das Verringern des Verschlüsselungsaufwandes
erzielt wird. Liegt dieser Aufwand höher als die Einsparung durch partielle
Verschlüsselung, so lohnt sich der Einsatz von partiellen Verschlüsselungsverfahren an dieser Stelle nicht [MeGa94], im Gegenteil, er bringt nur einen
Verlust an Sicherheit bei gleichzeitig erhöhtem Rechenaufwand mit sich.

5.2.3   Netzwerkebene

Die meisten der heute eingesetzten Transportprotokolle erlauben keine direkte Integration von Sicherheitsfunktionalitäten. Bei einigen der neueren
Transportprotokolle sind jedoch Vorkehrungen zur Integration von Daten-
verschlüsselungsverfahren vorgesehen:

RTP (Real–Time Protocol) [SCF96] erlaubt das einfache Umsetzen von
Datenpaketen vom Multicast–Routen nach Unicast und umgekehrt.
Für die verschiedenen multimedialen Dateninhalte sind unterschiedliche RTP–Header definiert. Ein Bit im Header gibt an, daß die Nutzda-
ten des Pakets mit DES verschlüsselt sind. Der Austausch des Schlüssels kann dann z.B. mit dem für RTP definierten Kontrollprotokoll,
RTCP (Real Time Control Protocol), erfolgen.

IPv6 (Internet Protocol, Version 6) [DeHi95] sieht für verschlüsselte Datenpakete einen *Erweiterungsheader* vor. Der *ESP*-Header (Encapsulated
Security Payload) definiert, daß das folgende Paket verschlüsselt ist,
mit Hilfe des *Authentication Header* (AH) kann die Authentisierung
sowie der Integritätsschutz ermöglicht werden [Aal96].

ATM (Asynchronous Transfer Mode) [ATM] definiert ein eigenes Sicher-
heitsmodell für Ende–zu–Ende–Verschlüsselung und Leitungsverschlüsselung [ATM97]. Die vom ATM-Forum bisher spezifizierten Ebenen
der Verschlüsselung sind in Tabelle 5.1 aufgezählt.

Ebene	*Ende–zu–Ende*	*Switch–zu–Switch*	*Ende–zu–Switch*
Benutzerdaten	Authentisierung Vertraulichkeit Integrität	Authentisierung Vertraulichkeit	
Kontroll- information	Authentisierung	Authentisierung	Authentisierung
Management	Authentisierung	Authentisierung	Authentisierung

Tabelle 5.1 Die für ATM spezifizierten Sicherheitsfunktionalitäten

Für andere Protokolle, die keine direkten Sicherheitsmechanismen unterstützen, wurden Erweiterungen vorgeschlagen, um Verschlüsselungsfunktionen darin zu integrieren. In [SHB95] werden für ATM–Netze die notwendigen Maßnahmen beschrieben, wie die einzelnen Datenströme verschlüsselt werden können.

Bei der Integration von Verschlüsselung in das Transportsystem erreicht man eine Leitungsverschlüsselung. Im Gegensatz zur Ende–zu–Ende–Verschlüsselung bei der Integration in die Applikation muß hier an jeder Stelle, an der das Datenpaket modifiziert wird, beispielsweise wenn an einem Router das *Time–To–Live* Feld bei IP–Paketen heruntergezählt wird, ein Entschlüsseln und anschließendes Verschlüsseln für die restliche Wegstrecke durch das Netzwerk erfolgen. Daher müssen die einzelnen Netzwerkkomponenten die Schlüssel zum Entschlüsseln der Pakete besitzen, um ein verschlüsseltes Datenpaket weiterleiten zu können. Dies wird dann zum Nachteil, wenn der Netzbetreiber als ein nicht vertrauenswürdiger Faktor in der Videokommunikation angesehen wird, vor dem die Daten verborgen werden sollen. Im Falle der Versendung durch das Internet ist sowieso vorher nicht auszumachen, bei welchen Betreibern oder sonstigen Stellen die Datenpakete auf ihrer Reise vorbeigeleitet werden und wer Einblick darin erhalten könnte. Ein Vorteil der Leitungsverschlüsselung ist die komplette Verschlüsselung des Paketes, auch der Headerdaten wie Datentyp und Sender- bzw. Empfängeradresse. Somit sind für einen Außenstehenden auch diese Informationen nicht mehr abhörbar.

Soll nun auch partielle Verschlüsselung in die Netzwerkebene integriert werden, muß beachtet werden, daß keine Unterscheidung nach dem Datentyp der einzelnen Pakete mehr vorgenommen werden kann. Bei manchen Transportprotokollen ist eine Unterscheidung einzelner Verbindungen, z.B. anhand der Pfad– oder Kanalnummer in ATM–Netzen, möglich. Dann kann partielle Verschlüsselung für diese Verbindungen eingestellt werden. Diese Einstellungen kann aber nicht die Applikation selbst nach Bedarf vornehmen, da die Netzwerkschnittstelle hierzu keine geeigneten Funktionen bereitstellt. Sie müssen daher direkt vom Netzwerkadministrator bzw. -betreiber vorgenommen werden.

Für die Auswahl eines partiellen Verschlüsselungsschemas scheiden alle Verfahren aus, die sich am Inhalt der übermittelten Daten orientieren, also vor allem die speziellen Videoverschlüsselungsverfahren, die in Kapitel 6 vorgestellt werden. Da der Typ der übermittelten Daten für die Netzwerkschicht nicht mehr feststellbar ist, können nur ganz allgemeine, nicht inhaltsbezogene partielle Verschlüsselungsverfahren eingesetzt werden. Man kann dabei nach den folgenden Möglichkeiten unterscheiden [KVMW98]:

- Unterteilen der Daten in Blöcke fester Länge, z.B. die Länge des für die Verschlüsselung eingesetzten Blockchiffre–Verfahrens. Von diesen wird dann eine Teilmenge verschlüsselt, z.B. jeder fünfte Datenblock.

- Bei paketbasierten Netzwerken können auch einzelne Datenpakete für eine Verschlüsselung ausgewählt werden, während andere Pakete unverschlüsselt bleiben. Bei dieser Methode ist aber zu beachten, daß die Pakete nicht zu groß werden, damit ein Angreifer aus einem unverschlüsselten Datenpaket nicht zu viele Informationen zurückgewinnen kann. Beispielsweise ist dieses Vorgehen nicht anzuwenden, wenn in einem Paket ein komplettes Videobild Platz findet, da ein Angreifer damit Teile des Videos wieder komplett rekonstruieren könnte.

- Ein Spezialfall der paketbasierten Vorgehensweise kann durch unterschiedliches Routing der einzelnen Pakete erfolgen [KVMW98]. Damit wird den Paketen abwechselnd verschiedene Routing–Informationen mitgegeben, damit sie auf unterschiedlichen Wegen durch das Netz zum Ziel geleitet werden. Dies kann einem Angreifer, der nur auf einen Teilstrom des Netzes Zugriff hat, ein sinnvolles Rekonstruieren der Daten erschweren oder unmöglich machen. Diese Methode ist nur in wenigen Fällen anwendbar, wenn nämlich der Sender und der Empfänger jeweils mehrere getrennte Zugriffswege zum Netz besitzen und disjunkte Wege darin existieren, wenngleich die Methode den Vorteil besitzt, überhaupt keinen Overhead durch zeitaufwendige Verschlüsselungsalgorithmen zu benötigen.

Verfahren	PC/ Intel Pentium 100 MHz	DEC Alpha Server 1000 233 MHz	DEC Alpha WS 3000 133 MHz	Sun Ultra I 177 MHz	Sun Sun4m 33 MHz
DES	3.17	7.35	3.76	7.04	2.03
IDEA	4.20	8.39	3.70	2.67	0.85
RC4, (1)	4.38	10.10	6.62	6.21	2.15
RC4, (2)	6.31	17.24	11.90	9.87	3.30

Tabelle 5.2   Ausführungsgeschwindigkeit verschiedener symmetrischer Verschlüsselungsverfahren, 12.500.000 Bytes Daten, alle Werte in MBit/s. Werte für RC4: (1) 1-Byte-Blöcke, (2) 1000-Byte-Blöcke

Falls man partielle Verschlüsselungsverfahren für die Verschlüsselung auf Netzwerkebene einsetzen möchte, sollte man beachten, dies vor dem eventuellen Einfügen von Fehlerkorrekturcodes zu tun. Schützt man einen mit Fehlerkorrektur versehenen Videostrom nur partiell, so kann man mit deren Hilfe nicht nur mögliche Datenausfälle auf der Übertragungsleitung, sondern natürlich auch die durch Verschlüsselung geschützten Pakete rekonstruieren. Für einen bereits partiell verschlüsselten Videostrom bringt das Einfügen von Fehlerkorrekturcodes hingegen keine Sicherheitsnachteile.

5.3   Leistungsanalysen der Verschlüsselungsverfahren

In diesem Kapitel sollen die Leistungsfähigkeit verschiedener Algorithmen zur Datenverschlüsselung miteinander verglichen werden. Daran läßt sich absehen, welche Algorithmen für die Verschlüsselung umfangreicher Videodaten geeignet sind. Die Vergleichsalgorithmen sind auf verschiedenen Hardwareplattformen unter UNIX mit dem dort vorhandenen C–Compiler (*cc*), bzw. dort, wo der Gnu-C-Compiler (*gcc*) bessere Ergebnisse produziert hat, mit diesem übersetzt worden.

In Tabelle 5.2 wird die reine Prozessorzeit zum Verschlüsseln bzw. Entschlüsseln von 100 MBit an zufälligen Daten getestet. Die Ergebnisse wurden in die Größe *MBit/s* umgerechnet, um Vergleiche mit der Bandbreite von digitalen Videoübertragungen ziehen zu können.

Man erkennt aus den Werten, daß alle Rechner bis auf die DES– bzw. IDEA–Verschlüsselung auf der Sun4m–Workstation die notwendige Leistung erbringen können, um Videos in Echtzeit ver– und entschlüsseln zu können. Bei höheren Bitraten, etwa beim Einsatz von M–JPEG oder reiner I–Frame Verschlüsselung, liegt die Auslastung der Maschinen dann allerdings schon beim maximal möglichen Wert. Die angesprochenen Formate werden allerdings hauptsächlich dann verwendet, wenn bei einem der beteiligten Kommunikationspartner nicht die nötige Rechenleistung zur Verfügung steht, um z.B. Bewegungskompensation oder Prädiktion der Frames in Echtzeit nutzen zu können.Daher ist es gerade hier wichtig, den Rechenaufwand für die Verschlüsselung drastisch zu minimieren, etwa durch partielle Verschlüsselungsmethoden. Wird hingegen ein bandbreitenschonendes Kompressionsverfahren, etwa durch den Einsatz von B–Frames, verwendet, sollte auch hier der Verschlüsselungsaufwand verringert werden, da diese Verfahren oftmals die volle Leistungsfähigkeit der Endgeräte voraussetzen, um in Echtzeit bearbeitet werden zu können.

Zum Abschluß folgt noch ein Vergleich, wie mit dem Einsatz von partieller Verschlüsselung die Bildwiederholrate beim Abspielen eines Videos deutlich erhöht werden kann. Es wurden dabei drei Testvideos verschlüsselt und dann auf einer Workstation mit maximaler Bildwiederholrate parallel entschlüsselt und abgespielt. In Abbildung 5.1 erkennt man, daß durch das partielle Verschlüsseln für Software–Lösungen ein Leistungsgewinn von etwa 4 fps oder 15 bis 25 % gegenüber der Vollverschlüsselung des Videostroms erreicht werden kann. Die Verschlüsselung verursacht nur noch eine Einbuße von etwa 2 fps gegenüber einem unverschlüsselten Abspielen.

5.4 Datenformatabhängige Verschlüsselung

Man kann überlegen, die Idee der partiellen Verschlüsselung nicht nur auf Videodaten anzuwenden. In multimedialen Systemen entstehen neben Videoströmen ja noch eine Reihe weiterer Datenströme, die ein beträchtliches Datenvolumen erreichen können. Beispiele dafür sind Audiodaten, Dokumente und Applikationsdaten. Für alle diese Datenformen gibt es nun eine Reihe von Charakteristika, die sie für die partielle Verschlüsselung mehr oder weniger geeignet machen.

5.4.1 Videodaten

Unkomprimierte Videodaten enthalten eine große Menge an Redundanzen. Diese werden zwar nicht so offensichtlich, wenn man versucht, die Daten mit

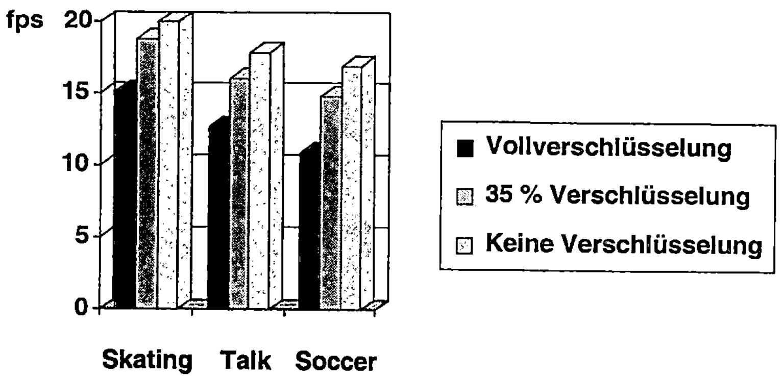

Abbildung 5.1   Vergleich der Bildwiederholrate (fps) beim Abspielen und gleichzeitigen Entschlüsseln eines Videostroms (DES), drei Testvideoclips, Hardwareplattform Sun UltraSparc 177 MHz

einem Kompressionsprogramm wie *PKZip* oder *gzip* zu komprimieren. Wendet man allerdings eine verlustbehaftete Kompression wie etwa JPEG darauf an, kann man leicht eine Kompression auf 0.5 bis 1.5 bit/Pixel erreichen, ohne eine sichtbare Qualitätseinbuße hinnehmen zu müssen [Wal91]. Durch Verringerung der zeitlichen Redundanz, etwa mit dem MPEG–Verfahren, erreicht man Kompressionswerte von 1:100 bis 1:500. Die komprimierten Videodaten sind nun nahezu redundanzfrei, was einer partiellen Verschlüsselung entgegenkommt.

Die Datenraten von Videoübertragungen bewegen sich im Bereich von 128 kBit/s bis 4 MBit/s, typische Werte liegen bei etwa 128 – 256 kBit/s für Videokonferenzanwendungen mit H.263 und 1 MBit/s für das Abspielen von MPEG-1–Videos. Bei LAN–Videokonferenzen mit Motion–JPEG–Kompression werden auch Datenraten von 2 – 4 MBit/s erreicht. Für die Übertragung von Videodaten werden im Normalfall Realzeitanforderungen gestellt. Daher macht eine partielle Verschlüsselung von Videodaten in vielen Anwendungsszenarien ihren Sinn.

5.4.2   Audiodaten

Unkomprimierte Audiodaten erreichen Werte von 64 kBit (Telefonqualität, 8 kHz Mono) bis 705 kBit (CD–Qualität, 44.1 kHz Stereo). Durch Kompression erreicht man bei Audiodaten relativ kleine Kompressionsfaktoren von 1:4 für PCM und 1:12 für MPEG–Audiokompression [L3FAQ]. Gerade für Audiodaten werden harte Echtzeitanforderungen mit nur geringen Toleranzen gestellt, da das menschliche Ohr auf Schwankungen wesentlich empfindlicher reagiert als das Auge. Daher liegt es nahe, auch hier partielle Verschlüsselung einzusetzen.

Versuche haben gezeigt, daß ein akustisches Signal ab ca. 50 Prozent verschlüsseltem Signalanteil nicht mehr zu verstehen ist. Bei Musik wird dieser Anteil wesentlich geringer (10 – 20 %), wenn man von einer störungsarmen Wiedergabe sprechen will [KVMW98]. Mit Rauschfiltern läßt sich ein so teilweise verschlüsseltes Signal jedoch gut nachbearbeiten und die verschlüsselten Anteile wieder herausfiltern. Zurück bleibt ein in der Qualität zwar verminderter, aber noch gut verständlicher Rest des Originalsignals. Geht man von einer vertraulichen Videokonferenzsituation aus, ist diese Lösung auf keinen Fall hinnehmbar, da die für einen Außenstehenden wertvollsten Informationen einer solchen Konferenz ja meistens in den gesprochenen Worten und nicht in den Bildern liegen.

Eine Möglichkeit, Audiodaten zu verringern, ist durch geeignete Kompressionsmethoden. Die im MPEG–Standard festgelegte Audiokompression [ISO95] erreicht eine nahezu redundanzfreie Kompression mit Werten von 1:8 bis 1:14, je nach benutztem Layer des Standards. Nach dieser Kompression ist ein partielles Verschlüsseln der Daten wohl ohne große Gefahr der Rückberechenbarkeit der Originaldaten möglich. Ein Komprimieren alleine wegen der partiellen Verschlüsselung ist jedoch kein sinnvolles Vorgehen, da die MPEG–Audiokompression wesentlich mehr Zeit in Anspruch nimmt als eine Komplettverschlüsselung der Rohdaten. Zur Sicherheit und Rückberechenbarkeit von partiell geschützten MPEG–Audiodaten gibt es noch keine Untersuchungen. Die partielle Verschlüsselung ist für diesen Fall allerdings nicht sonderlich interessant, da die durch die Kompression erzielten Datenraten auch für eine Vollverschlüsselung relativ unproblematisch sind.

In [L3FAQ] wird das Datenformat *MMP* (MultiMedia Protection protocol) vorgestellt, welches ein (selektives) Verschlüsseln sowie einen Zugriffsschutz auf MPEG–Layer–3 Audiodaten erlaubt.

5.4.3 Text und Applikationsdaten

Für diese Form der Kommunikationsdaten läßt sich kein allgemeingültiges Konzept aufstellen, welche Anteile daran sensitiv sind und welche weniger wichtig sind, um sie für die Verschlüsselung vorzusortieren. Applikationen, die über dieses Wissen verfügen, können diesen Schritt vor der Verschlüsselung durchführen. Im allgemeinen wird dann aber keine Granularität der separierten Daten auf Block– oder Zeichenebene, sondern eher auf Dateiebene im Falle von Textdokumenten herauskommen. Hierfür noch von partieller Verschlüsselung zu sprechen, wäre wohl eine zu starke Ausdehnung dieses Begriffes.

Verschlüsselt man einzelne kurze Abschnitte (etwa jeweils 5 – 10 Zeichen) aus unkomprimierten ASCII–Texten, so ist es mit Hilfe von Wörterbüchern, Häufigkeitstabellen und statistischen Analysen des verbleibenden Textes eine leichte Übung, den verschlüsselten Text zu rekonstruieren. An den Stellen, an denen Mehrdeutigkeiten auftreten, kann man diese aus dem Kontext heraus wohl meistens auflösen. Dehnt man die Länge der verschlüsselten Textabschnitte aus, wird es zunehmend schwieriger, die Lücken mit sinnvollem Text zu füllen. Gleichzeitig lassen sich aber aus den auch größer werdenden unverschlüsselten Textpassagen wesentlich mehr Informationen gewinnen als vorher.

Bei komprimierten Texten, etwa nach Anwendung der Huffman–Codierung, fällt diese Art der Kryptoanalyse zwar etwas schwerer aus. Hat man aber erst einmal die Stellen ausfindig machen können, an denen verschlüsselter Text vorliegt, verläuft die Rekonstruktion des Originaltextes analog ab, nur eben im komprimierten Datenraum.

Für Applikationsdaten lassen sich keinerlei allgemeine Aussagen machen, ob diese eine regelmäßige oder zufällige Struktur haben. Daher sind sie genau wie auch Textdaten für partielle Verschlüsselung ungeeignet.

In den meisten Fällen ist dies kein großes Problem, da die auftretenden Datenmengen bei weitem nicht die Dimensionen von Videodatenströmen erreichen, somit eine Komplettverschlüsselung problemlos möglich ist. Auch sind hier meistens keine strengen Realzeitbedingungen einzuhalten. Bei einigen weiteren Anwendungen würde partielle Verschlüsselung aber dennoch einen großen Gewinn bringen, etwa bei der Übermittlung von Röntgenbildern in medizinischen Anwendungen. Diese Daten sind meist vertraulich zu versenden, außerdem dürfen die Bilder nicht mit verlustbehafteten Kompressionsmethoden verkleinert werden, da sonst keine computergestützte Weiterverarbeitung der Bilder mehr möglich ist. Für solche Bilder wäre zu prüfen, ob eine partielle Verschlüsselung der anfallenden Daten noch die gewünschte Vertraulichkeit bewahrt, bevor eine solche Methode dort eingesetzt wird.

6 Spezielle Verfahren für die Verschlüsselung von Videodaten

Nachdem in vorangegangenen Kapitel untersucht wurde, wie sich Videodaten generell durch partielle Verschlüsselungsverfahren in Echtzeit schützen lassen, sollen in diesem Kapitel die verschiedenen Möglichkeiten, Videoströme partiell zu verschlüsseln, auf ihre Eignung bezüglich Sicherheit und Effizienz hin untersucht werden. Zunächst werden einige Verfahren vorgestellt und untersucht, die in den letzten Jahren zur selektiven Verschlüsselung von Videoströmen vorgeschlagen wurden. Darauf aufbauend wird in Kapitel 6.3 ein eigenes Verfahren vorgestellt, welches gegenüber den übrigen Methoden einen verbesserten Schutz der verschlüsselten Daten ermöglicht. Den Abschluß dieses Kapitels bilden allgemeine Betrachtungen und Untersuchungen zur Sicherheit von partiell verschlüsselten Videodaten.

6.1 Vorschläge für partielle Verschlüsselungsverfahren

Die selektive Verschlüsselung von Videodaten wird erst seit kurzer Zeit intensiver untersucht. Ein Grund hierfür ist, daß die Fortschritte bei der Entwicklung von Hardware erst seit wenigen Jahren den Einsatz von digitaler Videotechnik im Konsumgüter– und Heim–PC–Bereich zulassen. Bei diesen Systemen stehen die Sicherheitsanforderungen nicht primär im Vordergrund, wie z.B. in den Bereichen Verteidigung oder Geheimdienst, weshalb diese Systeme im Regelfall nicht mit spezieller Hardware zur Unterstützung von Verschlüsselungsmechanismen ausgestattet sind. Daher muß in diesem Bereich die Verschlüsselung rein mit Software durchgeführt werden, was viele der Low–End–Systeme über die Grenzen ihrer Leistungsfähigkeit belasten würde.

6.1.1 Regelmäßiges Verschlüsseln von Nachrichtenblöcken

Das einfachste Verfahren zur Verminderung des Verschlüsselungsaufwandes besteht in der selektiven Verschlüsselung von Datenblöcken fester Länge,

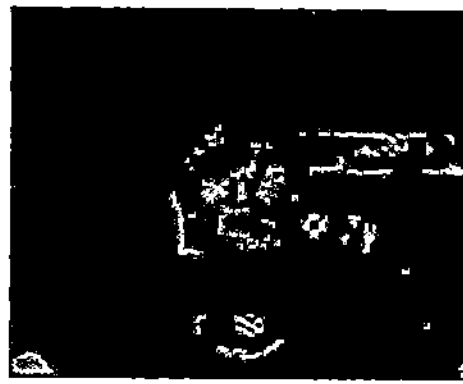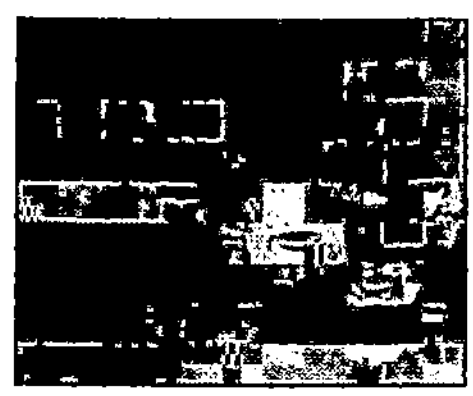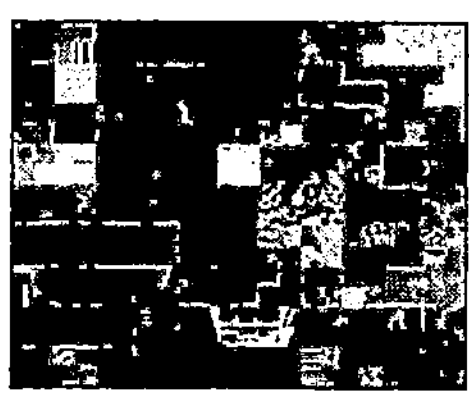

Abbildung 6.1 Partielle Verschlüsselung auf Datenstromebene mit 1% (links), 5% (Mitte) und 10% verschlüsselten Daten. Videoclip *Miss America*, QCIF–Auflösung, Beispiel aus [KVMW98]

die von einer Reihe unverschlüsselter Blöcke im Datenstrom gefolgt werden. Um den Implementierungsaufwand gering zu halten, wählt man die Datenblocklänge am besten in der Blocklänge des Verschlüsselungsverfahrens, sofern Blockchiffren eingesetzt werden sollen. Der Aufwand, der für die Verschlüsselung erbracht werden soll, läßt sich beliebig skalieren. Lautet das Verschlüsselungsschema beispielsweise „1 Block (64 Bits) verschlüsseln, danach 640 Bits unverschlüsselt lassen", so kann der Verschlüsselungsaufwand auf unter 10% des für eine Vollverschlüsselung notwendigen Maßes reduziert werden.

Der Vorteil dieses Verfahrens ist eine einfache Implementierung sowie keiner notwendigen Signalisierungsinformationen zwischen Sender/ Verschlüsselungseinheit und Empfänger/ Entschlüsselungseinheit. Außer der anfänglichen Synchronisation mit dem Datenstrom können Sender und Empfänger völlig autonom weiterarbeiten, sofern sie beide dasselbe Verschlüsselungsschema benutzen. Durch die Unabhängigkeit des Schemas vom Dateninhalt kann ein solches Verschlüsselungsverfahren auch problemlos in die Netzwerkschicht eingebettet werden, um Datenströme unabhängig von bestehenden Applikationen verschlüsseln zu können [KVMW98].

Die so partiell geschützten Daten lassen sich nun nicht mehr auf einem normalen Hardware- oder Software–Videodecoder abspielen. Schützt man ein solches Decoderprogramm allerdings gegen mögliche Abstürze durch Seitenfehler und Feldindexüberschreitungen, so kann man je nach gewähltem Aufwand für die Verschlüsselung noch einige Details aus dem Videostrom beim Abspielen erkennen, wie in Abbildung 6.1 gezeigt wird. Eine wirklichen Schutz gegen ausgedehnte kryptoanalytische Angriffe bietet ein solches Verfahren in keinem Fall.

6.1.2 Verschlüsselung der I–Frames

Als erstes spezielles Verfahren zur Verminderung des Verschlüsselungsaufwandes bei MPEG–Videoströmen wurde 1995 in [MaSp95] die Beschränkung der Verschlüsselung nur auf die I–Frames eines Videos vorgeschlagen. Die Separation auf Frame–Ebene ist bei MPEG–codiertem Video recht trivial durchzuführen, da ein eindeutiger Frame–Start–Header im Videostrom leicht zu lokalisieren ist.

Auf den ersten Blick scheint dieses Verfahren ein gutes Maß an Vertraulichkeit bei der Videokommunikation zu bieten. Die in den ungeschützten P– und B–Frames enthaltenen Daten beziehen sich meist nur auf Veränderungen zu vorausgegangenen I–Frames, deren Dateninhalt durch die Verschlüsselung ja gut geschützt ist. Daher ist mit dieser Zusatzinformation zunächst nicht viel anzufangen.

6.1.3 Verschlüsselung von intracodierten Blöcken

In [AgGo96] wird aufgezeigt, welche Sicherheitslücken die selektive Verschlüsselung nur von I–Frames bietet. In den meisten Fällen enthalten die P– und B–Frames eines MPEG–Videos noch einige intracodierte Blöcke, was vor allem bei abrupten Szenenwechseln im Video verstärkt auftritt, da hier die Information aus vorausgegangenen I–Frames zu stark vom aktuellen Bildinhalt abweicht, um nur eine Codierung der Veränderungen im Bild sinnvoll zu machen. In Tabelle 6.1 wird für die ausgewählten Testvideoclips die Verteilung der intracodierten Makroblöcke auf die verschiedenen Frametypen gezeigt.

Eine Verbesserung des Verfahrens von [MaSp95] besteht nun darin, auch die in P– und B–Frames enthaltenen intracodierten Makroblöcke mit in die Verschlüsselung einzubeziehen. Ein Anwendungsbeispiel für dieses Verfahren ist SEC–MPEG [MeGa94], welches später noch detailliert erläutert wird.

Auch für diese Art der Verschlüsselung werden in [AgGo96] Beispiele aufgezeigt. Gleichzeitig wird deutlich gemacht, daß diese Form der partiellen Verschlüsselung trotzdem noch keinen perfekten Schutz bietet. Alleine aus den Bewegungsvektoren in den ungeschützten intercodierten Makroblöcken lassen sich noch gut die Umrisse von sich bewegenden Objekten in der Video–Szene sichtbar machen. Auch die Differenzinformation in den intercodierten Makroblöcken verrät relativ viele Details über die im Originalvideo enthaltenen Objekte. Läßt man die so rekonstruierten Einzelbilder wieder

Videoclip	I–Blöcke Gesamt %	in I–Frames % Anteil	in P/B–Frames % Anteil
Flowergarden	46.4	78.8	21.2
Coastguard	38.10	87.8	12.2
Mobile & Calendar	44.5	92.5	7.5
Akiyo	87.7	99.8	0.2
Miss America	81.3	99.5	0.5
Tabletennis	38.8	73.1	26.9

Tabelle 6.1   Verteilung der Intraframe–Information in MPEG–Videos

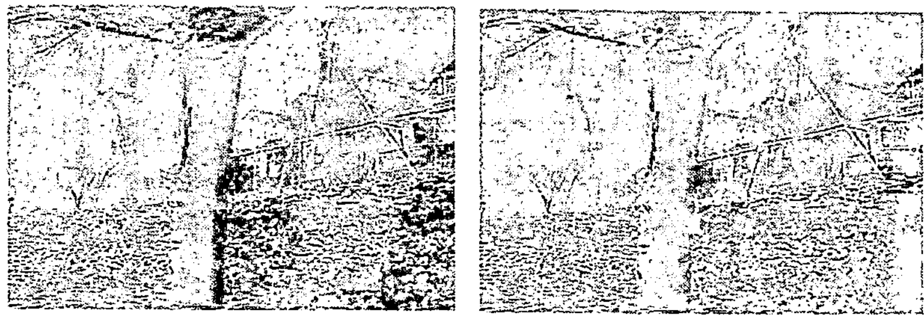

Abbildung 6.2   Kryptoanalyse bei Verschlüsselung aller Intra–Informationen. Links: Verschlüsselung aller I–Frames, rechts: Verschlüsselung aller Inter–Blöcke. Video *Flowergarden*, jeweils die Rekonstruktion von Frame 14 (letzter P–Frame in GOP).

als Videosequenz ablaufen, wird dieser Effekt relativ deutlich sichtbar. Rekonstruierte Beispielframes aus derart „geschützten" Videosequenzen sind in Abbildung 6.2 zu finden.

Um die Vertraulichkeit für das vorgestellte Verfahren skalierbar zu machen, schlagen die Autoren eine Erhöhung der I–Frame–Dichte am Encoder vor, damit sich dadurch die Sicherheit vergrößert. Neben grundsätzlichen Problemen (bei den meisten MPEG-Codieren ist die Frame–Folge fest einprogrammiert, z.B. *IBBPBBPBBPBBI...*) resultiert dieser Vorschlag in einer signifikanten Veränderung der Bandbreite, was für viele Einsatzgebiete nicht zweckmäßig ist, abgesehen von der Verletzung der im MPEG-Standard vorgegebenen Bandbreiten–Limitationen.

Die selektive Verschlüsselung von I–Frames sowie I– und P–Frames wurde auf Basis des Berkeley–MPEG–Decoders [PSR93] bereits implementiert und für den Einsatz in WWW–Anwendungen getestet [LCTC96].

6.1.4 Permutation von DCT–Koeffizienten

Speziell für Videokompressionsverfahren, die auf dem JPEG–Bildkompressionsalgorithmus beruhen (also z.B. MPEG und H.261/ H.263) wurde ein weiteres Verfahren vorgeschlagen [Tan96], welches keine signifikante Verzögerung beim Codieren bzw. Decodieren des Videostroms verursacht. Das Verfahren beruht auf einer Permutation der in der JPEG–Kompression auftretenden DCT–Koeffizienten. Der Schlüssel für das eingesetzte Kryptographieverfahren ist nun genau diese Permutation. Das Verfahren kommt ohne Verzögerungen aus, da beim Codieren bzw. Decodieren des Videos das Ordnen der DCT–Koeffizienten in die Zickzack–Reihenfolge üblicherweise mit Hilfe einer Indextabelle erfolgt, welche einfach vor der Codierung des Videos einmal permutiert werden muß.

Da insgesamt 64 DCT–Koeffizienten bei der JPEG–Transformation auftreten, gibt es genau 64! verschiedene Permutationen für diese. Somit bietet das Permutationsverfahren sogar noch einen weit besseren Schutz gegen Brute–Force–Attacken als z.B. DES oder IDEA (10^{89} gegenüber 10^{16} bzw. 10^{38} Möglichkeiten).

Das Permutieren der DCT–Koeffizienten hat allerdings auch die folgenden Nachteile:

- Durch die Permutation der DCT–Koeffizienten wird die Entropiecodierung des Videostroms deutlich verschlechtert. Die im MPEG– oder H.261–Standard enthaltenen Tabellen für diese Pseudo–Huffman–Codierung sind für die Kompression von „natürlichen" Videosequenzen optimiert. Nach der Permutation enthält das Video jedoch nur noch ein weißes Rauschen, welches sich nicht mehr mit der Entropiecodierung komprimieren läßt.

  In [Tan96] werden Größenverhältnisse von derart geschützten Videos (Dateilängen) präsentiert. Die Ergebnisse zeigen, daß die getesteten Videosequenzen allesamt um ca. 20% bis 40% größer werden als die originalcodierten Videos. Für eine Videoübertragung bedeutet dies, daß die Bandbreite der Übertragungsleitung entsprechend hochgesetzt werden muß. Alternativ kann man bei fester Bandbreite die Kompression am Encoder entsprechend erhöhen, was allerdings in einer deutlichen Qualitätsverschlechterung und damit im Videobild sichtbaren Artefakten (Blockstruktur) zutage tritt.

- Das Verfahren ist nicht sicher gegen statistische Analysen der DCT–Koeffizientenstruktur. Zumindest der DC–Koeffizient ist in jedem Fall sofort unter den permutierten Koeffizienten auszumachen, da er fast immer den größten Wert einnimmt. Führt man statistische Analysen über eine längere Videosequenz durch, lassen sich die Originalpositionen der restlichen Koeffizienten wegen ihrer Verteilung, wie sie Abbildung in 6.11 skizziert wird, oftmals aus dem Mittelwert ihrer Größen rekonstruieren.

  Zum Verbergen zumindest des DC–Koeffizienten schlägt der Autor selbst eine leichte Modifikation seines Verfahrens vor, bei der der Wert des Koeffizienten in zwei Zahlen aufgesplittet wird und auf zwei DCT–Zellen verteilt wird. Dafür wird allerdings der Original–Koeffizient Nr. 63 „geopfert", was in der Praxis jedoch keine sichtbaren Effekte mit sich bringt, da dieser Koeffizient meistens Null ist.

- Durch die strenge Koppelung der Verschlüsselung (Permutation) mit dem Kompressionsalgorithmus (JPEG–Codierung) kann das Verfahren nur in einem speziell dafür geschriebenen Video–Encoder bzw. Decoder verarbeitet werden. Eine Entkoppelung der Algorithmen, wie sie z.B. in einem Gateway mit eingebauten Sicherheitsfunktionen bzw. beim Einsatz bestehender Videoverarbeitungssoftware erforderlich ist, kann mit diesem Verfahren nicht erreicht werden.

- Die Koppelung mit dem Kompressionsalgorithmus verhindert auch einen Einsatz der Verschlüsselung für bereits gespeichertes Videomaterial, z.B. in Filmarchiven oder auf CD–ROM.

6.1.5 Benutzen eines Teilvideostroms als Einmalschlüssel

In [QiNa97] wird ein Videoverschlüsselungsverfahren vorgestellt, welches für den gesamten Videostrom eine sichere Verschlüsselung liefern soll. Das Verfahren kommt mit ca. 55% der Zeit aus, die für eine komplette Verschlüsselung des Datenstroms benötigt wird.

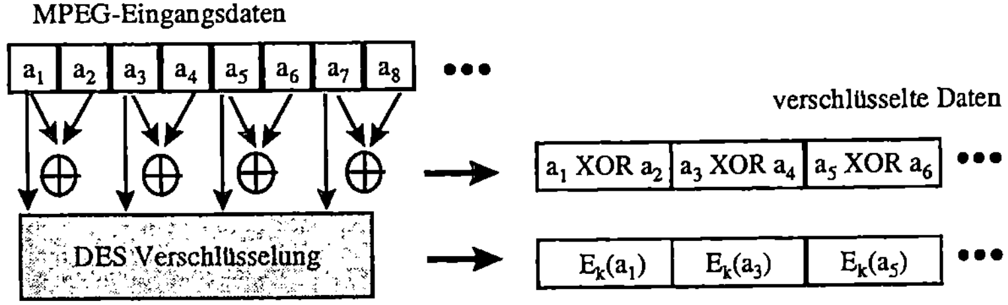

Abbildung 6.3 Reduktion des Verschlüsselungsaufwandes bei MPEG–Strömen um die Hälfte

Zunächst teilen die Autoren einen Videostrom (MPEG) in Datenpakete von der Blocklänge des eingesetzten Verschlüsselungsverfahrens (DES, 64 Bit) auf. Dann zeigen sie, daß bei den getesteten Videosequenzen fast keine statistischen Korrelationen zwischen zwei aufeinanderfolgenden Datenpaketen in einem MPEG–Strom bestehen. Somit ist solch ein Datenblock dazu geeignet, als Einmalschlüssel für den nächsten Datenblock zu fungieren.

Bei dem vorgestellten Verfahren wird nun jeweils ein 64–Bit–Block des Videostroms über XOR mit dem darauffolgenden Block verknüpft und an dessen Position im Videostrom geschrieben. An die Position des ersten Blockes wird dessen Inhalt, mit DES verschlüsselt, zurückgeschrieben, wie in Abbildung 6.3 dargestellt. Somit kommt das Verfahren mit nur der Hälfte der sonst üblichen DES-Operationen auf dem Videostrom aus, unter Einbeziehung der restlichen Verknüpfungsoperatoren erreicht das Verfahren eine feste Zeiteinsparung von 45%.

Damit wird ein Nachteil des Verfahrens deutlich: Der Aufwand für die Verschlüsselung läßt sich nicht skalieren. Damit wird das vorgeschlagene Verfahren zwar interessant für Einsatzgebiete, in denen allerhöchste Vertraulichkeit gefragt ist, die allgemeine Adaptierbarkeit an die Sicherheitsbedürfnisse der jeweiligen Anwendung ist aber nicht möglich. Somit ist das Verfahren für viele der in Kapitel 5.1 vorgestellten Einsatzgebiete nicht geeignet, da der Aufwand für die Verschlüsselung immer noch zu hoch für diese Fälle ist.

Man könnte nun annehmen, daß sich mit dieser Vorgehensweise die Anzahl der notwendigen Aufrufe für den Verschlüsselungsalgorithmus auch bei den übrigen vorgestellten Verfahren um die Hälfte reduzieren ließe. Auch ein rekursives Anwenden dieser Technik ist denkbar. Dieses Vorgehen könnte jedoch keiner kryptoanalytischen Überlegung standhalten. Für den Einmal-schlüssel ist es absolut notwendig, daß keinerlei statistischer Zusammenhang zwischen diesem und dem zu verschlüsselnden Block besteht. Würde man das Verfahren z.B. bei der selektiven Verschlüsselung von Intra–Blöcken im Videostrom nutzen, reicht alleine schon die Kenntnis aus, daß der er-ste Block des Einmalschlüssels der Beginn eines Intra–Blocks ist, um für kryptoanalytische Angriffe einen Ansatzpunkt zu liefern. Daher ist es auch wichtig für dieses Verfahren, nicht bei einem wohlbekannten Header zu Be-ginn eines MPEG–Stroms zu beginnen, sondern zunächst einen Zufallswert einzustreuen.

6.2 Verfahren zur Videoverschlüsselung in der Praxis

Die Bedeutung der Vertraulichkeit für Videoübertragung ist auch von Fir-men und Organisationen erkannt worden, woraufhin eine Reihe von Ent-wicklungen in diesem Bereich erfolgt sind. Neben der auch bei analogem Pay–TV üblichen Zeilenpermutation sollen hier zwei Projekte vorgestellt werden, zum einen *SEC–MPEG* als Softwarepaket zur selektiven Verschlüs-selung von Video, sowie die Zugriffsschutzmechanismen bei Pay–TV–Über-tragungen und im *Digital Video Broadcast* (DVB) Projekt.

6.2.1 Zeilenpermutation

Sowohl beim analogen wie auch beim digitalen Fernsehen werden für ver-schlüsselt ausgestrahlte Sendungen in der Regel Verfahren eingesetzt, die auf einer Permutation der Zeilen bzw. der Spalten beruhen. Denkbar sind dabei die folgenden Alternativen:

- Die Zeilen eines Bildes werden permutiert. Um den Speicherbedarf im Decoder nicht unnötig anwachsen zu lassen, kann man die Ausdehnung der Permutation, also den Abstand einer permutierten Zeile zu ihrer Originalposition, auf einen konstanten Wert beschränken.

- Die Spalten eines Bildes werden permutiert. Aufgrund der dabei not-wendigen hohen Präzision beim Zusammensetzen der Pixel (Leucht-punkte) einer Zeile ist diese Art der Permutation zumindest für den analogen Fall denkbar ungeeignet.

- Die Zeilen werden um einen jeweils unterschiedlichen Wert ringförmig verschoben. Der Decodierschlüssel setzt sich somit aus den Beträgen der Verschiebung sämtlicher Spalten zusammen. Aufgrund der einfachen Implementierung auch im analogen Fall und des geringen Pufferspeichers (maximal 1 Bildschirmzeile) wird dieses Verfahren am häufigsten für Pay–TV–Sendungen verwendet.

Obwohl der Schlüssel für die eingesetzten Permutationen um ein Vielfaches größer ist als bei den in Kapitel 4.3.1 vorgestellten sicheren Verfahren, kann mit Hilfe statistischer Analysen relativ einfach das Originalbild rekonstruiert werden. Insbesondere das Zeilenverschiebungsverfahren läßt sich somit durch einfache Helligkeitsvergleiche benachbarter Zeilen sehr einfach brechen.

In [MaQu94] wird ein Permutationsverfahren für digitale Fernsehbilder vorgestellt, welches neben einem verbesserten Maß an Sicherheit auch die Möglichkeit einer Decodierung in verschiedenen Auflösungen zuläßt und somit eine *Transparenz* in das Verschlüsselungsverfahren hineinbringt. Außerdem sollen durch das Verfahren die statistischen Eigenschaften des Videostroms nicht zerstört werden, so daß eine Kompression weiterhin möglich ist. Inwieweit dieser Punkt erfüllbar ist und nicht im Widerspruch zu der geforderten Sicherheit des Algorithmus steht, müssen weitere Experimente mit dem vorgeschlagenen Verfahren zeigen.

6.2.2 SEC–MPEG

Das Projekt SEC–MPEG entstand zunächst an der TU Berlin als eine Studie über Sicherheitsmechanismen für MPEG Video [MeGa94]. Die dabei geleisteten Implementierungen von Schutzverfahren und Integritätschecks bilden die Grundlage des nun verfügbaren Softwaretools SEC–MPEG.

Das Programmpaket bietet Funktionen zum Schutz der Vertraulichkeit (Verschlüsselung) sowie zum Überprüfen der Datenintegrität von MPEG–Videoströmen. Es werden dabei vier Ebenen mit zunehmender Vertraulichkeit (*confidentiality level, C–level*) und drei Ebenen zur Überprüfung der Integrität (*integrity level, I–level*) angeboten. Die einzelnen Ebenen unterscheiden sich folgendermaßen im Grad der durchgeführten Sicherheitsfunktionen:

C–level:　0:　Keine Verschlüsselung
　　　　　　1:　Verschlüsselung aller MPEG-Header
　　　　　　2:　zusätzlich Verschlüsselung einer Teilmenge der intracodierten Makroblöcke
　　　　　　3:　zusätzlich Verschlüsselung aller intracodierten Makroblöcke
　　　　　　4:　Vollständige Verschlüsselung

I–level:　0:　Keine Integritätsüberprüfung
　　　　　　1:　Integritätsprüfung der Headerdaten (*Abspielschutz*)
　　　　　　2:　Integritätsprüfung aller intracodierten Datenblöcke (*Originalitätsschutz*)
　　　　　　3:　Vollständige Integritätsprüfung (*Datenstromschutz*)

Bei einem mit SEC–MPEG geschützten Datenstrom wird ein eigenes Datenformat verwendet, zusätzlich zu den MPEG–Headern sind eigene SEC–MPEG–Header sowie Informationsfelder definiert, die Auskunft über die Größe der verschlüsselten Datenpakete geben und die Prüfsummen für die Integritätsprüfung enthalten.

6.2.3　DVB – Conditional Access

Conditional Access (CA) bezeichnet kein selektives Verschlüsselungsverfahren, sondern definiert die Schnittstelle zur Integration von Sicherheitsfunktionaltität in digitales Fernsehen. Dabei wird eine gemeinsame Schnittstelle für verschiedene digitale Fernsehprojekte, wie z.B. DVB (Digital Video Broadcasting) [DVB] angestrebt. CA unterstützt die Verschlüsselung von MPEG–2 codierten Videoströmen sowie die selektive Verschlüsselung von Teilströmen innerhalb eines MPEG–2 Systemdatenstroms [ISO96a].

Zur Übermittlung der Kontrollinformation im CA–System werden *Entitlement Messages* verwendet [MaQu95], die den Austausch der Schlüssel und die Zugriffsrechte zwischen dem Programmanbieter, dem Dienstanbieter und dem Kunden regeln. Ein Entitlement kann als Ticket zur Nutzung eines bestimmten Dienstes angesehen werden, welches in seiner zeitlichen Gültigkeit beschränkt ist. Zur Realisierung von Pay–per–View sind die versendeten Entitlement Messages nur in Verbindung mit der individuellen Kennummer des Empfängers gültig. Um die Möglichkeit eines Angriffs auf den Schlüssel zu minimieren, wird dieser relativ häufig im System gewechselt.

Zur Verschlüsselung des Videos wird ein zweistufiges Verfahren verwendet, welches zunächst Blöcke von 8 Bytes Größe und danach die einzelnen

Bits dieser Blöcke verwürfelt [BKR97]. Zum System gehört auch ein Multiplexer/ Demultiplexer, der die Teilströme vor der Verschlüsselung trennt und beim Empfänger nach dem Entschlüsseln wieder zusammensetzt. Somit können die Kontrollinformationen (Header) von den Bilddaten getrennt werden, um eine Synchronisation des Systems zu ermöglichen.

6.3 Skalierbare Adaption des Verschlüsselungsaufwands

In diesem Abschnitt wird die Entwicklung eines Verfahrens zur partiellen Videoverschlüsselung vorgestellt, welches an die jeweiligen Sicherheitsbedürfnisse der Anwendung skalierbar ist. Dabei steht die Verwendung eines kryptographisch als sicher geltenden Verfahrens im Vordergrund. Dies soll verhindern, daß aufgrund möglicher Schwachstellen des Kryptographieverfahrens eine Angriffsfläche gegen die geschützten Videodaten geschaffen wird. Somit ist zumindest dem Kreis der Hacker und der Neugierigen, die vor allem bei Pay–TV oder bei vertraulichen Datenströmen im Internet wohl immer versuchen werden ein Schlupfloch zu finden, von vorneherein die Aussicht auf Erfolg genommen. Inwieweit das Verfahren den Bedürfnissen von kommerziellen Sicherheitsanwendungen genügt, kann dann mit der Auswahl des geeigneten Verschlüsselungsalgorithmus bestimmt werden. Als Alternativen bieten sich die Blockchiffren DES und IDEA an, die beide auf 64–Bit–Blöcken arbeiten. Auch für die Stromchiffre RC4 kann davon ausgegangen werden, daß sie eine sichere Verschlüsselung anbietet [Sch96].

6.3.1 Designkriterien

Die Auswahlkriterien für ein gutes Videoverschlüsselungsverfahren ergeben sich aus den in den vorangegangenen Kapiteln vorgestellten Eigenschaften der digitalen Videoübertragung. Auch die Wahl eines geeigneten kryptographischen Algorithmus spielt hierfür eine Rolle.

Skalierbarkeit

Das Verfahren soll zum einen im Bereich Pay–TV eingesetzt werden können. Die hier übertragenen Videodaten sind durch zwei Charakteristika gekennzeichnet [MaQu95]:

- Die Bandbreite der Daten ist sehr hoch
- Der Informationsgehalt der einzelnen Daten ist niedrig

Mit dem zweiten Punkt ist gemeint, daß im Normalfall keine vertraulichen Informationen in den Daten enthalten sind. Das Verschlüsselungsverfahren soll nur sicherstellen, daß ein ungestörtes Abspielen der Daten nicht möglich ist. Daher reicht hier ein geringer Prozentsatz an verschlüsselten Daten aus, welche allerdings nicht aus Redundanzen in dem unverschlüsselten Datenanteil zurückgewonnen werden dürfen.

Ein weiteres Einsatzfeld für das Verschlüsselungsverfahren sind vertrauliche Videokonferenzen. Hier soll das Verfahren an das dort nötige Maß der Vertraulichkeit angepaßt werden können. Bei derartigen Videoübertragungen muß davon ausgegangen werden, daß ein Angreifer je nach Wichtigkeit der Konferenz über die nötigen Hardwaremittel verfügt um sämtliche ihm zugängliche Information aus dem Videostrom zu rekonstruieren. Daher müssen auch kleinste Details in der Szene von der Verschlüsselung erfaßt werden. Um dies zu gewährleisten, muß das Verfahren auch die Verschlüsselung von über 50% der Daten erlauben [KRSB97].

Aufwand

Das Verfahren soll wenig zusätzlichen Aufwand neben den notwendigen Verschlüsselungsroutinen mit sich bringen. Dies heißt zum einen, daß an der Übertragung des Videos nichts geändert werden soll, die Videodaten müssen also in *einem* Datenstrom übermittelt werden, wie auch bei der unverschlüsselten Übertragung. Ein Aufteilen in mehrere Datenströme und eine getrennte Verschlüsselung hierfür scheidet also aus, da nicht alle zugrundeliegenden Transportsysteme diese Möglichkeit unterstützen.

Zum anderen soll der Rechenaufwand zur Bestimmung der zu verschlüsselnden Datenanteile nicht so hoch sein, daß er den Zeitgewinn durch die partielle Verschlüsselung wieder auffrißt. Wird die Ver- bzw. Entschlüsselung mit der Codierung oder Decodierung des Videos in demselben Prozeß durchgeführt, so entsteht im Normalfall kein zusätzlicher Aufwand zur Bestimmung der zu verschlüsselnden Datenanteile. Anders sieht es bei einer separaten Implementierung der Verschlüsselung, beispielsweise in einem Gateway, aus. Hier darf die partielle Verschlüsselung nicht dazu führen, daß der gesamte Datenstrom decodiert und neu codiert werden muß.

Ein weiterer Punkt, der beim Einsatz von Blockchiffren beachtet werden muß, ist der Aufwand für das Umkopieren von Daten, wenn der zu verschlüsselnde Datenanteil nicht in das 64-Bit-Raster des Verschlüsselungsverfahrens paßt. Ein Umcodieren des Videostroms kann aufwendiger werden als die komplette Verschlüsselung eines Makroblocks [MeGa94]. Daher soll das Verfahren sich auch an der Blockstruktur des eingesetzten Verschlüsselungsverfahrens orientieren.

Bandbreite

Das partielle Verschlüsselungsverfahren soll nicht zu einer signifikanten Erhöhung der Bitrate bei der Übertragung des Videos führen. Somit scheiden Methoden wie etwa die Permutation der DCT–Koeffizienten [Tan96] hierfür aus. Bei den meisten der übrigen Verfahren muß dem Empfänger noch signalisiert werden, welche Daten aus dem Videostrom er zu entschlüsseln hat. Dies kann entweder durch implizites Wissen aus dem Datenstrom geschehen, etwa alle Daten nach Empfang eines I–Frame–Headers bis zum Beginn des nächsten Frames. Oder der Sender verpackt diese zusätzliche Information mit in den Datenstrom, etwa als Erweiterungsfeld an jedem Frame–Header. Dies führt allerdings zu einer leichten Erhöhung der Bandbreite, bedingt durch die zusätzlich übertragene Information. In Fällen, bei denen dies nicht möglich ist, soll daher das Verschlüsselungsverfahren die Möglichkeit bieten, die zu entschlüsselnden Stellen aus dem Datenstrom zu bestimmen.

Vielseitigkeit

Das Verfahren soll auf möglichst viele der vorgestellten Videokompressionsstandards anwendbar sein. Hierzu ist es notwendig, die Gemeinsamkeiten der Standards herauszuarbeiten. Da alle standardisierten Kompressionsverfahren aus Kapitel 2.2 auf dem hybriden Kompressionsschema und der DCT als Transformationscodierung aufbauen, ist dieses Vorgehen relativ einfach durchführbar. Auch die Bewegungskompensation der beiden MPEG–Standards und die von H.261 und H.263 sind äquivalent. Die Anordnung der Daten im Datenstrom sowie die Codierung unterscheiden sich allerdings in einigen Details voneinander.

Relevanz der zu schützenden Daten

Dies ist wohl der wichtigste Punkt beim Design eines partiellen Verschlüsselungsschemas. Das Verfahren soll natürlich die für den Bildaufbau relevanten Daten schützen. Die weniger wichtigen Daten brauchen von der Verschlüsselung nicht erfaßt zu werden und können im Klartext übertragen werden.

Einige Untersuchungen zur Relevanz der übertragenen Daten führten zu dem relativ einfach zu implementierenden Verfahren der Intraframe-Verschlüsselung [MeGa94, AgGo96]. Die Relevanz der in einem Videostrom auftretenden Daten ist hier zusammengefaßt:

Headerdaten: Ohne die Auswertung der Headerdaten ist eine vernünftige Wiedergabe eines Videostroms nicht zu erzielen. Man sollte daher annehmen, daß alleine durch das Verschlüsseln aller Header ein Videostrom für einen Fremden sinnlos wird. Andererseits ist die in den Header–Feldern enthalte Information fast immer aus dem Einsatzgebiet des Videostroms heraus bekannt. So enthalten alle Frame–Header eines Videostroms jedesmal dieselben Informationen über Bildformat, YUV–Abtastformat, Framerate und den globalen Quantisierungsfaktor. Die Frame–Nummer ist ein fortlaufender Index. Alleine aus der Länge des Frames läßt sich ablesen, ob ein I–, P– oder B–Frame vorliegt. Auch die Werte in anderen Headern wie z.B. der lokale Quantisierungsfaktor lassen sich leicht erraten oder durch statistische Analysen des Datenvolumens ermitteln. Für einen Angreifer mit ernsthaften Kryptoanalyseabsichten sind die Headerdaten somit völlig redundant und brauchen daher nicht verschlüsselt zu werden.

Eine Verschlüsselung der Headerdaten würde andererseits eine statistische Analyse des Videostroms erschweren. Dies würde aber höchstenfalls Neugierige davon abhalten, sich mit dem verschlüsselten Datenstrom zu beschäftigen. Eine statistische Analyse auf Redundanzen in den Daten kann diese Hürde jedoch leicht überwinden.

Coded–Block–Pattern (CBP): Dieses Feld enthält in Videoströmen ein Bitmuster für die im Strom vorhandenen DCT–Blöcke. Für jeden codierten Block ist hier ein Bit gesetzt. Beim Überspringen von Blöcken, wenn keine Veränderung gegenüber dem vorherigen Frame aufgetreten ist, wird das entsprechende Bit gelöscht. Auch dieses Feld ist wie die Headerdaten für einen Angreifer aus dem restlichen Datenstrom zu rekonstruieren. Die Anzahl der Blöcke ist leicht ablesbar, eine Zuordnung der Daten zu den richtigen Blöcken ist wegen der geringen Möglichkeiten (bei YUV 4:2:0 = 6 Blöcken und beispielsweise 4 vorliegendenen codierten Blöcken $\binom{6}{4} = 15$ Möglichkeiten) durch Ausprobieren zu erreichen.

Makroblocktyp: Dieses Feld gibt an, ob in einem Interframe ein Intra– oder eine Inter–Block vorliegt. Diese Information ist aber auch aus der Länge der Blockdaten zu ermitteln oder zu erraten.

Bewegungsvektoren: Die Bewegungsvektoren sind abhängig von der Bewegung der Kamera oder eines Objektes in der Szene. Sie können daher wie auch alle noch folgenden Datentypen nicht durch Analyse der übrigen Daten oder durch Ausprobieren aller möglichen Kombinationen ermittelt werden.

Aus einem Bewegungsvektor läßt sich zum einen die Kamerabewegung schließen. Diese kann vereinfacht als der Mittelwert aller Bewegungsvektoren eines Frames angenommen werden. Ob ein fremder Lauscher allerdings aus dieser Information etwas über den Inhalt des Videos gewinnen kann, ist zu bezweifeln.

Zieht man die Kamerabewegung von den Bewegungsvektoren ab, erhält man daraus die Bewegung der Objekte in der dargestellten Szene. Haben diese Objekte einfarbige Oberflächen, erhält man i.a. den Verlauf ihrer Konturen. Dies verdeutlicht Abbildung 6.4 am Beispiel zweier Videoframes. Die Rekonstruktion von sich bewegenden Objekten ist allerdings nur bis zur Granularität von Makroblöcken (16 × 16 Pixel) möglich. Für viele Objekte ist dieses Raster zu grob, um mehr Information über sie preiszugeben als etwa „Sitzende Person, bewegt den Kopf nach links" oder „Objekt im Hintergrund (Proportionen deuten auf Person hin) bewegt sich (geht) langsam nach rechts". In vertraulichen Videokonferenzen sind solcherlei Informationen von zweifelhaftem Wert, da die Objekte meist sitzende Personen in Portraitaufnahme sind, die zeitweilig den Kopf bewegen. Eine Verschlüsselung der Bewegungsvektoren macht demnach nur eingeschränkt Sinn, da sie nicht allzuviele vertrauliche Details der Szene preisgeben.

DC–Koeffizienten: Die in den DC–Koeffizienten enthaltene Information ist für die Wahrnehmung eines Bildes die bei weitem wichtigste Information. Hier werden die Farb– oder Helligkeitswerte für einen Block von 8 × 8 Pixeln in einem Wert abgelegt. Alleine durch Kenntnis dieser Werte läßt sich schon ein guter Eindruck über das dargestellte Videobild geben. Unterschieden werden muß noch zwischen

- Luminanzkoeffizienten (Helligkeitsinformation) und
- Chrominanzkoeffizienten (Farbinformation)

sowie

- DC–Koeffizienten in Intra–Blöcken und
- DC–Koeffizienten in Inter–Blöcken.

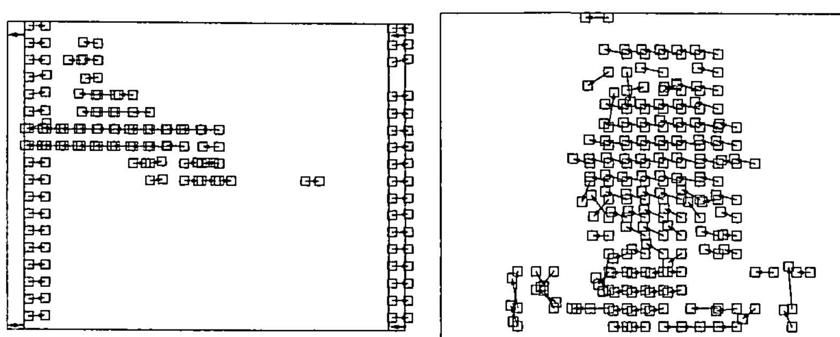

Abbildung 6.4 Die in den Bewegungsvektoren eines prädizierten Frames enthaltene Information am Beispiel zweier Videoframes (*Coastguard* und *Miss-America*).

Chrominanzwerte wirken sich wegen der Unterabtastung auf einen viermal so großen Bereich aus wie die Helligkeitswerte. Sie sind daher, ähnlich wie die Bewegungsvektoren, relativ grobkörnig in der Beschreibung eines Videobildes. Trotzdem geben sie einen besseren visuellen Eindruck des Videobildes wieder als Bewegungsvektoren. Die Luminanzwerte sind die bei weitem wichtigsten Werte, geben sie doch die Graustufendarstellung des Bildes wieder. Alleine aus ihnen kann schon die meiste Information über den Inhalt des Videos rekonstruiert werden.

Die Koeffizienten in Intra–Blöcken geben die absoluten Pixelwerte wieder. Intercodierte Koeffizienten benutzen diese als Referenz und geben nur noch die Differenz zu ihnen an. Man könnte daraus schließen, daß diese bei verschlüsselten Intra–Koeffizienten wertlos sind. Daß aus der Addition von diesen Differenzen über mehrere Interframes hinweg doch noch einige Details der Szene sichtbar werden, zeigt Abbildung 6.2 (rechts). Daher sollten alle DC–Koeffizienten von dem Verschlüsselungsverfahren erfaßt werden, nicht nur die in Intra–Blöcken.

Niederfrequente AC–Koeffizienten: Diese zeichnen sich durch einen kleinen Index aus, liegen also in der Zickzack–Reihenfolge vorne (links oben in Abbildung 2.7). Wie man an den zugehörigen Basisbildern sieht, beschreiben diese Koeffizienten gleichmäßige Farbverläufe in einem Block, aus denen man sehr viele Details über die dargestellten Objekte rekonstruieren kann. Sie sollten daher auch auf jeden Fall verschlüsselt werden. In [MeGa94] wird vorgeschlagen, mindestens die ersten 8 Koeffizienten zu schützen. Eigene Experimente bestätigen, daß ein Schutz der ersten 12 für streng vertrauliche Anwendungen ausreicht [KRSB97]. Auch bei den AC–Koeffizienten gilt dieselbe Abstufung bzgl. Luminanz/ Chrominanz sowie Intra/ Inter–Blöcken wie bei den DC–Koeffizienten.

Hochfrequente AC–Koeffizienten: Die hochfrequenten Koeffizienten beschreiben die feinen Details eines Bildes bis hin zu den Unterschieden zweier benachbarter Pixel. Ihr Informationswert ist ohne die zugehörigen niederfrequenten Anteile nicht besonders aussagekräftig. Daher brauchen sie von der partiellen Verschlüsselung nicht unbedingt geschützt zu werden.

Ein Punkt, der beachtet werden muß, ist eingeblendeter Text in Videoübertragungen. Dieser besteht zumeist aus höherfrequenten Anteilen, welche die einzelnen Buchstaben formen. Die Koeffizienten liegen hierbei im Indexbereich von 55-64 für gerade noch lesbaren Text und 45-64 für große Buchstaben Um Text wirkungsvoll zu schützen, sollten deshalb gerade die höherwertigen Koeffizienten verschlüsselt werden. Kleine Buchstaben am Rande der Lesbarkeit in unverschlüsselten Videos lassen sich jedoch bei der Verschlüsselung von anderen Datenanteilen nicht mehr entziffern oder maschinell weiterverarbeiten.

Die Relevanz der Datenanteile eines Videostroms ist in Abbildung 6.5 am Beispiel eines MPEG–Datenstroms noch einmal grafisch veranschaulicht.

6.3.2 Realisierung

Eine Realisierung des partiellen Verschlüsselungsverfahrens auf der Grundlage der aufgezählten Designkriterien erfolgte zunächst für MPEG–1 Video [KuRe97a]. Die Basis für die Implementierung des Verfahrens bildet der *Berkeley-MPEG-Decoder* [PSR93] zum Parsen des MPEG–Datenstroms. Ein Ver– bzw. Entschlüsseln kann auch unabhängig von der Anzeige des Videos durch den Decoder erfolgen, wenn der Datenstrom nach Aufruf der Verschlüsselungsroutine wieder ausgegeben wird.

Das Verfahren verschlüsselt nur die DC– und die niederfrequenten AC–Koeffizienten. Der Index n des letzten zu verschlüsselnden Koeffizienten wird als Skalierungsparameter für den Verschlüsselungsaufwand an das Verfahren übergeben.

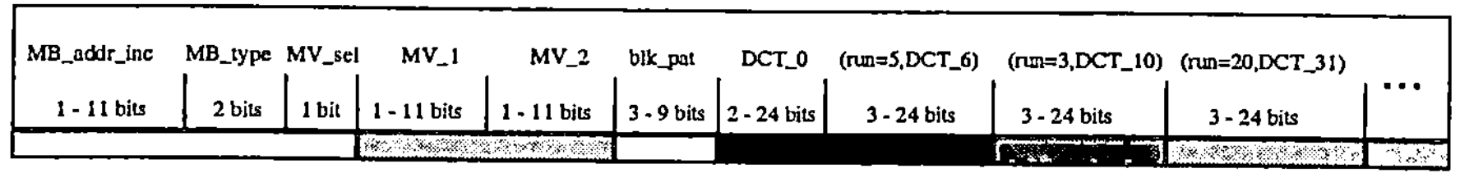

MB_addr_inc:	macroblock_address_increment	optionales Header-Feld
MB_type:	macroblock_type	Intra-Block oder Inter-Block
MV_sel:	motion_vertical_field_select[0][1]	
MV_1:	motion_code[0][1][0]	horizontaler Bewegungsvektor (motion vector, MV)
MV_2:	motion_code[0][1][1]	vertikaler Bewegungsvektor
blk_pat:	coded_block_pattern_420	gibt an, welche Blöcke codiert sind
DCT_0:	First DCT coefficient	DC-Koeffizient
(run=z,DCT_n):	Subsequent DCT coefficients,	AC-Koeffizienten

z gibt die Anzahl der vorausgehenden Koeffizienten mit dem Wert 0 an

n gibt den Wert des nächsten Koeffizienten ungleich Null an

Abbildung 6.5 Die für die Rekonstruktion eines Videostroms relevanten (dunkel) und irrelevanten (hell) Anteile am Beispiel eines MPEG–Datenstroms. Die Bezeichnung der Felder erfolgte gemäß dem MPEG–2 Standard [ISO96b].

Der Algorithmus geht nun wie folgt vor:

1. Zu Beginn des Verfahrens ist der gesamte Videostrom als „unverschlüsselt" markiert. Die Variable e (Ende des verschlüsselten Bereichs) wird mit dem Wert 0 initialisiert.

2. Parsen bzw. Codieren des Videostroms bis zum Start eines DCT-Blocks (DC–Koeffizient).

3. Es wird geprüft, ob die aktuelle Bitposition p im Videodatenstrom kleiner ist als der Wert von e. Wenn ja, wird zu Schritt 5 gegangen.

4. Die nächsten L Bitpositionen werden als „verschlüsselt" markiert. L gibt hierbei die Blocklänge des verwendeten Verschlüsselungsverfahrens an. Bei DES und IDEA ist L also 64, bei RC4 wird jeweils ein Byte verschlüsselt ($L = 8$). Denkbar wäre hier auch Verschlüsselung auf Bitebene ($L = 1$). Die letzte markierte Bitposition im Videostrom wird als Wert e gespeichert.

5. Solange noch DCT–Koeffizienten im aktuellen Block zu codieren sind:

    Parsen bzw. Codieren des nächsten Koeffizienten. Ist dessen Index kleiner oder gleich dem Schwellenwert n:

    Solange e kleiner als die aktuelle Bitposition p im Datenstrom ist, markiere die nächsten L Bits nach e als „verschlüsselt" und erhöhe e um L.

6. Gehe zu Schritt 2.

tabular figure:

Header	DC	AC 1	AC 2	AC 5	AC 12	AC 28	DC	AC 1	AC 2	AC 4	AC 5	AC 7	AC 18	AC 22	DC	AC 4	AC 8	AC 44	AC 49	AC 50	DC	AC 1	AC 3	AC 10	AC 22	AC 23	...

Abbildung 6.6 Die mit dem partiellen Verschlüsselungsalgorithmus geschützten Anteile an einem MPEG–Datenstrom (grau markiert). Zu sehen sind die ersten 4 DCT–Blöcke eines Makroblocks, jeweils beginnend mit dem DC–Koeffizienten. Der Schwellenwert ist hierbei $n = 10$. Man sieht, daß für den dritten DCT–Block eine Überlappung des verschlüsselten Datenbereich mit den Daten aus dem zweiten Block eintritt. Dieser Fall wird von Schritt 3 des Algorithmus abgeprüft.

Die mit „verschlüsselt" markierten Bits werden beim Codiervorgang an die Verschlüsselungsfunktion übergeben, sobald sie vollständig codiert sind. Beim Decodiervorgang wird der Datenstrom geparst und die mit „verschlüsselt" markierten Bits werden der Entschlüsselungsfunktion übergeben, bevor der Videostrom decodiert wird.

Der Algorithmus beginnt also am Anfang eines DCT–Blocks mit der Verschlüsselung und verschlüsselt jeweils zusammenhängende Blöcke aus dem Videostrom von der Blocklänge des eingesetzten Verschlüsselungsverfahrens. Mit dem Schwellenwert n kann die Anzahl der notwendigen Ver– bzw. Entschlüsselungsoperationen kontrolliert werden. In Abbildung 6.6 wird nochmals anhand eines MPEG–Videostroms gezeigt, welche Datenanteile von dem Verfahren verschlüsselt werden.

Verbesserungen

Die folgenden Verfeinerungen des vorgestellten Algorithmus haben sich noch als sinnvoll erwiesen:

- Statt nur einem Schwellenwert n können zwei unabhängige Werte für die Intrablöcke n_i und die Interblöcke n_p (Index p für prädiktiv codierte Blöcke) vergeben werden. Der Schwellenwert n_i sollte dabei größer sein als der Wert von n_p, da die Intra–codierte Information wesentlich aussagekräftiger ist als die Information aus Inter–codierten Blöcken.

- Analog lassen sich unterschiedliche Werte n_l für Luminanzblöcke und n_c für Chrominanzblöcke angeben. Auch hier ist n_l im allgemeinen größer als n_c. Insgesamt erhält man also vier Schwellenwerte, mit dem sich der Algorithmus nun sehr gut skalieren läßt: n_{il}, n_{ic}, n_{pl}, n_{pc}.

- Man beginnt mit dem Verschlüsseln in Schritt 2 bzw. 3 zu Beginn eines Makroblocks nicht mit dem ersten DCT–Block, sondern mit den Bewegungsvektoren. Bei MPEG und einer großen Blocklänge L verschlüsselt man hiermit aber auch zusätzlich das Feld CBP (Coded Block Pattern), da dieses zwischen den Bewegungsvektoren und dem ersten DCT–Block im Datenstrom codiert wird. Insgesamt erhöht sich der zu betreibende Aufwand an Verschlüsselung dadurch um 5 – 10%. Für spezielle Anwendungen, bei denen ein hohes Maß an Vertraulichkeit benötigt wird, kann dies trotzdem sinnvoll einzusetzen sein.

- Man übergibt dem Algorithmus als weiterer Skalierungsparameter die maximale Prozentrate der Verschlüsselung r. Wenn die Rate der verschlüsselten Bits am Gesamtstrom $v/p > r$ ist, erfolgt keine Verschlüsselung. v gibt hierbei die Anzahl der mit „verschlüsselt" markierten Bits an, p ist wie gewohnt die Bitposition bzw. Gesamtzahl aller bereits codierten Bits.

- Eine Optimierung ist dann zu erzielen, wenn die Verschlüsselungsfunktion auf Speicherbereichen operiert und einen Pointer auf die zu verschlüsselnden Daten übergeben bekommt, und das verschlüsselte Resultat wieder in demselben Speicherbereich abgelegt wird. Dann kann nämlich einfach die Adresse im Puffer, bei der die Codierung bzw. das Parsen des Videostroms augenblicklich erfolgt, als Parameter an die Funktion übergeben werden. Dadurch muß man die Grenzen des zu verschlüsselnden Bereichs allerdings auf Bytegrenzen ausrichten. Man muß also im Regelfall ein paar Bits vor dem eigentlichen Start des DCT–Blocks schon mit der Verschlüsselung anfangen. Für diese Modifikation benötigt man eine leicht erhöhte Anzahl an Verschlüsselungsoperationen, da in manchen Fällen der letzte zu schützende DCT–Koeffizient nun nicht mehr durch die Verschlüsselung erfaßt wird und ein zusätzlicher Block verschlüsselter Daten folgen muß. Dieser Effekt tritt nur am Anfang eines DCT–Blocks auf, bei mehreren aufeinanderfolgenden Verschlüsselungsblöcken sind diese ja automatisch auf Bytegrenzen ausgerichtet. Man erzielt damit eine leichte Geschwindigkeitssteigerung bei der Ver– bzw. Entschlüsselung, da die Daten nicht mehr aus dem Codierpuffer für die Verschlüsselungsroutine umkopiert werden müssen.

Muß eine Ausrichtung auf Wortgrenzen (32 Bit) erfolgen, erzielt man mit dieser Änderung allerdings keine Verbesserung gegenüber einer kompletten Verschlüsselung des Datenstroms mehr.

Mit diesen Werten und der Auswahl eines geeigneten Verschlüsselungsverfahrens läßt sich der Algorithmus sehr gut an die Vertraulichkeitsanforderungen beliebiger Videoanwendungen einstellen.

Signalisierung

In der vorgestellten Version benötigt der Algorithmus eine Signalisierung für den Empfänger, welche Bits im Videostrom verschlüsselt sind. Eine Definition von eigenen Headertypen zum Markieren der Verschlüsselungsbereiche wie bei SEC–MPEG scheint wegen der großen Menge an Daten wenig sinnvoll. In einem Videobild der Größe CIF treten insgesamt (352/16) × (288/16) = 396 Makroblöcke auf. Sind hierin jeweils alle 6 DCT–Blöcke codiert, ergibt das 2376 mögliche Startpositionen für verschlüsselte Daten. Diese sind jedoch nicht allesamt auch wirklich Startpositionen, da durch die Blocklänge des Verschlüsselungsverfahrens Überlappungen in den verschlüsselten Datenbereichen auftreten, wie in Abbildung 6.6 zu sehen ist. Im ungünstigsten Fall müssen jedoch 2 × 2376 neue Header eingeführt werden, einen zur Markierung eines verschlüsselten und einen für den darauffolgenden unverschlüsselten Bereich. Bei einer Länge von 32 Bit für einen MPEG–Header (Startcode) ergäbe das pro Frame alleine 19 KByte zusätzlicher Daten, was in etwa der Größe eines I–Frames entspricht. Das Verfahren würde also mindestens zu einer Verdopplung der Datenmenge und damit auch des Parsing–Aufwandes führen.

Eine Alternative ist das direkte Codieren der Anzahl folgender verschlüsselter Daten zu Beginn eines DCT–Blocks. Bei einer Blocklänge der Verschlüsselung von 64 Bit und einer Entropiecodierung der Anzahl zusammenhängender Blöcke kann man diese Werte am Anfang eines jeden DCT–Blocks in den Datenstrom schreiben, bei dem neu mit der Verschlüsselung von Daten aufgesetzt wird. Im ungünstigsten Fall kann dieser Aufwand an zusätzlichen Daten dabei 9% betragen.

Wandelt man das vorgestellte Verfahren leicht ab und gibt keinen DCT–Koeffizientenindex als Schwellenwert an, sondern die minimale Anzahl von Bits, die pro DCT–Block geschützt werden müssen, kommt man ganz ohne Signalisierung zum Empfänger aus. Bei dieser Modifikation des Verfahrens geht man davon aus, daß zu Beginn der Decodierung eines DCT–Blocks die Daten im Videostrom bis zu dieser Stelle in jedem Falle entschlüsselt worden sind. Entweder man befindet sich am Anfang eines Videostroms, dann sind bis dorthin noch keine verschlüsselten Datenblöcke angefallen, oder man hat zum Decodieren des Datenstroms schon alle bisherigen verschlüsselten Datenbereiche entschlüsselt. Auf jeden Fall weiß man nun zu Beginn jedes

DCT–Blocks, wie viele Bits desselben von der letzten Verschlüsselungsoperation noch mit geschützt wurden. In der Notation des vorgestellten Algorithmus entspricht diese Bitanzahl dem Wert $e-p$. Ist diese Anzahl null oder negativ, beginnt ab dem Start dieses Blocks wieder ein Bereich der Länge L von verschlüsselten Datenbits. Ist diese Anzahl kleiner als der Schwellenwert n, so folgt nach dem Ende des aktuell entschlüsselten Bereichs e ein weiterer verschlüsselter Datenblock. Andernfalls kann dieser DCT–Block ohne vorherige Entschlüsselungsoperation komplett decodiert werden.

Die Sicherheit der zuletzt beschriebenen Modifikation ist leicht abgeschwächt gegenüber der beim ursprünglichen Algorithmus. Es kann nämlich vorkommen, daß ein niederfrequenter DCT–Koeffizient mit kleinem Index durch dieses Verfahren nicht verschlüsselt wird. Dies passiert dann, wenn viele DCT–Koeffizienten mit kleinem Index hintereinander in einem Block codiert werden müssen und somit ihr Platzbedarf den Wert für die Anzahl der zu schützenden Bits n übersteigt. Im ursprünglichen Algorithmus würde in diesem Fall ein weiterer Block mit verschlüsselten Daten folgen, was hier nun nicht der Fall ist. Über den gesamten Videostrom betrachtet ist diese Abschwächung der Sicherheit jedoch nur marginal.

6.3.3　Testergebnisse

Für die Verwendbarkeit des vorgestellten Verfahrens entscheidend ist zunächst die Frage, ob mit dem Verfahren überhaupt eine deutliche Reduzierung des Verschlüsselungsaufwandes zu erzielen ist und ob dieser die Einbußen bei der Sicherheit rechtfertigt. In Tabelle 6.2 sind daher die mit dem Algorithmus mindestens zu verschlüsselnden Anteile des Videodatenstroms angegeben. Dieser Wert hängt ab vom jeweils verwendeten Strom– oder Blockchiffre und dessen Blocklänge. Wie aus Tabelle 2.5 zu erkennen ist, sind die in den Videos enthaltenen DCT–Blöcke zumeist kleiner als die bei DES oder IDEA verwendeten 64 Bits. Wendet man nun einen solchen Blockchiffrealgorithmus auf den Anfang eines DCT–Blocks an, wird dieser somit vollständig verschlüsselt, eine Reduktion des Verschlüsselungsaufwands wäre mit dem vorgestellten Algorithmus und einer 64–Bit–Blockchiffre also nicht zu erzielen. Aufgrund der stark schwankenden Blocklänge in einem Videostrom sind allerdings genügend Blöcke darin enthalten, welche nur zu einem geringen Teil von dem Algorithmus verschlüsselt werden. Somit ist doch eine Reduktion des Verschlüsselungsaufwandes auch mit großen Blocklängen zu erzielen. Verglichen mit dem Anteil der Intraframe– oder Intrablock–Verschlüsselung (Tabelle 6.1) ist mit dieser Art der partiellen

Videoclip	*DES/IDEA, 64 bit*			*DES/IDEA, 32 bit*			*RC4, 8 bit*		
	I	IP	IPB	I	IP	IPB	I	IP	IPB
Flowers	60.6	22.4	32.6	35.6	10.7	17.6	14.1	3.1	5.8
Mobile & C.	57.2	17.7	31.2	31.6	8.0	15.4	11.8	2.1	5.0
Tabletennis	60.0	31.0	37.5	37.9	16.2	20.7	15.1	4.8	6.7
Coastguard	72.4	36.4	47.0	48.0	18.5	25.1	18.3	4.6	7.2
Akiyo	78.4	55.6	67.2	61.5	37.9	49.8	36.3	16.9	26.2
Miss America	86.7	50.5	73.3	72.5	33.1	55.3	44.4	12.1	27.1

Tabelle 6.2 Der minimal mögliche Anteil verschlüsselter Daten (prozentualer Anteil) am Gesamtdatenstrom mit dem vorgestellten Algorithmus. Für die 32–bit Variante bei DES oder IDEA werden jeweils zwei Datenworte aus dem Videostrom als Verschlüsselungsblock kombiniert. RC4 arbeitet als Stromchiffre auf Bytes, auf Bitebene operiert das Verfahren ineffizient, verglichen mit der Vollverschlüsselung des Videostroms.

Verschlüsselung bei jedem der Testvideos eine weitere Reduktion des Verschlüsselungsaufwandes möglich.

Subjektive Ergebnisse

Zur Rekonstruktion von beliebigen Objekten in Bildern gibt es noch keine allgemein einsetzbaren Verfahren. Bisher wurden nur für spezielle Anwendungsfelder brauchbare Ergebnisse erzielt, etwa im Bereich der Schrifterkennung (OCR, Optical Character Recognition) [Lie96] für die elektronische Erfassung von Textdokumenten in Papierform. Andere Bereiche wie z.B. die automatische Erkennung von Gesichtern werden derzeit intensiv erforscht. Die hierbei erarbeiteten Verfahren können aber höchstens zur semi–automatischen Unterstützung bei der manuellen Inhaltserfassung von Bildern und Videos (Indexing) dienen.

Bei digitalen Videos werden z.Zt. weitergehende Verfahren zur Erkennung und Separation von Objekten in der Szene entwickelt, etwa für den aufkommenden MPEG–4–Standard [Sch97a]. Dabei wird die zusätzliche Dynamik in Videobildern ausgenutzt, genau wie für die Technik der Bewegungskompensation. Bleibt der Farbwert an einer Pixelposition über mehrere Frames hinweg konstant, wird das Pixel einem statischen Objekt bzw. dem Hintergrund zugeordnet. Sich verändernde Pixel und Blöcke werden bewegten Objekten zugeordnet, die mit ihren Umrissen und Bewegungsvektoren rekonstruiert werden können.

Die Verfahren lassen sich aber allesamt nicht auf teilweise verschlüsselte Videos anwenden, da ihre Ergebnisse schon im unverschlüsselten Fall manuelle Intervention oder Nachkorrekturen bedürfen. Das beste Maß für die Bewertung des Bildinhaltes ist, wie auch bei Tests für die verschiedenen Video– und Audiokompressionsverfahren, die menschliche Wahrnehmung. Daher werden hier zunächst die Ergebnisse vorgestellt, die sich für den Betrachter nach der Kryptoanalyse von partiell verschlüsselten Videos ergibt.

Um die im folgenden abgebildeten Videoframes aus einem Datenstrom ohne Kenntnis des Schlüssels zu rekonstruieren, sind zunächst extensive statistische Untersuchungen des Videostroms notwendig, um die verschlüsselten Stellen im Datenstrom ausfindig zu machen. Aufgrund der nahezu redundanzfreien Kompression der hybriden Codierung ist zu bezweifeln, ob diese Analyse in dem Maß möglich ist, um zu dem hier dargestellten Ergebnis zu gelangen. Statistische Untersuchungen von MPEG–Datenströmen lassen sich z.B. in [QiNa97] finden. Diese Resultate lassen hoffen, daß eine Kryptoanalyse von Videoströmen nahezu aussichtslos ist, da die Daten statistisch unabhängig voneinander im Datenstrom vorliegen.

Ein für einen menschlichen Betrachter überhaupt sinnvolles Ergebnis kann man nur dann erzielen, wenn man die verschlüsselten Datenanteile im Videostrom auf neutrale Werte setzt. Beläßt man sie auf ihrem quasi–zufälligen Wert, wird nichts weiter als ein weißes Rauschen dargestellt. Auch bei einem sehr geringen Anteil an verschlüsselten Daten überlagern diese alle anderen Daten, da sie die für den Bildaufbau wesentlichen Informationen repräsentieren. Sinnvolle neutrale Werte sind 0 (vorzeichenbehaftet, $\hat{=}$ 2048 als DCT–Wert) für den DC–Koeffizient in Intra–Blöcken und 0 (vorzeichenlos) für die AC–Koeffizienten sowie alle Inter–Blockwerte, die ja Differenzwerte repräsentieren. Man erhält somit ein mittelgraues Bild, welches an den wenigen unverschlüsselten Stellen hellere oder dunklere, manchmal auch leicht farbige Stellen aufweist. Für den Druck auf Papier ist in den Abbildungen überall der Kontrast extrem verstärkt worden.

In Abbildung 6.7 und 6.8 sind für die Videos *Flowergarden* und *Akiyo* die rekonstruierten Frames bei unterschiedlichem Anteil der verschlüsselten Datenmenge gezeigt. Für die restlichen untersuchten Videos ist in Abbildung 6.9 jeweils ein typischer Beispielframe für ein rekonstruiertes Videobild zu sehen.

Quantitative Resultate

In Abschnitt 2.3.1 wurde der PSNR als objektives Vergleichsmaß für die Bildqualität eingeführt. Bei den hier gezeigten rekonstruierten Videoframes

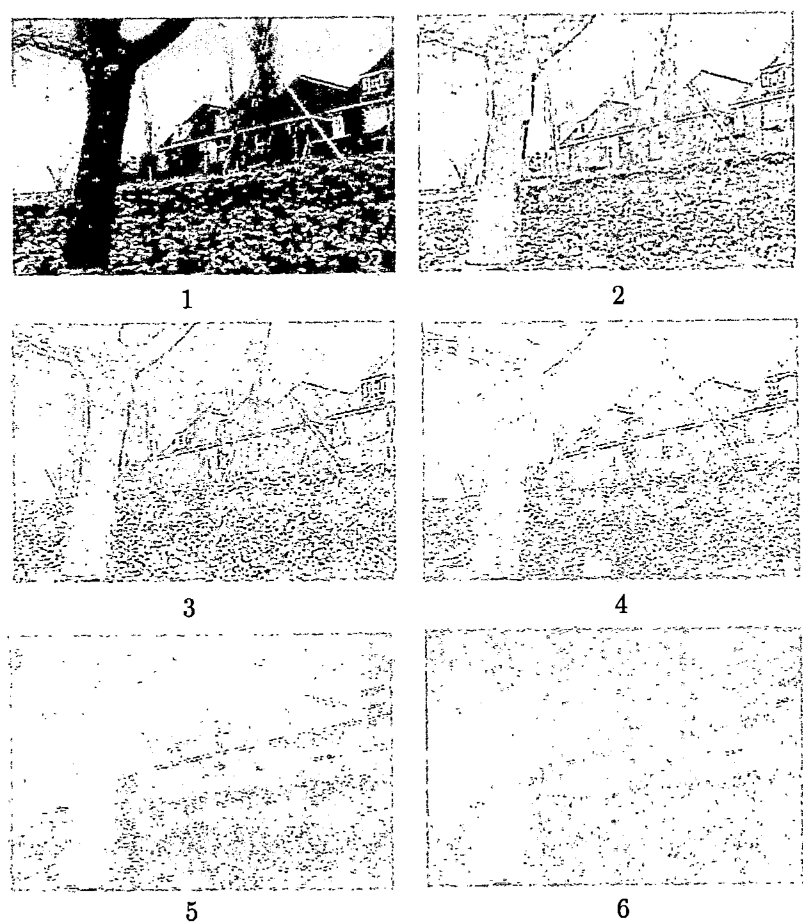

Abbildung 6.7 Video *Flowergarden*, Frame 30, Rekonstruktion partiell verschlüsselter Videoframes: (1) Original, (2) 5%, (3) 15%, (4) 30%, (5) 50% und (6) 75% verschlüsselter Datenanteil

Abbildung 6.8 Video *Akiyo*, Frame 30: (1) Original, (2) 25%, (3) 35%, (4) 50%, (5) 60% und (6) 75% verschlüsselter Datenanteil

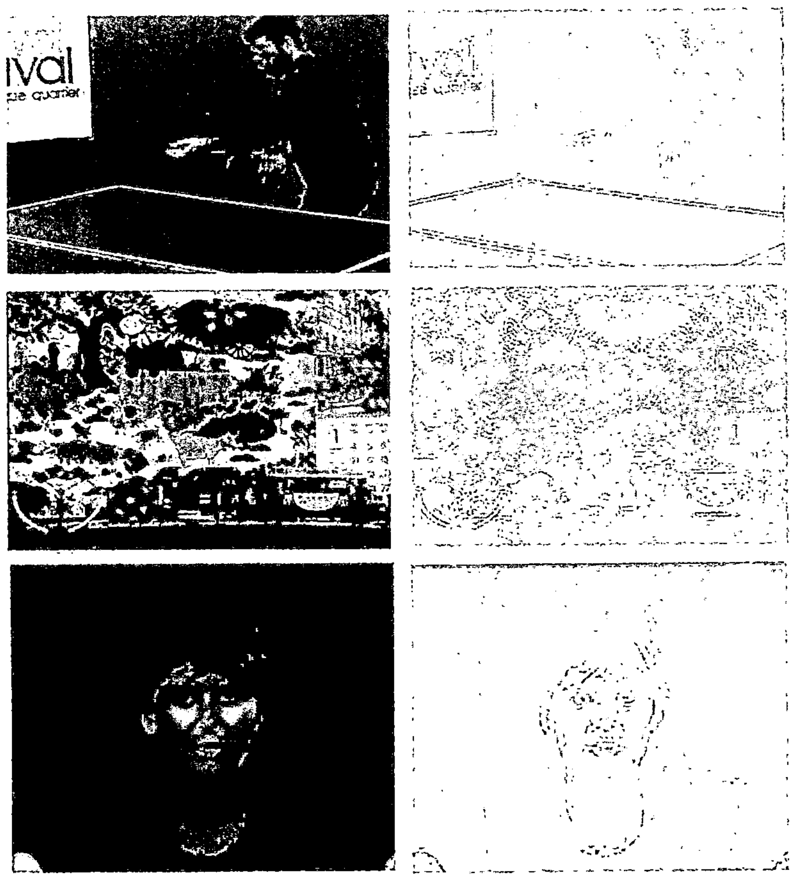

Abbildung 6.9 Oben: Video *Tabletennis*, Frame 60, 35% Verschlüsselung, Mitte: *Mobile & Calendar*, Frame 80, 30% Verschlüsselung, Unten: *Miss America*, Frame 30, 55% Verschlüsselung

liegt das Gütekriterium nunmehr nicht bei einer möglichst originalgetreuen Rekonstruktion des Ursprungsbildes. Dies würde einem Angreifer ja detaillierte Einblicke in den Inhalt des Videos ermöglichen. Vielmehr ist das Ziel nun genau umgekehrt, das rekonstruierte Bild soll möglichst von schlechter Qualität sein und keine Details des Originals mehr enthalten.

Ein wesentlich besseres Maß für die Effizienz eines partiellen Videoverschlüsselungsverfahrens ist nun die in den unverschlüsselt übertragenen Bildanteilen enthaltene *Energie*. Diese setzt sich aus dem (quadratischen) Mittelwert aller Abweichungen von einem einheitlich grauen Bild zusammen. Beträgt die Verschlüsselung 100%, so kann man bestenfalls noch ein vollständig mittelgraues Videobild „rekonstruieren", wenn man alle unbekannten Koeffizienten auf einen neutralen Wert setzt. Die Energie E eines Bildes ist nun die Abweichung von diesem perfekt verschlüsselten Bild. Sie gibt Aufschluß darüber, wie viele Details in dem rekonstruierten Bild noch enthalten sind.

Zunächst muß man sich klar machen, daß die Energie ein objektives Maß für die Rekonstruktionsmöglichkeiten eines Videoframes ist, da ja z.B. selbst ein weißes Rauschen eine hohe Energie (Abweichung der schwarzen und weißen Pixelwerte vom mittelgrauen Neutralwert) besitzt. Die rekonstruierten Frames setzen sich jedoch nur aus neutralen — verschlüsselten — Pixelwerten mit der Energie 0 und aus Original–Pixelwerten (unverschlüsselt) zusammen. Die Gesamtenergie eines rekonstruierten Bildes kann demnach nur aus Energieanteilen gebildet werden, die auch im Original–Videoframe enthalten waren. Somit ist die Korrelation zwischen der Energie eines rekonstruierten Frames und den darin enthaltenen Details der Originalszene maximal.

Abbildung 6.10 zeigt nun die in den rekonstruierten Videoframes noch enthaltene Energie in Abhängigkeit von der Menge der verschlüsselten Daten. Der Wert der Energie hängt direkt mit dem PSNR zusammen. Nimmt man das Grauwertbild als „Originalbild", so entspricht E für ein rekonstruiertes Videobild gleich *mse*, aus dem sich dann wiederunm der PSNR berechnen läßt. Die beiden Werte sind umgekehrt proportional zueinander, ein kleiner Energiewert drückt also aus, daß das rekonstruierte Videobild einem gleichmäßig grauen Bild sehr nahekommt.

Text in Videoframes

Wie schon erwähnt, setzen sich Buchstaben in Bildern und Videoframes hauptsächlich aus den hochfrequenten DCT–Koeffizienten zusammen, die von dem vorgestellten Verfahren nicht geschützt werden. Diese Tatsache

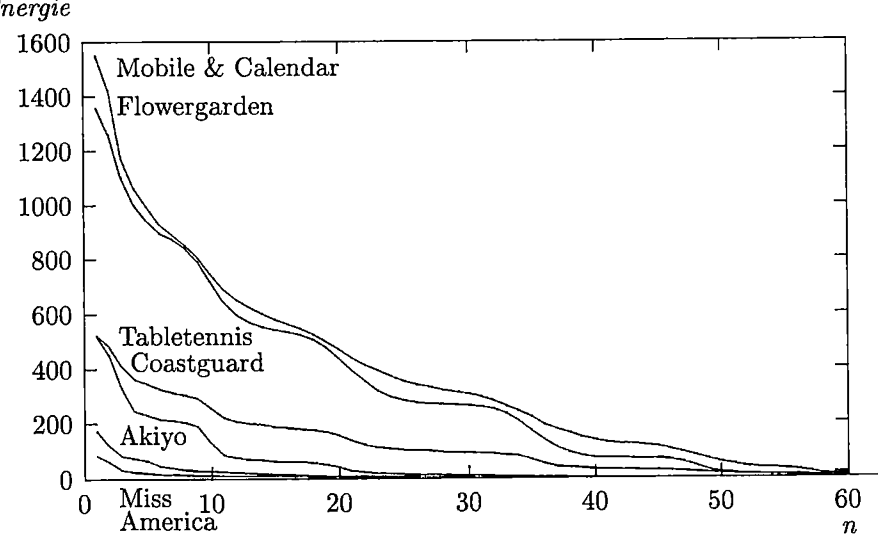

Abbildung 6.10 Die in den partiell verschlüsselten Videos noch enthaltene Energie als Maß für die rekonstruierbaren Bildanteile, in Abhängigkeit von der Menge der verschlüsselten Daten des Videostroms (Schwellenwert n = Anzahl der verschlüsselten Koeffizienten). Alle Werte sind Mittelwerte der ersten 100 Frames der jeweiligen Videosequenz.

wird aus Abbildung 6.11 deutlich, in der die Verteilung der DCT–Koeffizienten in der 8 × 8–Matrix sowohl für Videos mit Textinhalt als auch für die Beispielvideos wiedergegeben ist. Abbildung 6.12 zeigt dies am Beispiel zweier Videos mit großer bzw. kleiner Schrift. Erst ab einem Anteil von ca. 50% verschlüsselter Daten kann die Schrift nicht mehr rekonstruiert werden.

Will man den Anteil der verschlüsselten Daten weiter reduzieren, kann man überlegen, ob man nur die extrem niederfrequenten (DC–Koeffizient) und die extrem hochfrequenten AC–Koeffizienten (größer als Index 50) verschlüsselt. Die Implementierung des Verfahrens wird dann aber sehr aufwendig. In [BKR97] wird ein anderer Vorschlag gemacht, nämlich die Kombination mit einem zusätzlichen Stromchiffre–Verfahren, welches jeweils nur 1 Bit pro Koeffizient verschlüsselt. Damit lassen sich Texte nicht mehr aus einem partiell verschlüsselten Videoframe rekonstruieren.

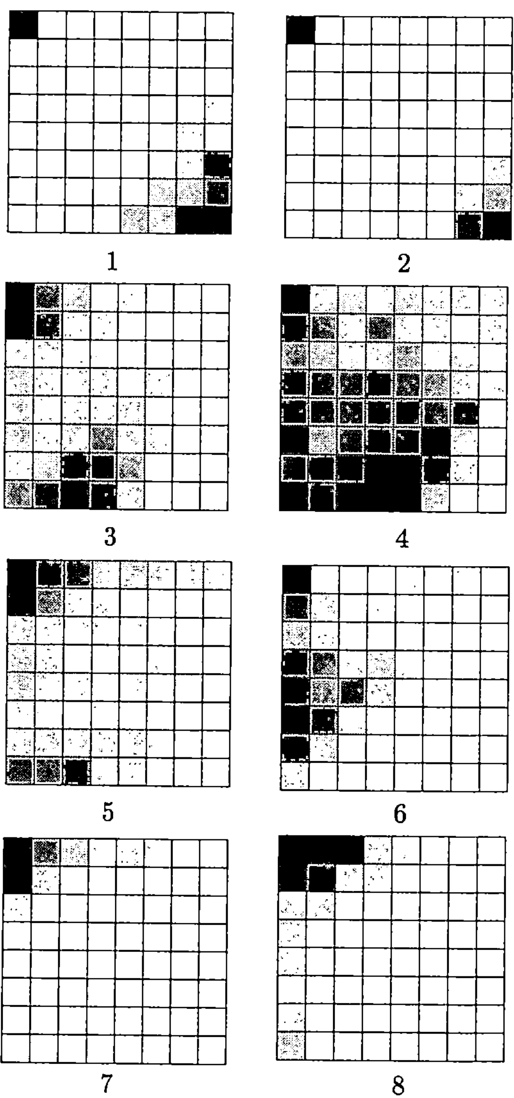

Abbildung 6.11　Die Verteilung der DCT–Koeffizienten in verschiedenen Testvideos: (1) Großer Text (Buchstabenhöhe 14 Pixel), (2) Kleiner Text (9 Pixel), (3) *Flowergarden*, (4) *Mobile & Calendar*, (5) *Tabletennis*, (6) *Coastguard*, (7) *Akiyo*, (8) *Miss America*

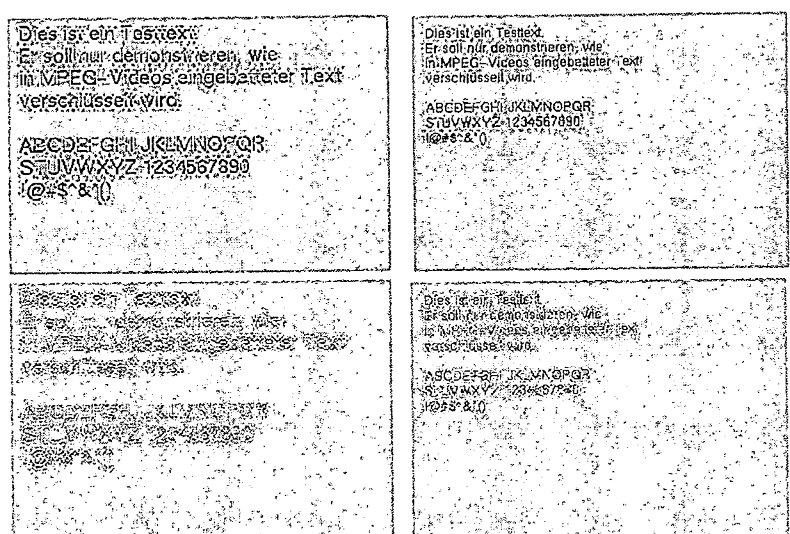

Abbildung 6.12 Rekonstruierte Textvideo–Frames mit 25% (oben) und 50% (unten) verschlüsseltem Datenanteil

6.3.4 Sicherheitsbewertung

Die zuvor beschriebene Rekonstruktion von Teilen des Videostroms setzt voraus, daß alle unverschlüsselten Datenanteile erkannt und rekonstruiert wurden, während in die verschlüsselten Datenblöcke absolut kein Einblick gewonnen werden kann. Der letztgenannte Punkt bedarf einer näheren Untersuchung. Zunächst einmal hängt die Sicherheit des Verfahrens an dieser Stelle von der Sicherheit des verwendeten Verschlüsselungsalgorithmus ab. Verwendet man eines der standardisierten Verfahren wie DES oder IDEA, läßt sich dieses Maß an Vertrauen zu dem jeweiligen Algorithmus aus einschlägigen Quellen zur Kyptographie entnehmen, da diese Algorithmen gut untersucht worden sind. Auch findet z.B. eine Sicherheitsbewertung für DES und seine potentiellen Nachfolger alle 5 Jahre durch die NSA, die US–amerikanische Sicherheitsbehörde, statt.

Ein weiteres Kriterium für die Auswahl des Verschlüsselungsalgorithmus sollte die Resistenz gegen *Known–Plaintext–Attacks* sein. Für einen solchen Angriff muß ein Mithörer des Videos nicht einmal den Originaldaten-

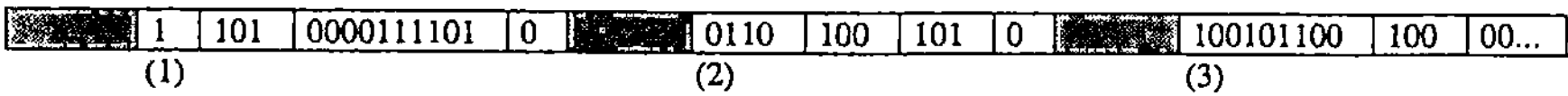

Abbildung 6.13 Partiell verschlüsselter H.263–Datenstrom und die Möglichkeit der Rückberechnung verschlüsselter Bits aus dem Kontext (grau: verschlüsselte Daten)

strom kennen. Der teilweise verschlüsselte Datenstrom enthält aufgrund der Interframe–Redundanz immer noch genügend Anhaltspunkte für die möglichen Werte eines bestimmten Pixels. Durch Interpolation kann ein Pixelwert aus den Werten benachbarter Frames relativ gut angenähert werden. Aufgrund dieser Tatsache erzielen ja auch B–Frames ihre extrem guten Kompressionseigenschaften von 1:200 gegenüber 1:20 bei I–Frames. Zwar kann ein Pixelwert schon aufgrund der Unschärfe beim Digitalisieren niemals exakt interpoliert werden. Der Wertebereich läßt sich allerdings dadurch etwas einschränken, was für manche Known–Plaintext–Attacks schon genügt. Bedeutung können Known–Plaintext–Attacks gewinnen, wenn bei kostenpflichtigen Videoservices zunächst ein Teil der Sequenz unverschlüsselt angeboten wird (Preview) und während der Übertragung die Verschlüsselung eingeschaltet wird. An der Stelle des Moduswechsels liegen dann relativ viele Klartext/Chiffretext–Paare vor, vorausgesetzt es fand kein Szenenwechsel an dieser Stelle im Video statt.

Für die eingesetzten Verschlüsselungsverfahren sind zwar einige Known–Plaintext–Attacks bekannt, die aber keine signifikanten Vorteile bei der Kryptoanalyse bringen. Die Anzahl der benötigten Klartextwerte und die weiterhin benötigten Versuche rechtfertigen diese Art des Angriffs nicht gegenüber dem simplen Ausprobieren aller Werte.

Wohl der wichtigste Punkt bei der Sicherheitsbewertung partieller Verschlüsselungsverfahren ist die Möglichkeit, aus dem Kontext heraus Einblick in die verschlüsselten Daten zu erhalten. Hierzu soll Abbildung 6.13 betrachtet werden. Dargestellt ist ein H.263–Datenstrom (Ausschnitt aus einem DCT–Block), der teilweise verschlüsselt ist.

Ein Angreifer habe nun die verschlüsselten Datenanteile im Videostrom ausfindig gemacht, die in der Zeichnung grau markiert sind. Weiterhin habe er aus dem Kontext durch Analyse der Bitmuster und durch Zurückrechnen von Synchronisationssignalen (Header) die Anfänge der sichtbaren DCT–Koeffizienten ausfindig gemacht (vertikale Balken). An Stelle ① hat der Angreifer keine Chance, Aufschluß über das Ende des verschlüsselten

Bitmusters zu erhalten. Die beiden Werte „0" und „1" sind gleich wahrscheinlich als letztes Bit eines Huffman–Codes, dieses gibt allerdings das Vorzeichen des DCT–Koeffizienten an. Stelle ② gibt schon mehr Aufschluß über die davorliegenden Bits. Das Ende „01110" kann nach Tabelle 13 aus [ITU96a] (*Variable Length Codes* der DCT–Koeffizienten) nur zu folgenden Kombinationen gehören:

Index	Last	Run	Level	Sign	VLC–Code
3	0	0	4	0	0010 111s
9	0	0	10	0	0000 0000 111s
57	0	26	1	0	0000 0101 0111 s
58	1	0	1	0	0111s
73	1	12	1	0	0001 0111 s
86	1	25	1	0	0000 0001 11s
93	1	32	1	0	0000 0100 111s
102	*Escape–Code*				0000 011 Run Level[1]

Weiß man, daß der Koeffizient nicht der letzte in dem betrachteten DCT–Block ist, kommen nur die ersten drei Tabelleneinträge sowie der Escape–Code in Frage. Somit läßt sich die Bitfolge immer noch weiter einschränken.

An Stelle ③ sind zwar wesentlich mehr Bits des VLC–Codes sichtbar, es kommen auch nur insgesamt 3 Einträge für „100101100" in Frage. Durch die Eigenschaften des Präfixcodes könnte das Bitmuster allerdings auch zu „100|101|100" sowie beliebiger anderer Kombinationen mit der Endung „100" decodiert werden, da dies einem kompletten Bitmuster (Index 1) entspricht. Die Kryptoanalyse führt also nicht immer zum Erfolg.

Am Anfang eines jeden verschlüsselten Datenblocks läßt sich aufgrund der Eigenschaften des optimalen Huffman–Codes nichts über die nachfolgenden Bits aussagen, da alle Bitkombinationen gleich wahrscheinlich sind.

Durch das vorgestellte Angriffsverfahren läßt sich nun im Höchstfall 1 Koeffizient zusätzlich ermitteln. Um dies zu umgehen, kann man bei dem skalierbaren Verschlüsselungsalgorithmus den Parameter um den Wert 1 erhöhen, damit dieser Angriff abgefangen wird. Schlimmer ist jedoch, daß hierdurch Einblick in Teile des Klartextes erhalten werden kann. Dies könnte ein Mithörer für Angriffe gegen das Verschlüsselungsverfahren ausnutzen. Glücklicherweise ist für alle vorgestellten Verfahren kein Angriff bekannt, der aus den gewonnenen Erkenntnissen in irgendeiner Form Rückschlüsse auf den verwendeten Schlüssel zuläßt.

---

[1] Beim Escape–Code werden die Werte direkt codiert, der Wert für Level muß also auf die Bitfolge „01110" enden.

Videoclip	*GOP-Länge*	*Verschl. Anteil*	*I–Frames*		*I–Blöcke*		*Skal.*
			$\bar{E}$	E_{max}	$\bar{E}$	E_{max}	$\bar{E}$
Flower-garden	15	25 %	953	1741			749
	15	33 %			763	1368	607
	9	41 %	624	1370			586
	9	48 %			477	1086	528
Table-tennis	15	15 %	487	1605			384
	15	23 %			280	642	334
	9	28 %	402	1587			318
	9	36 %			203	570	233
Akiyo	15	70 %	17.2	44.3	17.2	44.3	21.4
	9	87 %	8.2	21.7	8.2	22.0	10.7

Tabelle 6.3 Energiewerte im Vergleich zwischen Intraframe–, Intrablock– und skalierbarer Verschlüsselung, jeweils bei gleichem Anteil der verschlüsselten Daten am Gesamtvideostrom

6.4 Vergleich der Verfahren

Der im vorigen Abschnitt vorgestellte partielle Verschlüsselungsalgorithmus soll hier nun mit dem Verfahren von [MaSp95] verglichen werden, bei dem nur die I–Frames bzw. die Intrablöcke verschlüsselt werden. Bei letzterem Verfahren ist der Datenanteil durch die Framefolge fest vorgegeben. Daher wird für die Vergleiche die Verschlüsselungsrate bei dem skalierbaren Verfahren entsprechend angepaßt.

Die Energiewerte in Tabelle 6.3 zeigen, daß das skalierbare Verfahren bei langen Folgen von Interframes (15 Frames) dem I–Frame–Verfahren überlegen ist. Bei kürzeren Folgen (9 Frames) schneiden die beiden Verfahren im Mittelwert etwa gleich ab.

Betrachtet man jedoch die Frames mit maximalen Energiewerten, so zeigt sich, daß beim I–Frame–Verfahren starke Schwankungen in der Energieverteilung auftreten. Die Experimente bestätigen die Ergebnisse aus [AgGo96], daß kurz vor Erreichen des nächsten I–Frames große Teile des Bildes unverschlüsselt sichtbar sind. Dieser Effekt ist in Abbildung 6.14 am Beispiel zweier Videoframes dargestellt, die unmittelbar vor einem I–Frame decodiert werden. Die Energieverteilung über die komplette Videosequenz ist in Abbildung 6.15 zu sehen. Hier wird deutlich, daß bei der I–Frame–Verschlüsselung der Energiewert zwischen 0 (I–Frame, Vollverschlüsselung)

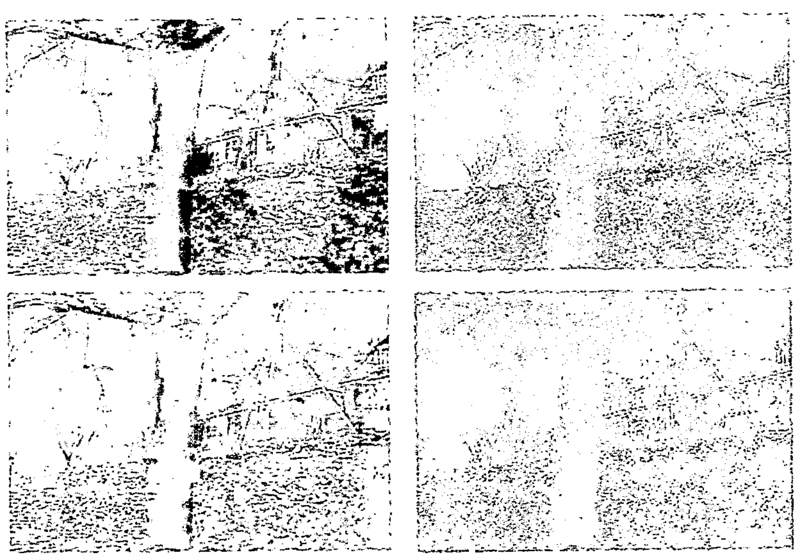

Abbildung 6.14   Vergleich der Interframe–Verschlüsselung (oben) bzw. Interblock–Verschlüsselung (unten) mit der Verschlüsselung durch das skalierbare Verfahren, Video *flowergarden*. Jeweils rechts ist der entsprechende Videoframe nach der Rekonstruktion durch das skalierbare Verfahren abgebildet. Der Datenanteil der Verschlüsselung entspricht dem der Interframe–Information.

und ca. dem doppelten bis dreifachen Mittelwert schwankt, während bei der skalierbaren Verschlüsselung der Energiewert pro Frame in etwa konstant bleibt über die gesamte Videosequenz.

Aus den Frames mit hohem Energieanteil lassen sich nun bei der Intraframe–Verschlüsselung sehr viele Details der Videoszene rekonstruieren. Deshalb muß dieses Verfahren als relativ unsicher eingestuft werden. Obwohl bei dem skalierbaren Verfahren ein erhöhter Aufwand zum Parsen des Videostroms notwendig ist, lohnt sich dessen Einsatz im Bezug auf die damit erzielte höhere Sicherheit.

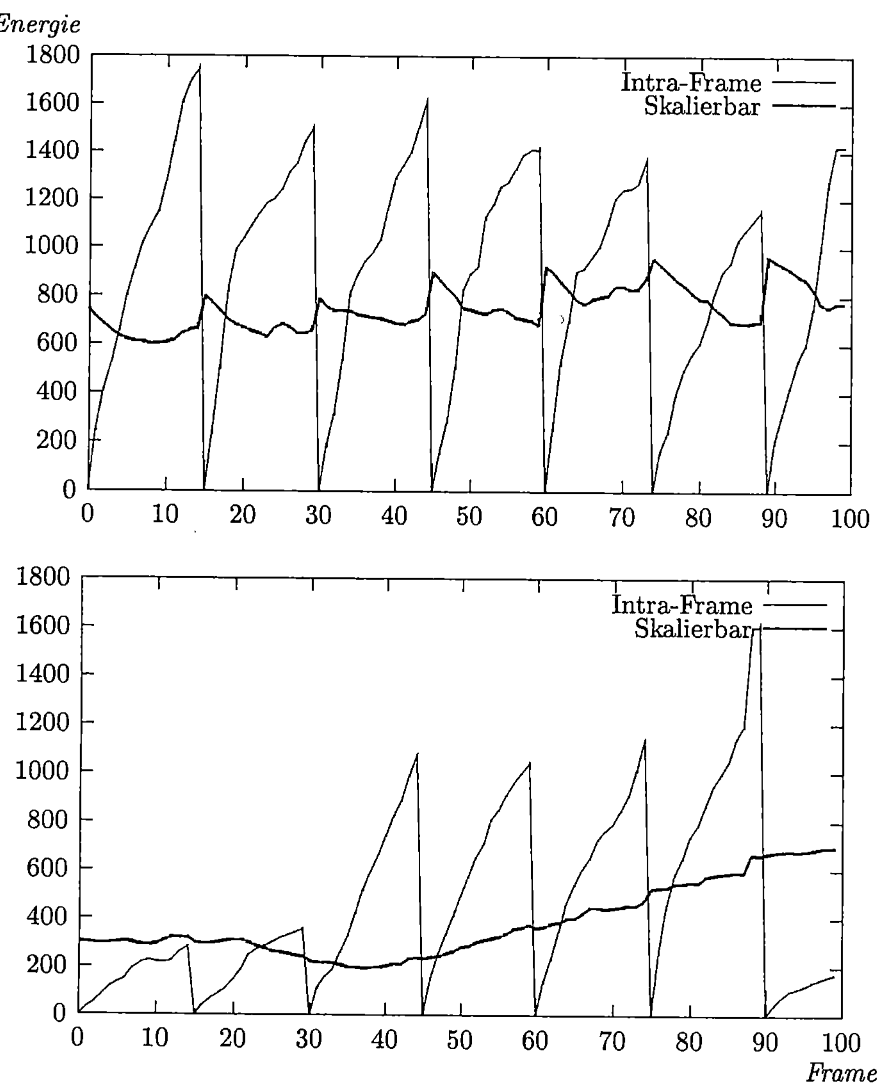

Abbildung 6.15 Die Verteilung der rekonstruierbaren Energie im Vergleich zwischen Intraframe–Verschlüsselung und beim skalierbaren Verschlüsselungsverfahren, Videos *flowergarden* (oben) und *tabletennis* (unten)

7 Verschlüsselung von skalierbarem Video

Die bisher vorgestellten partiellen Verschlüsselungsverfahren beruhen zumeist darauf, einen Videostrom in wichtige und unwichtige Anteile aufzuspalten. Unter „wichtig" soll dabei „für die Bildrekonstruktion bzw. das Verständnis des Bildinhalts wichtig" verstanden werden. Die Verfahren verschlüsseln dann nur noch die wichtigen Datenanteile, die unwichtigen werden im Klartext belassen, da sie für sich betrachtet, ohne die verschlüsselten Daten, wenig Sinn ergeben. Die Aufteilung eines Videostroms gestaltet sich hierbei mehr oder weniger komplex, je nach Qualität des eingesetzten partiellen Verschlüsselungsverfahrens.

Bei skalierbaren Videoströmen ist nun diese Aufteilung in wichtige und unwichtige Daten beim Codieren schon erfolgt, weshalb diese Videoströme für eine einfache und effiziente partielle Verschlüsselung bestens geeignet sind. Die Stellen auf dem Übertragungsweg, an denen ein Verschlüsseln oder Entschlüsseln des Stromes notwendig ist, können demnach mit geringem zusätzlichen Aufwand implementiert werden. Meistens ist dort sowieso schon ein Programm zum Aufsplitten oder Vereinigen von Teilströmen des skalierbaren Videos vorhanden, etwa um die Bandbreite an die Übertragungskapazität im Netzwerk anzupassen.

Ausgehend von diesen Überlegungen kann man noch viel weitergehende Verschlüsselungskonzepte für skalierbare Videoströme konzipieren.

7.1 Möglichkeiten der Verschlüsselung

Die naheliegendste Lösung zur partiellen Verschlüsselung von skalierbarem Video ist, beispielsweise für einen hierarchisch aufgebauten Datenstrom, die Verschlüsselung der Basisebene. Da alle weiteren Ebenen des Videostroms nur als Differenz zu dieser Ebene vorliegen, kann man mit den darin enthaltenen Werten nicht sonderlich viel anfangen, sie müssen daher nicht verschlüsselt zu werden. Man erhält damit ein sehr einfaches partielles Verschlüsselungsschema, welches ohne großen Aufwand für Parsen, Decodieren oder Umgruppieren des Datenstroms auskommt.

Denkbar ist auch der umgekehrte Fall, daß man nur die Erweiterungsebenen eines Videos verschlüsselt und die Basisebene im Klartext beläßt.
Diese Strategie dient dann allerdings nicht mehr der Wahrung der Vertraulichkeit für die im Video enthaltenen Informationen, da der „Angreifer" ja
nunmehr vollen Zugriff zu dem Video hat, wenn auch in minderer Qualität.
Das Ziel bei dieser Art der Verschlüsselung ist vielmehr, bewußt einen Einblick in den Videostrom zu gewähren. Die Intention ist dann oftmals, beim
Betrachter Appetit auf den vollständigen Videostrom zu machen, der dann
z.B. nach Entrichten einer Gebühr oder nach Abschluß eines Abonnement-
vertrags zugänglich gemacht wird. Diese Art der Verschlüsselung heißt demnach *transparente Verschlüsselung*, da Informationen aus dem Videostrom
noch sichtbar sind, ähnlich dem Blick durch eine Milchglasscheibe, die auch
je nach Grad ihrer Strukturierung als mehr oder weniger transparent bezeichnet wird.

Die zwei hier vorgestellten grundsätzlichen Ansätze für eine partielle Verschlüsselung von skalierbarem Video werden in den nächsten beiden Ab-
schnitten nun näher betrachtet.

7.2 Schutz der Basisinformationen

Unter dem Oberbegriff „Basisinformation" soll im Rahmen dieses Kapitels
immer der Teil eines skalierbaren Videostroms mit den wesentlichen Daten verstanden werden. Die Betrachtungen bleiben also nicht nur auf die
hierarchische Codierung mit der dort vorhandenen Basisebene beschränkt.

Wie eingangs erwähnt, dient diese Art der Verschlüsselung zur Wahrung
der Vertraulichkeit bei der Übertragung. Nimmt man die Vertraulichkeit als
Maß für die Qualität der partiellen Verschlüsselung, muß man immer nach
der Art der vorgenommenen Skalierung differenzieren:

Zeitliche Skalierung: Findet die zeitliche Skalierung ohne eine Prädiktion der Erweiterungsdaten statt, so ist sie für die Vertraulichkeitswahrung ungeeignet. Ein Beispiel soll diesen Sachverhalt verdeutlichen.
Bei einer Videokonferenz wird aus Performancegründen beim Sender
Motion–JPEG oder H.261 im Intra–Modus eingesetzt. Eine zeitliche
„Prädiktion" erfolgt also nur durch Auslassen von DCT–Blöcken. Die
zeitliche Skalierung des Videostroms erfolgt nun einfach durch Überspringen jedes zweiten Frames. Somit sind die in der „Erweiterungsebene" enthaltenen Daten komplette Videoframes, die — bis auf die

ausgelassenen Blöcke — vollständig decodiert werden können und unverschlüsselt übersandt werden.

Aber auch bei einer zeitlichen Prädiktion wie etwa in B–Frames ist diese Methode der partiellen Verschlüsselung nicht sicher. Die prädizierten Frames enthalten immer noch einen Anteil an intercodierten Informationen, die Rückschlüsse auf Details der Videoszene zulassen.

Örtliche Skalierung: Die örtliche Skalierung ist im Regelfall mit einer Prädiktion mehrerer Pixel durch den Farbwert an der entsprechenden Stelle in der darunterliegenden Ebene verbunden. Erfolgt zum Beispiel eine örtliche Skalierung in beiden Richtungen um den Faktor 2, so entspricht ein Pixel in der Basisebene dem Mittelwert von 2×2 Pixeln in der Erweiterungsebene. In der Erweiterungsebene ist dann nur noch die Differenz der vier Pixel zu diesem Mittelwert codiert. Hat ein Angreifer nur Zugriff auf diese uncodierten Differenzwerte, so sind die Informationen darin wenig aussagekräftig. Unterscheiden sich die Helligkeitswerte zweier benachbarter Pixel allerdings sehr, liegt also ein starker Kontrast im Videobild an dieser Stelle vor, kann man dies direkt aus den Daten ablesen. Die Umrisse von Objekten in der Szene werden also bei dieser Art der Skalierung nicht ganz verborgen.

Findet eine örtliche Skalierung ohne Prädiktion statt, werden also die zusätzlichen Pixel in der Erweiterungsebene direkt codiert, so ist diese Art der Videoskalierung genau wie die zeitliche Skalierung für einen Vertraulichkeitsschutz ungeeignet.

SNR–Skalierung: Hierbei liegen in der Erweiterungsebene nur die Differenzen des codierten Basisbildes zum Originalbild vor. Diese Werte sind relativ zufällig über den Bereich zwischen 0 und dem für das Basisbild verwendeten Quantisierungsfaktor verstreut. Sofern kein ungewöhnlich großer Quantisierungsfaktor zur Codierung der Basisebene verwendet wurde, ist diese Art der Skalierung also am besten für die Wahrung der Vertraulichkeit geeignet.

Die Unterscheidung zwischen hierarchischer und progressiver Codierung kann man auch als Codierung mit und ohne Prädiktion bei der örtlichen und der zeitlichen Skalierung auffassen. Bei der progressiven Skalierung erfolgt keine Prädiktion, sondern nur eine Umgruppierung der Werte. Die hierarchische Codierung setzt immer eine Prädiktion voraus. Somit bietet sie in der Regel einen guten Schutz für die Vertraulichkeit. Im Falle der progressiven Codierung muß beachtet werden, in welcher Weise die Daten umgeordnet werden. Die bei JPEG verwendete spektralen Selektion ordnet die Daten nach ihrer Wichtigkeit für den Bildaufbau an, analog der Auswahl der zu verschlüsselnden Daten im Algorithmus von Kapitel 6.3. Dies macht diese Art der progressiven Codierung relativ sicher. Bei der sukzessiven Approximation wird wie bei der SNR–Skalierung in den Erweiterungsebenen nur ein zufälliger Differenzbetrag übertragen, weshalb diese Methode auch als sehr sicher anzusehen ist. Andere Arten der progressiven Codierung, etwa die Umordnung der Pixel bei GIF, bieten keinerlei Sicherheit bei einer partiellen Verschlüsselung, da sie auf der örtlichen Skalierung ohne Prädiktion aufbauen.

Die bereits mehrfach angesprochene *Skalierbarkeit der Vertraulichkeit* für verschiedene Anwendungsszenarien kann bei der Verschlüsselung der Basisebene auf mehrere Arten erzielt werden:

- Liegt der Videostrom mit mehreren Erweiterungsebenen codiert vor, kann die Vertraulichkeit durch die Hinzunahme weiterer Ebenen bei der Verschlüsselung erhöht werden. Die Verschlüsselung der Basisebene alleine bietet dabei einen geringeren Schutz als die Verschlüsselung der Basisebene und der nächsthöheren Erweiterungsebene. Allgemein sind in den höheren Ebenen zunehmend geringfügigere Details des Ursprungsbildes codiert, die für sich alleine immer weniger Aussagekraft besitzen.

- Hat man nur eine Erweiterungsebene, so wird das Maß der Vertraulichkeit schon beim Codieren des skalierbaren Datenstroms eingestellt. Mit der relativen Bandbreite der Basisebene, verglichen mit der Bandbreite des gesamten Datenstroms, bestimmt man automatisch den Anteil der verschlüsselten Daten im Videostrom und somit auch das Maß der Vertraulichkeit für die partielle Verschlüsselung.

7.2.1 Verschlüsselungsmöglichkeiten bei MPEG–2

Die Skalierungsmöglichkeiten von MPEG–2 lassen verschiedene Arten der partiellen Verschlüsselung, die auf der Skalierung aufbaut, zu.

Zeitliche Skalierung: Die zeitliche Skalierung bei MPEG–2 läßt eine Prädiktion sowohl aus der Basisebene als auch der Erweiterungsebene zu. Die zuletzt genannte Codierung ist auch bei Verschlüsselung der Basisebene zugänglich. Daher hinterläßt diese Art der Skalierung noch relativ viel Information in der Erweiterungsebene, was kein hohes Maß an Sicherheit bietet.

Örtliche Skalierung: Bei der örtlichen Skalierung findet in MPEG–2 immer eine Prädiktion statt. Daher ist sie für partielle Verschlüsselung geeignet, allerdings mit der zuvor erwähnten Einschränkung, daß die örtliche Skalierung Informationen über Kanten und starke Kontraständerungen im Bild in der Erweiterungsebene hinterläßt.

SNR–Skalierung: Prinzipiell ist dies die für den Schutz der Basisebene am besten geeignete Skalierung. Allerdings zeigt sich, daß mit SNR–Skalierung nur eine Erweiterungsebene bis ca. der Hälfte des Gesamtdatenstroms sinnvoll codiert werden kann. Daher ist die Anpassung des Verschlüsselungsaufwands, für den die partielle Verschlüsselung ja eingesetzt wird, nur sehr eingeschränkt möglich. Die örtliche Skalierung ist für partielle oder transparente Verschlüsselungsverfahren besser geeignet. Trotzdem kann auch die SNR–Skalierung für Verschlüsselungsmethoden verwendet werden [DiSt97].

Datenpartitionierung: Diese Art der Skalierung eines MPEG–2 Videos ist für die partielle Verschlüsselung sicher die interessanteste. Die Daten werden nach der Art ihrer Wichtigkeit für den Bildaufbau auf zwei getrennte Kanäle verteilt. Der Kanal mit den wichtigen Bildinformationen kann nun verschlüsselt werden, während der andere Kanal unverschlüsselt bleibt. Diese Verschlüsselung kann entweder von der Applikation (Encoder) oder im Netzwerk erfolgen. Auch die relative Bandbreite dieses Basiskanals kann bei der Codierung stufenlos ausgewählt werden. Man hat somit die größten Freiheiten bei der Implementierung des partiellen Verschlüsselungsschemas.

Der zu erzielende Schutz der Videoinformation ist vergleichbar mit jenem durch das in Kapitel 6.3 beschriebenen Verfahren. Bei der im MPEG–2 Standard beschriebenen Datenpartitionierung werden allerdings zusätzlich zu den niederfrequenten DCT–Koeffizienten auch alle Header und die Bewegungsvektoren im Basiskanal codiert. Man hat also einen etwas höheren Aufwand für die Verschlüsselung zu leisten, will man genau den gleichen Schutz erzielen wie bei der partiellen Verschlüsselung aus Kapitel 6.3. Dafür hat man keinen Aufwand für das Parsen des Datenstroms zu leisten, was sich insbesondere dann bemerkbar macht, wenn die Verschlüsselung unabhängig von der Codierung erfolgt. Für Gateways und unabhängige Applikationen zur partiellen Verschlüsselung ist diese Methode daher bestens geeignet.

7.2.2 Verschlüsselung beim skalierbaren Videocodec

Das in Kapitel 3.3.3 vorgestellte skalierbare Videokompressionsverfahren auf
Basis der Vektorquantisierung läßt eine räumliche und eine zeitliche Skalierung zu. Beide Skalierungen arbeiten in jedem Fall mit einer Prädiktion der
nächsthöheren Ebene, so daß das Verfahren für eine partielle Verschlüsselung geeignet ist. Alle Daten in den Erweiterungsebenen werden hierbei
durch Prädiktion aus der darunterliegenden Ebene bestimmt, damit enthalten diese Ebenen in keinem Fall rein intracodierte Daten.

In [KuHo98b] werden die Ergebnisse bei der Basisebenenverschlüsselung
des skalierbaren Codecs und der partiellen Verschlüsselung von MPEG–1
Videos miteinander verglichen. Trotz des durch die zusätzliche Ebene im
Videostrom produzierten Overheads erreicht das skalierbare Verfahren mit
MPEG–1 vergleichbare Kompressionsergebnisse. Dabei wurde nur eine ört-
liche Skalierung des Videostroms vorgenommen. Die Basisebene und die
Erweiterungsebene enthalten also die gleiche Anzahl an Videoframes.

Zur partiellen Verschlüsselung von MPEG–Videos wird das Verfahren aus
Kapitel 6.3 ohne die zusätzliche Verschlüsselung der Bewegungsvektoren benutzt. Die Ergebnisse beider Verschlüsselungsverfahren im Bezug auf die im
unverschlüsselten Datenanteil enthaltene Energie sind in Tabelle 7.1 zusammengefaßt. Man sieht an den erhaltenen Werten, daß der Schutz der Vertraulichkeit durch Verwendung des skalierbaren Codecs die Ergebnisse bei der
MPEG–Verschlüsselung erreicht oder sogar noch übertrifft. Weiterhin hat
man noch den Vorteil, daß beim Verschlüsseln des skalierbaren Videostroms
kein zusätzlicher Overhead durch Parsen des Datenstroms entsteht.

Aus der Tabelle kann man sehen, daß die Bitrate beim skalierbaren Codec
von der Verteilung der Daten auf die benutzten Ebenen abhängt. Für den
Vergleich wurden drei Ebenen codiert und nur die Basisebene verschlüsselt.
Man kann nicht alle möglichen Verteilungen der Daten sinnvoll codieren,
wie schon bei der SNR–Skalierbarkeit von MPEG–2 angesprochen wurde.
Daher ist bei dem Video *Akiyo* nur eine Verschlüsselung ab ca. 50% der Daten möglich, da andere Zuordnungen der Daten zu den Ebenen nicht mehr
sinnvoll sind. Beim Video *Coastguard* ist viel Bewegung in der dargestellten Szene enthalten, weswegen die Möglichkeiten der Datenaufteilung hier
freier sind. Dies kommt der Idee der partiellen Verschlüsselung entgegen,
da durch die Kamerabewegung die Bitrate viel höher ist als bei der starren
Kameraposition im *Akiyo*–Video. Durch die erhöhte Bitrate muß hier der
Verschlüsselungsaufwand bei gegebener Hardwareleistung deutlich reduziert
werden, was durch eine geringere Bitrate in der Basisebene zu erzielen ist.

Die in Abbildung 7.1 abgebildeten verschlüsselten Videoframes belegen

Videoclip	Rate der Verschl.	MPEG–1			Skalierbarer Codec		
		Bitrate	PSNR	E	Bitrate	PSNR	E
Coastguard	25 %			344	948	29.4	212
	50 %	1071	28.7	162	984	28.9	130
	75 %			49	1044	28.4	91
Akiyo	50 %			103	122	33.7	32
	66 %	128	33.9	61	132	33.6	22
	75 %			43	136	34.9	13

Tabelle 7.1 Vergleich der Verschlüsselung von MPEG–1 Video mit der eines skalierbaren Videostroms. Die Bitrate ist in kBit/s angegeben, der Wert E gibt die Energie an, die ein Videoframe bei maximal möglicher Rekonstruktion noch beinhaltet. Alle Werte sind Mittelwerte über die ersten 100 Frames des entsprechenden Videoclips.

die aus Tabelle 7.1 gewonnene Erkenntnisse noch einmal optisch.

7.3 Transparente Verschlüsselung

Um größtmögliche Flexibilität beim Einsatz von digitalem Video in der Rundfunktechnik zu erzielen, ist der Einsatz von transparenter Verschlüsselung eine notwendige Basistechnik [MaQu95]. Die Einführung von Transparenz bei verschlüsselten Videodaten ermöglicht neue Konzepte bei der Bereitstellung und Abrechnung verschiedener Dienstqualitäten. Man erzielt hiermit eine echte Skalierbarkeit des Dienstgüteparameters „Sicherheit" für digitale Videodaten.

Die grundsätzliche Idee bei der transparenten Verschlüsselung geht genau den umgekehrten Weg, den man bei der Vertraulichkeitswahrung einschlägt: Man verschlüsselt nun nicht die für den Bildaufbau relevanten Teile eines Videostroms, sondern fängt zunächst an, die unwichtigen Anteile herauszufiltern und zu verschlüsseln. Somit werden zunächst nur kleine Details des Originalvideos von der Verschlüsselung vor dem Betrachter verborgen.

Auf einen skalierbaren Videostrom mit verschiedenen Auflösungsebenen angewandt bedeutet dies, daß zunächst die höchste Erweiterungsebene verschlüsselt wird. Die Basisebene sowie die unteren Erweiterungsebenen bleiben unverschlüsselt zugänglich. Somit kann auf den Inhalt des Videostroms uneingeschränkt zugegriffen werden, wenngleich die höchste Qualitätsstufe

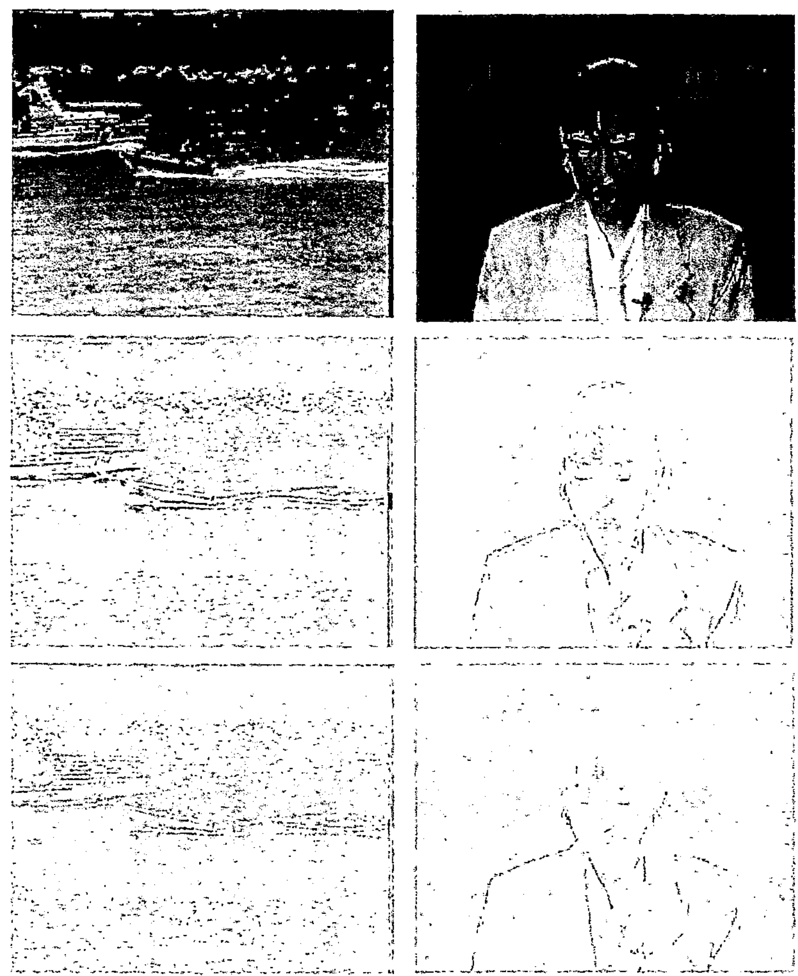

Abbildung 7.1 Vergleich der Rekonstruktion von partiell verschlüsselten Videoframes mit dem skalierbaren Codec und MPEG–1, Videos *Coastguard* (25% verschlüsselte Daten) und *Akiyo* (66% verschlüsselte Daten). Oben: Original–Frame, Mitte: Verschlüsselung von MPEG, unten: Verschlüsselung mit Hilfe des skalierbaren Codec.

nur mit Hilfe des Schlüssels zum Decodieren der Erweiterungsebene erreicht
werden kann. Da die Basisebene(n) des Videos durch die transparente Verschlüsselung unangetastet bleiben, ist ein Abspielen derselben ohne Modifikation an den vorhandenen Playern möglich. Lediglich beim Zugriff auf die
verschlüsselte Erweiterungsebene ist Vorsicht geboten, da diese in der Regel
nur sinnlose Informationen enthält. Diese führt beim Abspielen im besten
Fall zu einer Verschlechterung der Bildqualität in der Basisebene, weshalb
man diese Information vor dem Abspielen des Videostroms entfernen sollte.

7.3.1 Einsatzmöglichkeiten

Betrachtet man nun die verschiedenen Arten der Skalierung eines Videostroms aus Kapitel 1.4, so stehen für die transparente Verschlüsselung grundsätzlich alle Skalierungsarten offen. Eine Sicherheitsanalyse der Möglichkeiten wie in Kapitel 7.2 für den Vertraulichkeitsschutz ist nicht erforderlich.
Geht man davon aus, daß das Videokompressionsverfahren einen nahezu
redundanzfreien Videostrom erzeugt hat, enthalten die durch die transparente Verschlüsselung geschützten Datenanteile nur solche Daten, die nicht
auf andere Weise, z.B. durch Prädiktion, aus den übrigen Daten gewonnen
werden können. Somit läßt sich eine bessere Qualität aus den unverschlüsselten Daten alleine ohne Kenntnis des Schlüssels nicht rekonstruieren.

Betrachtet man nun die praktischen Einsatzmöglichkeiten für transparente Verschlüsselung, so sind vor allem die folgenden Einsatzgebiete sinnvoll:

- In Pay–TV–Systemen kann mit transparenter Verschlüsselung ein *Preview* (Vorschau) auf das gesendete Video ermöglicht werden. In herkömmlichen Systemen erfolgt dies meist durch ein unverschlüsseltes
  Senden des Tons (analoges Fernsehen) oder durch ein unverschlüsseltes
  Senden der ersten Minuten eines Films (Video–on–demand–Systeme,
  z.B. in Hotels). Mit transparenter Verschlüsselung kann nun kontinuierlich eine Vorschau auf den laufenden Film ermöglicht werden, auch
  wenn sich ein Zuschauer erst während der Sendung einschaltet. Durch
  die Möglichkeit, der Handlung des Filmes zunächst auch ohne Besitz
  des Schlüssels beizuwohnen, kann dieser nun jederzeit entscheiden, den
  Film in voller Qualität genießen zu wollen und den Schlüssel zu erwerben. Pay–per–View erhält somit den entscheidenden Impuls zu seiner
  Akzeptanz beim Zuschauer.

- Auf dem vorigen Punkt aufbauend, können verschiedene Qualitäten eines Pay–TV–Dienstes auf einfache Weise unterschiedlich abgerechnet
  werden. Wird jeder Ebene eines skalierbaren Videostroms ein eigener

Schlüssel zugewiesen, können damit exakt die vom Kunden genutzten Dienste abgerechnet werden. Somit lassen sich unterschiedliche Qualitäten wie HDTV, herkömmliches TV und VHS–Videoqualität in ein und demselben Datenstrom anbieten und trotzdem je nach angefordertem Schlüssel unterschiedlich abrechnen. Zusätzlich kann weiterhin die Basisebene unverschlüsselt bleiben, um z.B. neuen potentiellen Kunden Appetit auf diesen Pay–TV–Sender zu machen.

- In Filmarchiven wird bei der Abrechnung normalerweise die Qualität des ausgelieferten Materials (Produktionsqualität, Studioqualität, TV–Qualität etc.) zugrundegelegt. Liegt das Filmmaterial nun als skalierbarer Videostrom mit unterschiedlichen Schlüsseln für die Ebenen im Archiv vor, läßt sich damit auf einfache Weise der Zugriffsschutz regeln. Auch lassen sich damit die dort üblichen Sicherheitskonzepte umsetzen, ohne Filmmaterial mehrfach in unterschiedlichen Qualitäten im Archiv halten zu müssen. So ist eine gängige Praxis, daß Material in Produktionsqualität nicht an externe Kunden ausgeliefert werden darf. Wird das Filmmaterial nun mit einem privaten Schlüssel des Archivbetreibers in der höchsten Erweiterungsebene codiert, so kann es ohne Bedenken auch für externe Kunden, z.B. bei deren Recherche im Archiv, zur Verfügung gestellt werden.

- In Film– und Bilddatenbanken ist eine Suche nach Material auch auf Daten mit geschütztem Inhalt möglich. Die zur Suche eingesetzten Algorithmen beziehen sich oftmals nur auf einfache Vergleiche (Farbhistogramm, Kantenerkennung, Erkennen von geometrischen Formen). Sie benötigen daher nicht die volle Auflösung des Bildes bzw. des Videos. Somit können auch Daten in eine Datenbankabfrage einbezogen werden, auf die der Rechercheur nicht oder nur nach Entrichten einer Gebühr vollen Zugriff erhalten darf.

  Dieses Einsatzszenario ist nicht nur auf den kommerziellen Sektor beschränkt. Beispielsweise kann auch in einer medizinischen Datenbank ein Assistent eine Recherche über geheime Patientendaten (z.B. Röntgenbilder oder Filmaufnahmen einer Operation) durchführen, deren Inhalt aus Datenschutzgründen nur sein Chefarzt sehen darf, für den er diese Recherche betrieben hat.

Die Erforschung der Einsatzmöglichkeiten für transparentes Video befindet sich noch im Anfangsstadium, so daß die Liste der hier aufgezählten Möglichkeiten bei weitem noch nicht vollständig ist.

7.3.2 MPEG–2 und Conditional Access

Mit den skalierbaren Codierungsmodi, die der MPEG–2–Standard bietet, läßt sich auch eine transparente Verschlüsselung realisieren. Da, wie zuvor erläutert, sich alle Skalierungsarten für die transparente Verschlüsselung eignen, kann diese auf alle im Standard festgelegten Skalierungsarten angewendet werden. Inwieweit die MPEG–2 Skalierungsmodi dafür geeignet sind, soll hier aufgezeigt werden.

Zeitliche Skalierung: Das Ziel dieser Art der Skalierung ist es, Engpässen bei der Übertragung digitalen Videos in einem Netzwerk zu begegnen, ohne die Bildqualität abzusenken. Stattdessen erfolgt die Bandbreitenreduzierung zur Lasten der Ergonomie, indem die Framerate abgesenkt wird. So kann beispielsweise bei einer HDTV–Übertragung die Framerate von 50 Hz auf 25 Hz vermindert werden, um die Bitrate um 10 % bis 50 % zu senken. Die Bildqualität der gesendeten Frames bleibt erhalten, lediglich die Aufnahmekapazität des menschlichen Betrachters wird bei längerem Zusehen bedingt durch die niedrigere Bildwiederholfrequenz strapaziert. Inwiefern hierbei noch von einer transparenten Verschlüsselung gesprochen werden kann, deren Ziel ja eine wahrnehmbare Qualitätseinbuße sein soll, ist zweifelhaft.

Örtliche Skalierung: Mit Hilfe der örtlichen Skalierung kann ein nahtloser Übergang von herkömmlichem Fernsehen und HDTV hergestellt werden, die Skalierung beeinflußt also die Ortsauflösung. Setzt man hier transparente Verschlüsselung ein, kann damit ein Konzept für die dienstgüteabhängige Abrechnung von Pay–TV–Diensten realisiert werden, wie es im vorigen Abschnitt erläutert wurde. Soll die Auflösung bei transparenter Verschlüsselung im Ortsraum beibehalten werden, so muß das empfangene Basisbild mit geeigneten Algorithmen (Dithering) auf die volle Größe vergrößert werden. Damit erhält die örtliche Skalierung dieselben Eigenschaften wie die SNR–Skalierung.

SNR–Skalierung: Setzt man hierbei transparente Verschlüsselung ein, so kann man unterschiedliche Bildqualitäten bei gleichbleibender Auflösung des Videos realisieren. Somit kann das zuvor erwähnte Preview–Szenario mit dieser Art der Skalierung ideal umgesetzt werden. Eine Realisierung der transparenten Verschlüsselung von MPEG–2–Videos mit SNR–Skalierung wird in [DiSt97] vorgestellt. Zu beachten ist jedoch, daß mit SNR–Skalierung nicht jede beliebige Verteilung der Daten auf Basisebene und Erweiterungsebene(n) sinnvoll ist. Soll die Bildqualität durch die Verschlüsselung stark herabgesetzt werden,

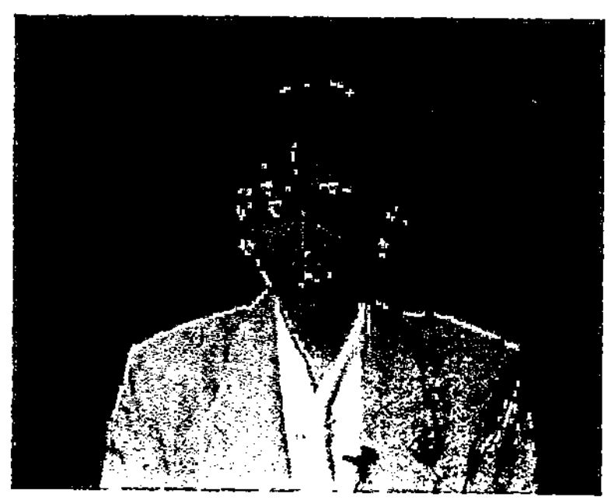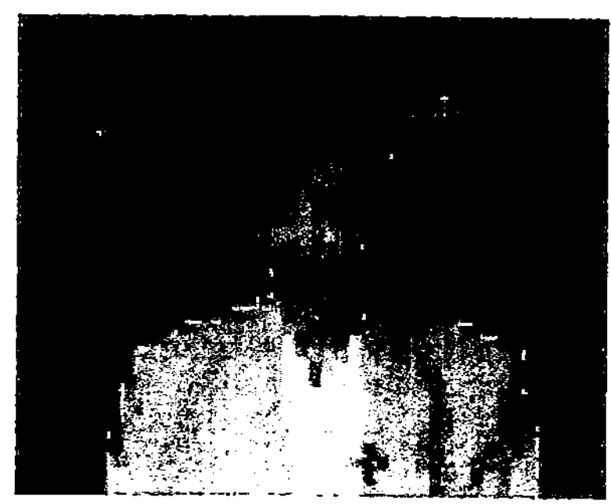

Abbildung 7.2 Transparente Verschlüsselung durch Datenpartitionierung eines MPEG–2 Videos (*Akiyo*). Unverschlüsselter Originalframe (links), verschlüsselter Frame (rechts)

kann dies durch die extreme Verteilung der Videodaten auf die Erweiterungsebene zu Lasten der Gesamtbitrate bzw. des PSNR im unverschlüsselten Video gehen.

Datenpartitionierung: Auch diese Art der transparenten Verschlüsselung ist möglich und sinnvoll. Man kann dies z.B. implementieren, indem man die Bewegungsvektoren und die DC–Koeffizienten in einen (frei zugänglichen) Datenstrom packt, einen anderen Datenstrom mit den AC–Koeffizienten dagegen durch Verschlüsselung schützt. Die verschlüsselten Bilder erinnern dann an die aus den anfänglichen Experimenten mit MPEG her bekannten Videos mit Block–Artefakten. Ein Beispielframe, der mit dieser Art der transparenten Verschlüsselung geschützt ist, ist in Abbildung 7.2 gezeigt.

Der Einsatz von transparenter Verschlüsselung bei MPEG–2 Videos kommt dem *Conditional Access* System entgegen, welches in Kapitel 6.2.3 vorgestellt wurde. Bisher wurde dort allerdings noch keine Realisierung von selektiven Verschlüsselungsmethoden, außer der Möglichkeit der getrennten Verschlüsselung von Audio– und Videodaten, unternommen.

Das Conditional–Access–System greift auf Teildatenströme eines MPEG–2 System–Datenstroms [ISO96a] zu. Für diese kann jeweils getrennt ein Schlüssel definiert werden. Da die Skalierung einen MPEG–2 Datenstrom in Teilströme aufteilt, ist dies der ideale Ansatzpunkt, um mit Conditional

Access eine transparente Videoverschlüsselung zu realisieren. Mit dem Aufkommen verschiedener digitaler Pay–TV–Sender wird sich diese Möglichkeit in der nahen Zukunft wohl noch stark ausweiten.

7.3.3 Ergebnisse am Beispiel des skalierbaren Videocodec

Da der in Kapitel 3.3.3 vorgestellte skalierbare Videocodec nur eine Skalierung in der örtlichen und der zeitlichen Dimension erlaubt, wurde die transparente Verschlüsselung nur am Beispiel der örtlichen Skalierung untersucht. Abbildung 7.3 zeigt die Ergebnisse am Beispiel eines Videoframes aus der *Coastguard*-Sequenz, jeweils bei verschiedenen Stufen der Transparenz (Verschlüsselungsraten).

Die transparent verschlüsselten Videos sind wegen der verminderten Ortsauflösung (QCIF) in der Basisebene auf die doppelte Größe (CIF) skaliert worden. Wie sich der Faktor der Transparenz auf den PSNR des verschlüsselten Videos auswirkt, ist in Tabelle 7.2 zu erkennen. Gleichzeitig ist auch die Gesamtbitrate des Videos und der PSNR der entschlüsselten Videodaten mit angegeben, da die Transparenz ja beim Erzeuger (Sender) des Videos durch die Verteilung der Skalierungsebenen vorgegeben wird. Dieses Vorgehen wirkt sich auf den Kompressionsfaktor des Gesamtdatenstroms aus. Man erkennt, daß mit zunehmender Transparenz (größerer Basisebene) der PSNR etwas abnimmt, die Bildqualität also schlechter wird. Gleichzeitig steigt die Bitrate an. Hingegen verändert sich der PSNR zwischen dem transparent verschlüsselten und dem unverschlüsselt decodierten Frame kaum. In Abbildung 7.3 kann dies beobachtet werden. Die Frames unterscheiden sich kaum, obwohl der verschlüsselte Datenanteil verdreifacht wurde.

7.4 Objektorientierte Sicherheitskonzepte

Auch die Zukunft des digitalen Videos ist objektorientiert. Im Zusammenhang mit der Übertragung und der Anzeige von digitalen Videoströmen bedeutet Objektorientiertheit nicht nur der wahlfreie Zugriff auf Objekte innerhalb einer Szene, sondern auch eine objektabhängige Kompression, Manipulation und Übertragung. Dies macht besonders im Bezug auf die Kompression einen Sinn, da sich in allen vergangenen Untersuchungen gezeigt hat, daß es keinen generischen Kompressionsalgorithmus geben kann, der auf beliebigen Daten optimal arbeitet. Man denke nur an die verschiedenen Arten von Objekten in einer Videoszene, wie z.B. der Bildhintergrund

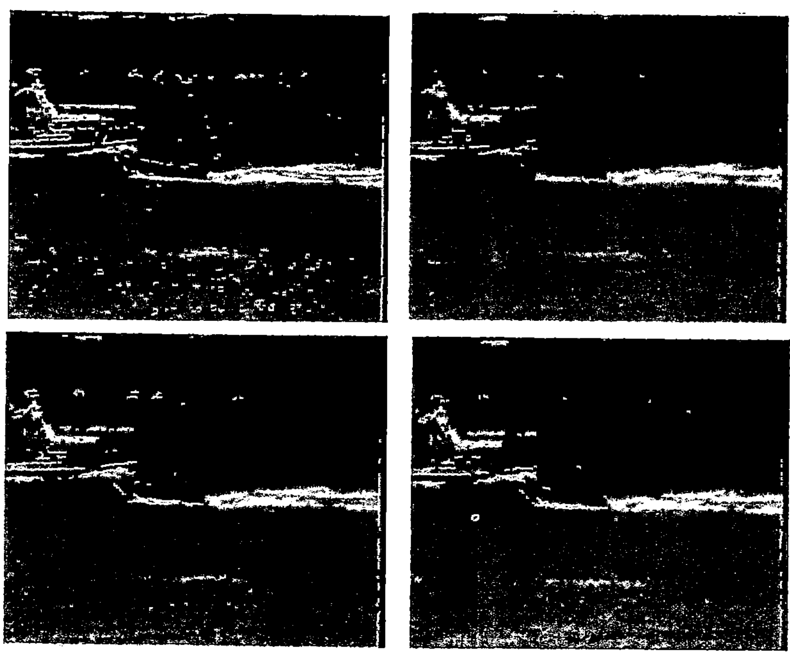

Abbildung 7.3 Transparente Verschlüsselung mit Hilfe des skalierbaren Video-codec, Video *Coastguard*. Oben: Original $\hat{=}$ 100 % Transparenz (links), 75 % Transparenz $\hat{=}$ 25 % Verschlüsselungsrate (rechts). Unten: 50 % (links) und 25 % (rechts) Transparenz

(Standbild), handelnde Personen (natürliche, bewegte Objekte) oder Einblendungen und Trickszenen (computergenerierte Objekte). Für alle diese Objekttypen gibt es spezielle Arten der digitalen Darstellung, die diese optimal codieren können. Was liegt näher, als diese Kompressionsalgorithmen als Methoden dieser Objekte anzubieten!

Denkt man noch einen Schritt weiter, kann man auch die Sicherheitsfunktionalitäten als Objektmethoden ausdrücken. Somit läßt sich Vertraulichkeit oder Urheberschutz nicht mehr nur als skalierbarer Parameter des gesamten Videostroms, sondern der einzelnen darin enthaltenen Objekte definieren.

Videoclip	Verschlüsselt		Unverschlüsselt	
	Transparenz	PSNR [dB]	Bitrate [kBit/s]	PSNR [dB]
Coastguard	25 %	21.15	950	29.40
	37 %	21.33	917	29.02
	50 %	21.53	986	28.94
	62 %	21.78	1011	28.66
	75 %	21.95	1046	28.39
Akiyo	50 %	30.86	124	33.74
	58 %	31.29	125	33.56
	66 %	31.72	134	33.57
	70 %	31.87	135	33.63
	75 %	32.05	137	33.67

Tabelle 7.2 Bildqualität bei verschiedenen Transparenzstufen sowie die Auswirkungen des Transparenzfaktors auf den Gesamtdatenstrom

7.4.1 Der MPEG–4 Standard

Die aktuellen Bestrebungen bei der ISO sehen vor, den Standard MPEG–4[1] als Internationalen Standard für digitale Fernsehanwendungen, interaktive Grafikanwendungen und WWW–Anwendungen im Januar 1999 zu verabschieden [ISO98]. Der Standard zielt auf eine objektbezogene Verarbeitung der Videodaten ab. Insbesondere sollen die folgenden Ziele erreicht werden [SiCh97]:

Universeller Zugriff auf einzelne Objekte im Video und Robustheit gegenüber fehleranfälligen Übertragungsstrecken

Hohe Interaktivität mit dem Benutzer im Bezug auf die Variation der Anzeige der enthaltenen Objekte sowie den gezielten Zugriff auf diese

Codierung von natürlichen und synthetischen Objekten durch Bereitstellen verschiedenster Kompressionsalgorithmen und Objektrepräsentationen

Kompressionseffizienz, vor allem für Anwendungen mit sehr geringen Bitraten unter 64 kBit/s (Bildtelefon oder mobile Endgeräte).

---

[1] Der ursprünglich einmal vorgesehene MPEG–3 Standard für HDTV–Anwendungen ging später in MPEG–2 auf.

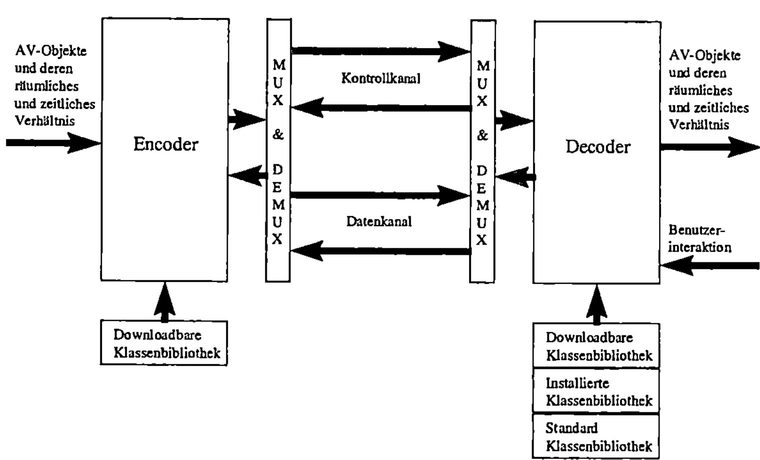

Abbildung 7.4   MPEG–4 System zur Codierung von AV–Objekten (aus [BKR97])

Der Standard sieht ein Konzept zur flexiblen Erweiterung des Decoders um neue Dekompressionsmethoden vor, den *Toolbox*-Ansatz. Benötigt ein im Videostrom enthaltenes Objekt eine spezielle Methode zur Dekompression oder zur Darstellung beim Empfänger, wird diese vom Decoder nachgeladen, analog zu dem Konzept von *Plugins* oder *Java–Applets* für WWW–Anwendungen. MPEG–4 definiert hierzu eine eigene Beschreibungssprache, MSDL (MPEG–4 Systems Description Language), zur Beschreibung der im Datenstrom enthaltenen Objekte auf System– bzw. Transportebene und zur Beschreibung der darauf anwendbaren Operationen (Verschieben, Rotation, Skalierung etc.) In Abbildung 7.4 ist die Architektur eines MPEG–4 Systems abgebildet.

Neben den verschiedenen Repräsentationen für computergenerierte Objekte und Umgebungen (beispielsweise VRML, Virtual Reality Modeling Language) wird vor allem die effiziente Darstellung von Personen und deren Bewegungen untersucht. Dies erfolgt im Hinblick auf Bildtelefon–Anwendungen mit sehr geringen Bitraten, der Standard will auch auf Bitraten bis hinab zu 5 kBit/s abzielen. Ein Ansatz hierzu ist die Darstellung einer Person als Gittermodell mit entsprechenden Texturen darauf. In Abbildung 7.5 ist dieses Vorgehen am Beispiel des Videos *Akiyo* gezeigt. Das Ziel des Kompressionsalgorithmus ist es nun, die Bewegungen, die die dargestellte

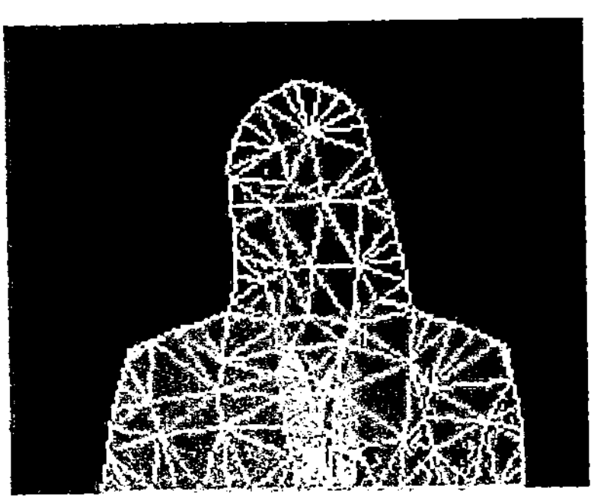

Abbildung 7.5 Darstellung einer Person als 2D–Gittermodell im MPEG–4 Standard (Abbildung aus [ISO98])

Person ausführen kann, nur noch als geometrische Transformationen auf dem Gittermodell zu übertragen.

Aufgrund des breiten Spektrums, den der MPEG–4 Standard abdecken soll, teilen sich die Entwicklungen darin in zwei Richtungen auf. Zum einen soll VLBV (Very Low Bitrate Video) den Bereich der Videoübertragung mit Bitraten von 5 bis 64 kBit/s abdecken, zum anderen sollen für HBV (Higher Bitrate Video) die Möglichkeiten für Videocodierung im Bereich von 64 kBit/s bis 2 MBit/s untersucht werden.

Um den objektorientierten Zugriff und die wahlfreien interaktiven Funktionalitäten zu unterstützen, führt der MPEG–4 Standard das Konzept der *Video Object Planes* (VOP) ein. Die in der Videoszene enthaltenen Objekte werden dabei in verschiedenen Ebenen angeordnet. Der Umriß jedes Objekt wird durch eine Maske beschrieben, die auch Transparenz auf darunterliegende Ebenen beinhalten kann. Das Aussehen dieser Maske kann nun je nach Bewegung des Objekts zwischen den einzelnen Frames variieren. Die Beschreibung der Umrisse und Bewegungen einzelner Objekte wird in einer separaten Ebene im MPEG–4 Datenstrom, dem VOL (Video Object Layer), übermittelt.

7.4.2 Beispiele für objektabhängige Verschlüsselung

Gerade der universelle Zugriff und die flexiblen Decodier– und Manipulationsmöglichkeiten beim Empfänger werfen eine Reihe neuer Sicherheitspro-

Abbildung 7.6　Gezielte Manipulation von MPEG–4 Videos. Oben: die im Videostrom enthaltenen Objekte. Unten: Originalvideo (links) und neu zusammengestellte Videoszene (rechts)

bleme auf. Durch die objektbezogene Darstellung eines MPEG–4 Videos ist es nun wesentlich einfacher möglich, den Bildinhalt gezielt zu manipulieren, ohne vorher aufwendige Analyse– und Segmentierungsalgorithmen auf das Video anwenden zu müssen. Denkbar wäre z.B. der Fall, daß ein Filmregisseur für eine eigene Produktion sich einfach die Schauspieler ohne deren Einwilligung aus anderen Filmen „stiehlt". Abbildung 7.6 zeigt exemplarisch, wie dies vonstatten gehen kann.

Das Konzept von MPEG–4 legt nun nahe, neben den Kompressions– und Manipulationsoperationen auch die Sicherheitsfunktionalitäten als Methoden der einzelnen Objekte im Videostrom anzubieten. Dieses Vorgehen muß nun nicht nur auf Verschlüsselungsalgorithmen beschränkt sein. An dem zuvor erwähnten Beispiel wird deutlich, daß vor allem der Urheberschutz eng mit den Videoobjekten verknüpft werden muß. Es nützt nichts, wenn etwa der MPEG–4 Transportstrom durch ein digitales Wasserzeichen markiert wurde, wenn danach ein unehrlicher Empfänger des Videos die unmarkierten Videoobjekte aus dem MPEG–4 Datenstrom entnehmen kann, ohne daß ein Rückverfolgen mehr möglich ist. Bietet man hingegen den Schutz der Urheberrechte durch Markieren als eine Methode der im Video enthaltenen Objekte an, so kann man hierfür die in Kapitel 4.3.4 vorgestellten Verfahren einsetzen. Es wird dann dasjenige Verfahren als Methode des Objekts zur

Abbildung 7.7 Objektabhängige Verschlüsselung von MPEG–4 Videos, transparente Verschlüsselung (links) und Vertraulichkeitsschutz (rechts)

Verfügung gestellt, welches der Repräsentation des Objekts (Audio, Video, VRML etc.) am besten angepaßt ist.

Aber auch selektive Verschlüsselung ist mit objektabhängigen Methoden nun einfach möglich. Denkbar wäre z.B. ein Szenario, bei dem jedes Objekt einen eigenen Schlüssel zugeordnet bekommt. In Videokonferenzen müßte dann z.B. nur die sprechende Person verschlüsselt werden, wenn aus dem Hintergrund alleine keine sicherheitsrelevante Information abzuleiten wäre. Wie dies aussehen könnte, soll Abbildung 7.7 skizzieren. Aber auch das zuvor erwähnte Beispiel des diebischen Regisseurs könnte z.B. durch den Einsatz von transparenter Verschlüsselung verhindert werden. Man stellt dann nach außen einfach bestimmte Personen und andere zu schützenden Videoobjekte nicht mehr in Produktionsqualität, sondern nur noch in normaler Empfangsqualität zur Verfügung.

8 Anwendungen

In den vorausgegangenen Kapiteln wurden die unterschiedlichen Anforderungen und Möglichkeiten für Sicherheitsfunktionalitäten bei digitalem Video vorgestellt. Die Techniken wurden dabei zum großen Teil anhand von Anwendungsbeispielen erläutert. In diesem Kapitel sollen nun die verschiedenen Einsatzgebiete von Verschlüsselungstechnik bei digitalem Video zusammengefaßt werden. Als Anwendungen kommen dabei vor allem Live-Video wie Fernsehen und Videokonferenzen in Frage, aber auch für die Speicherung von digitalem Video ist die Verschlüsselung ein immens wichtiger Punkt, der beachtet werden muß.

8.1 Pay–TV und Videoservices

Der weitaus größte Markt für die digitale Videotechnik liegt in der zukünftigen Entwicklung des Fernsehens. Schon alleine aufgrund der gigantischen Umsatzzahlen, die sich mit diesem Medium erzielen lassen, sind wirkungsvolle Maßnahmen zum Schutz vor illegalem Zugriff oder unerlaubtem Kopieren des Materials unumgänglich. Es besteht von Seiten der Industrie ein großes Interesse daran, für dieses Gebiet effiziente und kryptographisch sichere Verfahren zu entwickeln. Die Effizienz der Verfahren wird vor allem durch die möglichst preisgünstige Massenproduktion der Empfangs- und Entschlüsselungsgeräte diktiert. Die notwendige Sicherheit wird vorangetrieben durch das große Potential an Hackern oder Neugierigen, die sich unerlaubt Zugang zu einem Videoservice verschaffen wollen oder einen solchen Zugang für sich gewinnbringend an andere weitergeben möchten. Aufgrund dieser Tatsache werden wohl bald die heute üblichen Permutationsverfahren für die Verschlüsselung von Fernsehübertragungen der Vergangenheit angehören, da sie prinzipiell als nicht besonders sicher einzustufen sind. Auch das Geheimhalten des eingesetzten Verschlüsselungalgorithmus durch den Dienstbetreiber wird nach Entwicklung geeigneter sicherer Verfahren nicht mehr notwendig sein.

Grundsätzlich kann man Dienste, die digitales Fernsehen oder Video anbieten, in zwei Klassen einteilen:

Offene Systeme, die prinzipiell jedem Empfänger, der mit einer geeigneten Empfangstechnik ausgestattet ist, zur Verfügung stehen.

Geschlossene Systeme, die ihre Dienste nur an bestimmte Kunden ausliefern.

Unter die erste Kategorie fallen alle Rundfunkübertragungen, da sie in ihrer Verbreitung nicht eingeschränkt werden können. Die zweite Kategorie umfaßt alle Systeme, die in einem abgeschlossenen Netz übertragen werden und somit nur von denjenigen in Anspruch genommen werden können, die eine Anschluß an das System haben. Beispiele sind firmeninterne Netze und Video–on–Demand Systeme in Hotels oder einem separaten Kabelnetz (wie oftmals in VoD–Versuchen realisiert). Kann bei einem geschlossenen System davon ausgegangen werden, daß die Teilnehmer nur die dafür vorgesehenen Geräte zum Verarbeiten der Videodaten verwenden, so kann man hier auch ein eigenes Sicherheitskonzept ohne Notwendigkeit von starker Verschlüsselung einsetzen.

Gibt es allerdings offene Stellen in dem angebotenen Dienst, über die der Betreiber nicht die volle Kontrolle erhalten kann, wie etwa der Anschluß in einer Privatwohnung, so sollten in jedem Fall sichere Verschlüsselungsverfahren eingesetzt werden. Als Algorithmen hierfür bieten sich die in Kapitel 4.3.1 vorgestellten Verfahren an, da für sie ein trivialer Angriffsversuch ausgeschlossen werden kann. Wird ein solches Verfahren in einem Videoservice verwendet, hält dies wohl die meisten Hacker davon ab, das System knacken zu wollen, da sie ihre Chancen als eher aussichtslos einstufen müssen.

Um die für den Videoservice geforderte Effizienz zu erzielen, kann eines der in Kapitel 6 vorgestellten selektiven Verschlüsselungsverfahren benutzt werden, um den Aufwand für die Verschlüsselung zu minimieren. Damit können die eingesetzten Verschlüsselungsalgorithmen auch in Software im Decoder beim Empfänger implementiert werden. Dies verringert zum einen die Herstellungskosten für das Empfangsequipment, da keine teure Spezialhardware wie DES–Chips usw. eingesetzt werden muß. Andererseits kann der Verschlüsselungsalgorithmus auch in SmartCards nachgeladen werden, mit denen die Set–Top–Boxen beim Empfänger ausgestattet sind. Somit ist eine Verschlüsselung in Abhängigkeit vom jeweiligen Programm– oder Dienstanbieter individuell möglich [MaQu95, DVB].

Die Frage nach dem einzusetztenden partiellen Verschlüsselungsverfahren läßt sich anhand des übertragenen Programminhalts klären:

- Ist der Informationsgehalt des Programms niedrig, werden z.B. nur hinlänglich bekannte Spielfilme und Fernsehsendungen angeboten, so kann ein einfaches Verfahren wie das regelmäßige Verschlüsseln von kleinen Blöcken aus dem Videostrom (Kapitel 6.1.1) dafür benutzt werden. Für Fernsehbilder mit VHS–Qualität und höher (CIF–Auflösung oder mehr) reicht schon die Verschlüsselung von weniger als 1 % der übermittelten Daten. Der Aufwand einer Rekonstruktion des Videostroms steht hierbei in keinerlei Proportion zu dem übermittelten Informationsgehalt.

- Stellt die Information des übertragenen Programms einen gewissen Wert dar, etwa bei Wirtschafts– oder Börsennachrichten (News–on–Demand), sollte zu einem stärkeren Schutzmechanismus gegriffen werden. Für diesen Zweck eignen sich die Verschlüsselung der Intra–Information oder das skalierbare Verfahren aus Kapitel 6.3. Damit ist sichergestellt, daß der Aufwand zur (teilweisen) Rekonstruktion auch des Informationsgehalts des gesendeten Videos höher ist als der Wert dieser zwar kostenpflichtigen, aber nicht streng geheimen Nachricht.

Setzt man zur Übertragung der digitalen Videodaten den MPEG–2 Standard ein, so kann man den zweiten Fall am elegantesten durch Datenpartitionierung realisieren. Die Videodaten werden dabei in relevante und weniger relevante Datenanteile aufgeteilt, wie in Kapitel 7.2.1 vorgeschlagen. Mit diesem Ansatz kann gleichzeitig eine Anpassung der Bandbreite an die Netzlast erfolgen, wenn man zur Übertragung ATM oder Netze mit RSVP–Unterstützung einsetzt [OrSo98].

Mit *Conditional Access* hat man ein quasi–standardisiertes Verfahren, um Sicherheitsfunktionalitäten und Verschlüsselung in digitale Videoübertragungen einzuführen. Das System wird inzwischen von allen großen Pay–TV–Anbietern unterstützt. Conditional Access stellt eine einheitliche Schnittstelle zu allen sicherheitsrelevanten Funktionen zur Verfügung. Durch den Einsatz von SmartCards können auch dienstanbieterspezifische Sicherheitsmechanismen eingesetzt werden. Kombiniert man dieses Verfahren mit den Vorschlägen zur Datenpartitionierung bei MPEG–2 Video, kann man damit auch die vorgestellten partiellen Verschlüsselungsalgorithmen realisieren.

Ein wichtiger Punkt bei der Rundfunkübertragung von digitalem Video ist die Frage nach dem Urheberschutz. Es gibt keinerlei Möglichkeiten, um illegales Kopieren in einem offenen System zu verhindern. Man kann nur durch Anbringen von Markierungen ein solches Vergehen später aufdecken. Zu diesem Zweck wurden verschiedene Arten zum Anbringen von unsichtbaren digitalen Markierungen entwickelt (s. Kapitel 4.3.4). Einige der Verfahren erlauben auch das gleichzeitige Anbringen mehrerer Markierungen, die sich überlagern können, aber dennoch unabhängig voneinander wieder aus dem Datenstrom ausgelesen werden können [HaGi96]. Somit steht auch hier einem flexiblen Einsatz nichts mehr im Wege, wenn etwa sowohl der Programmanbieter als auch der Dienstanbieter die Daten mit ihrem Wasserzeichen markieren wollen und zusätzlich noch eine kundenspezifische Markierung angebracht werden soll.

8.2 Videokonferenz-Unterstützung

Bei den weitaus meisten Videokonferenzen ist die vordringlichste Sicherheitsanforderung der Schutz der Vertraulichkeit, da zwei oder mehrere Teilnehmer über offene Netze miteinander kommunizieren wollen. Sollen vertrauliche Informationen per Video ausgetauscht werden, muß zunächst für die gesamte Videokonferenz ein gemeinsamer Sicherheitsbereich aufgebaut werden. Dies bedeutet, daß sich die Teilnehmer an der Konferenz zunächst einmal gegenüber den anderen authentisieren müssen. Dieser Schritt ist die Grundvoraussetzung, auf den später die Wahrung der Vertraulichkeit aufbaut.

Die Frage nach Sicherheitsanforderungen in Videokonferenzsystemen ist die Basis der Arbeiten in dem EU–Projekt *MERCI* [BBHK96]. Dort wurden Lösungsmöglichkeiten gesucht, um die Authentisierungsphase zu realisieren. Eine Möglichkeit sieht vor, die Teilnehmer über gesicherte E–Mail zur Videokonferenz einzuladen und dabei auch den benutzten Sitzungsschlüssel auszutauschen. Man verlagert hierbei das Authentisierungsproblem auf den Austausch sicherer E–Mail, für den schon Lösungen zur Authentisierung, wie PGP [Gar94] oder S/MIME, existieren. Aber auch in anderen Videokonferenzstandards, wie etwa den Konferenzen über MBone [Eri94], werden inzwischen Authentisierungsmaßnahmen in das dort verwendete Protokoll *SIP* (Session Initiation Protocol) integriert.

Der kritische Teil einer gesicherten Videokonferenz stellt jedoch das Ver- und Entschlüsseln der übertragenen Daten in Echtzeit dar. Aufgrund der hohen Datenmengen und der oftmals heterogenen Struktur einer solchen Konferenz, bei der auch weniger leistungsfähige PCs mit integriert sind, muß hier für eine deutliche Reduktion der zu verschlüsselnden Datenmenge gesorgt werden. Auch hier kann der Einsatz von partieller Verschlüsselung eine Lösung für dieses Problem darstellen. Die Anforderungen an einen Verschlüsselungsmechanismus sind hierbei die folgenden:

- Der Algorithmus muß die Vertraulichkeit der übermittelten Daten wahren. Daher sollte auf jeden Fall eines der starken Verschlüsselungsverfahren verwendet werden, für welches keine Angriffsmöglichkeit bekannt ist. Auch die Datenpartitionierung für die partielle Verschlüsselung sollte mit Bedacht ausgewählt werden. Je nach Anwendungsfall kann es erforderlich sein, daß überhaupt keine Details aus der Videoszene nach außen sichtbar sein dürfen, daß nur die wichtigen Einzelheiten (wie Lippenbewegungen) verdeckt sein sollten, oder daß besonderer Wert auf das Verbergen von Text (eingeblendet oder im Hintergrund) gelegt wird.

- Der Algorithmus muß skalierbar sein. Im Hinblick auf das Maß für die Vertraulichkeit, welches eingehalten werden muß, und die bei den Teilnehmern zur Verfügung stehende Hardwareleistung sollte ein Kompromiß für den Verschlüsselungsaufwand gewählt werden können. Der Algorithmus sollte an diesen Wert adaptierbar sein.

- Aufgrund der heterogenen Struktur vieler Videokonferenzen sollte ein Verschlüsselungsalgorithmus eingesetzt werden, der überall zur Verfügung steht und für den es keine staatlichen oder patentrechtlichen Einschränkungen gibt. Dies schränkt den Spielraum auf standardisierte Algorithmen wie DES ein.

Das Verfahren aus Kapitel 6.3 ist sicher die beste Wahl zur Verschlüsselung von vertraulichen Videokonferenzen, wenngleich man für zukünftige Einsatzzwecke vor allem die in Kapitel 7.4.2 vorgestellten Verschlüsselungsmethoden für objektbezogene Videokompressionsverfahren wie MPEG–4 beachten sollte.

8.3   Gateways

Zur Unterstützung von heterogenen Videokonferenzen auch über unterschiedliche Netzwerkarchitekturen und Protokolle hinaus können *Gateways* eingesetzt werden [Hoe98]. Der umfassendste Ansatz für solch ein Gateway unterstützt auch das Umcodieren der Videodaten in ein anderes Kompressionsformat (*Transcoding*) [AMZ95]. Dieser Ansatz wird in der Praxis jedoch meist nicht verfolgt, da durch das Umcodieren sowohl eine zeitliche Verzögerung als auch ein Verlust an Bildqualität erkauft wird. Im allgemeinen Fall wird jedoch nur eine Umsetzung zwischen den auf beiden Seiten des Gateways verwendeten Protokollen durchgeführt, etwa von MBone nach dem ITU–Standard H.323 [ITU96b].

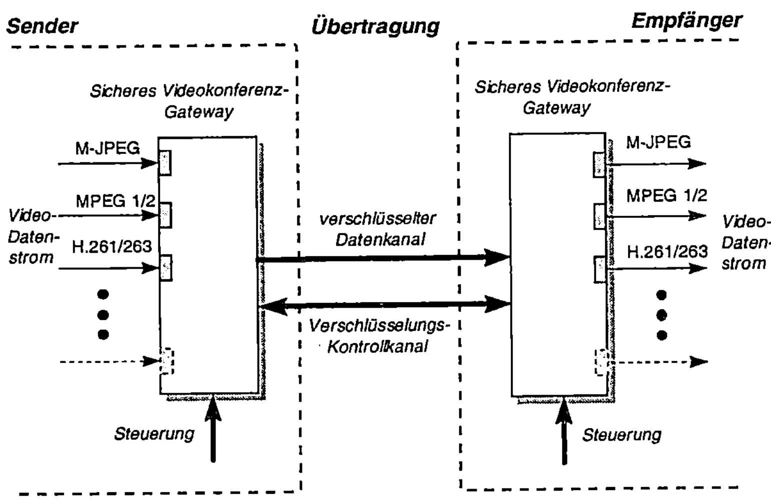

Abbildung 8.1   Die Architektur des in [KuRe97b] vorgestellten Sicherheits–Gateways

Soll ein verschlüsselter Videodatenstrom durch das Gateway geleitet werden, so muß dieses im Falle einer Umcodierung mit in den Sicherheitsbereich dieser Videokonferenz aufgenommen werden, es muß also den Schlüssel zum Ent– und anschließenden Verschlüsseln der Videodaten kennen. Dies impliziert auch, daß alle beteiligten Instanzen dem Gateway vertrauen müssen. Im allgemeinen Fall besteht diese Forderung nicht. Der Datenstrom wird hier ohne Veränderung durch das Gateway weitergeleitet.

Eine spezielle Form eines Gateways stellt das in [KuRe97b] vorgestellte Sicherheits–Gateway dar. Seine Aufgabe ist es, die Grenzen eines als sicher angesehenen Bereichs nach außen zu repräsentieren und dabei die eintreffenden Datenströme zu entschlüsseln sowie die hinausgehenden zu verschlüsseln. Abbildung 8.1 zeigt den Aufbau dieses Gateways.

Die Funktionsweise des Gateways ist folgendermaßen:
Für die eintreffenden verschlüsselten Videodatenströme steht je nach benutztem Kompressionsformat ein eigener Port zur Verfügung. Die ankommenden Daten werden zu dem korrespondierenden Algorithmus zur Entschlüsselung weitergereicht. Dessen Ausgabe stellt nun der unverschlüsselte Videostrom dar, der auf dem Datenport ausgegeben wird. Umgekehrt ste-

hen auch für die unverschlüsselten Videoströme, die gesendet werden sollen, verschiedene Ports für die einzelnen Datenformate zur Verfügung. Für die Algorithmen kann eines der in Kapitel 6 vorgestellten partiellen Verschlüsselungsformate verwendet werden. Dabei ist natürlich zu beachten, daß der Sender und alle Empfänger diesen Algorithmus unterstützen können.

Der Austausch der Schlüssel und die Signalisierung zwischen den einzelnen Gateways erfolgt über den Kontrollkanal. Dieser wird von dem Sicherheitsmanager–Modul verwaltet. An Daten wird hier der verwendete Algorithmus und dessen Parameter wie z.B. die Rate (Schwellenwert) der verschlüsselten Daten übermittelt. Denkbar ist auch, die für die Identifikation verschlüsselter Daten im Videostrom notwendigen Kontrollinformationen über diesen Kanal zu verschicken, sofern eine *out–of–band* Signalisierung erfolgt. Hingegen werden diese Daten bei einer *inband*–Signalisierung zusammen mit dem Videostrom codiert, etwa zu Anfang eines jeden Makroblocks.

Die Anforderungen an einen partiellen Verschlüsselungsalgorithmus sind neben einer Skalierbarkeit aufgrund der heterogenen Einsatzumgebung auch die Forderung nach einem geringen Parsing–Overhead. Da das Gateway als unabhängiger Prozeß neben den Programmen zum Encodieren oder zum Abspielen des Videos läuft, kann man den Algorithmus zum Partitionieren der Daten für die Verschlüsselung nicht mit dem Encoder bzw. Decoder kombinieren. Das Parsen des Stroms muß also ein weiteres Mal innerhalb des Gateways erfolgen. Hier schneidet das skalierbare Verschlüsselungsverfahren wesentlich schlechter ab als etwa die reine I–Frame–Verschlüsselung. Letztere erfordert nur ein Parsen des Videostroms auf Frame–Ebene, während die Datenpartitionierung des skalierbaren Verfahrens eine Decodierung bis auf die Ebene der DCT–Blöcke erfordert. Der dadurch entstandene Overhead wird in [KuRe97b] mit ca. 10 % der gesamten für das Decodieren des Videostroms benötigten Zeit angegeben.

Hierdurch entsteht wiederum ein Performance–Engpaß, wenn das Gateway auf demselben Rechner laufen soll, auf dem auch die Videodaten codiert bzw. decodiert und angezeigt werden sollen. Dies ist häufig der Fall, etwa bei Teilnehmern, die sich mit ihrem PC per Modem in eine Videokonferenz einwählen. Um diesen Engpaß zu umgehen, kann man das Gateway noch um einen weiteren Ein– bzw. Ausgang für unkomprimiertes Video (YUV–Format, oder ein selbstdefiniertes Format für die DCT–Koeffizienten) erweitern. Der Eingang wird dann an eine Framegrabber– oder JPEG–Grafikkarte angeschlossen, der Ausgangsdatenstrom wird direkt in das lokale Bildschirm–Grafikformat umgewandelt. Die Funktionen zum Parsen oder Codieren des Videostroms wären dann in dem partiellen Verschlüsselungsalgorithmus integriert. Dadurch erspart man sich ein zweimaliges Parsen des komprimierten Videostroms.

Eine sinnvolle Erweiterung des vorgestellten Sicherheits–Gateways ist die Integration in ein Videokonferenzgateway, wie etwa das in [Hoe98] beschriebene. Mit einem solchen Gateway erreicht man eine große Flexibilität sowohl für die angebotenen Sicherheitsfunktionalitäten als auch für die unterstützten Konferenzstandards. Ein weiterer Vorteil dieses Gateways ist auch die Tatsache, daß ein Videostrom nur einmal (bzw. zweimal, beim Verschlüsseln sowie beim Entschlüsseln) durch ein Gateway geschleust werden muß und nicht mehrfach hintereinander, wenn man etwa die Sicherheitsfunktionen getrennt von einer Protokollumsetzung behandelt. Da die Routinen zum Parsen und Codieren verschiedener Videokompressionsformate durch die partiellen Verschlüsselungsalgorithmen schon im Code des Gateways vorhanden sind, ist der Schritt zu einem allumfassenden Gateway, welches auch Transcoding–Funktionalität unterstützt, nicht mehr weit.

8.4 Videoarchive

Die bisherigen Anwendungen betrachteten nur die Kommunikation über das Medium Video. Ein ebenso bedeutender Aspekt ist aber auch die Speicherung von digitalem Videomaterial in Datenbanken und Archiven. Bedingt durch die immensen Datenmengen, die ein Videostrom einnimmt, stellt dieses Medium eine große Herausforderung an die Archivierung von Videodaten. Schon ein kleines Filmarchiv hat schnell die Größe von einigen Terabytes erreicht.

Sollen die Daten in einem Videoarchiv gegen unerlaubten Zugriff geschützt werden, so muß der dafür eingesetzte Verschlüsselungsalgorithmus die folgenden Voraussetzungen erfüllen:

- Ein wahlfreier Zugriff auf die Daten muß möglich sein. Damit scheiden viele Stromchiffre–Verfahren aus sowie alle Blockchiffren, die im Feedback–Modus (s. Kapitel 4.3.1) operieren.

- Die Verschlüsselung sollte an der Größe der Daten nichts verändern. Dies ist wichtig bei der Erstellung von Indextabellen, deren Inhalt durch die Verschlüsselung nicht beeinflußt werden sollte.

- In vielen Fällen spielt auch die Geschwindigkeit des Algorithmus eine Rolle, etwa wenn eine inhaltsbasierte Suchoperation über den Videodatenbestand durchgeführt werden muß.

- Die Metadaten, also die inhaltliche Beschreibung der Videodaten, sollte nicht verschlüsselt werden, um eine Suche über dem Datenbestand zu ermöglichen.

Vor allem die beiden letztgenannten Punkte machen die in Kapitel 7.3 vorgestellten transparenten Verschlüsselungsverfahren für Videoarchive interessant. Erlauben diese doch den Zugriff auf für eine inhaltsbasierte Suche wesentliche Bilddaten, ohne das Video entschlüsseln und anschließend wieder verschlüsseln zu müssen. Weiterhin können auch Personen in dem Datenbestand recherchieren, die keinen oder nur kostenpflichtigen Zugang zu dem gespeicherten Videomaterial haben dürfen. Mit Hilfe von transparenter Verschlüsselung können die unterschiedlichsten Zugriffs- und Abrechnungsstrategien für das Filmarchiv implementiert werden.

8.5 Zusammenfassung der Ergebnisse

Die Anwendung von Sicherheitstechnologie auf Multimediadaten gewinnt immer mehr an Bedeutung. Gründe hierfür sind die immer stärkere Vernetzung vorher isolierter Rechner und damit auch die Zugriffsmöglichkeiten darauf von außen. Auch die aktuellen Entwicklungen im Bereich WWW und die Möglichkeiten, inzwischen auch auf Heim-PCs die Vorzüge von Multimedia-Applikationen und digitalem Video zu nutzen, lassen es immer wichtiger erscheinen, effektive Sicherheitskonzepte für Videodaten zu entwickeln.

Gründe für den Schutz von Videodaten gibt es viele: Der wohl bedeutendste ist die Wahrung der Vertraulichkeit bei der Übermittlung von Information, etwa durch offene Netze wie das Internet. Im Zusammenhang mit Pay-TV mindestens genauso wichtig ist aber auch der Zugangsschutz für ein Videosystem, da hier massive kommerzielle Interessen des Betreibers berührt werden. Beide dieser Ziele lassen sich durch den Einsatz von Verschlüsselungstechniken lösen. Ein weiteres bedeutsames Gebiet ist der Schutz von Urheberrechten, wenn Multimediadaten aus einem System herausgegeben werden. Ein möglicherweise illegales Kopieren der Daten läßt sich dann zwar nicht verhindern, der Urheber kann aber später ein solches Vergehen anhand von durch ihn erzeugtem Material nachweisen. Zu diesem Zweck werden digitale Wasserzeichen als unsichtbare Markierungen an Ton- oder Bildmaterial angebracht.

Im Zusammenhang mit digitalem Video und den hierbei aufkommenden großen Datenraten stellt sich der Einsatz von Verschlüsselung immer mehr als Flaschenhals heraus. An die Benutzung von öffentlichen Verschlüsselungsverfahren für Videodaten ist aufgrund der extrem zeitaufwendigen Algorithmen nicht zu denken. Auch symmetrische Verfahren lassen vielmals eine Bearbeitung von Videoströmen in Echtzeit nicht zu. Daher setzt man für zeitkritische Applikationen partielle Verschlüsselung ein, will man nicht auf den strengen Schutz von erprobten Verschlüsselungsverfahren verzichten. Aber auch für Anwendungen, die eine Verschlüsselung in Echtzeit zulassen, bringt diese Technik noch ein Reihe anderer Vorteile mit sich.

Unter partieller Verschlüsselung von Videodaten wird verstanden, daß man die Datenströme zunächst in für den Bildinhalt wichtige und weniger wichtige Datenanteile aufteilt. Die wichtigen Daten werden nun mit einem sicheren Verfahren verschlüsselt, während man die unwichtigen Daten im Klartext übermitteln kann. Die Einordnung, welche Daten man als wichtig erachten muß, hängt hierbei vom konkreten Anwendungsszenario ab. Als Beispiel sei hier die Erkennung von Text in Videosequenzen erwähnt, oder die Bedeutung der Audiodaten neben dem Videobild.

Für die partielle Verschlüsselung entscheidend ist eine detaillierte Analyse der Sicherheit, die mit ihr erzielt werden kann. Diese hängt zunächst stark mit der Sicherheit des eingesetzten Verschlüsselungsalgorithmus zusammen, es öffnen sich aber je nach Vorgehensweise wieder neue Schlupflöcher. Für die verschiedenen Möglichkeiten der partiellen Verschlüsselung wurden diese Sicherheitslücken in Kapitel 6 evaluiert und miteinander verglichen.

Auf den Erkenntnissen, die mit partiellen Verschlüsselungstechniken gewonnen wurden, ist in Kapitel 6.3 ein Verfahren entwickelt worden, das den Sicherheitsbedürfnissen verschiedenster Anwendungen durch eine skalierbare Anpassung der Vertraulichkeit Rechnung trägt. Diese Skalierbarkeit ist immens wichtig für ein universell einsetzbares Verfahren, sollen doch sowohl Anwendungen aus dem Rundfunk- und Fernsehbereich als auch streng vertrauliche Videokonferenzen damit geschützt werden können. Zwischen beiden Anwendungsszenarien liegt ein großes Spektrum an Sicherheitsanforderungen der verschiedensten Applikationen.

Die Sicherheit und Flexibilität des vorgestellten Verfahrens übertrifft die bisherigen Vorschläge für partielle Verschlüsselung. Dies bestätigen sowohl visuelle Tests zur Rückberechenbarkeit von Videobildinhalten als auch Messungen, die die Bildqualität objektiv auszudrücken versuchen.

Skalierbarkeit ist im Kontext von digitalen Videoströmen eine wichtige Eigenschaft, um die auftretenden Datenströme flexibel handhaben zu können. Mit ihr kann die Bildqualität an die zur Verfügung stehende Netzlast oder an die Fähigkeiten des Ausgabemediums angepaßt werden. Aber auch zur partiellen Verschlüsselung lassen sich skalierbare Videoströme hervorragend nutzen, wie in Kapitel 7 aufgezeigt wurde. Die dort erzielten Ergebnisse übertreffen sogar noch die mit herkömmlichen Videos erreichbaren Resultate. Weiterhin lassen sich völlig neue und interessante Techniken wie die transparente Verschlüsselung mit skalierbaren Videoströmen realisieren.

Die Zukunft des digitalen Videos wird mit MPEG–4 das objektorientierte Konzept auch für Videodaten bringen. Die in Videoszenen enthaltenen Objekte können somit speziell an ihre Eigenschaften angepaßte Methoden zur Kompression, Darstellung oder für ihre geometrische Manipulation anbieten. Von daher liegt der Gedanke nahe, auch die Sicherheitsfunktionalitäten als für die Objekte angepaßte Methoden zu realisieren. Die Möglichkeiten, die diese Technik mit sich bringt, lassen dann in puncto Flexibilität für die Sicherheit und die Vertraulichkeit bei der Videoübertragung keine Wünsche mehr offen.

Literaturverzeichnis

[Aal96]   T. Aalto: *IPv6 Authentication Header and Encapsulated Security Payload.*
          `http://www.tcm.hut.fi/Oppinot/Tik-110.551/1996/ahesp.html`,
          1996

[AgGo96] I. Agi, L. Gong: *An Empirical Study of Secure MPEG Video Transmissions.* ISOC Symposium on Network and Distributed System Security, San Diego, CA, 1996

[Alc97]   Alchemy Mindworks Inc.: *GIF Construction Set.*
          `http://www.mindworkshop.com/alchemy/gcsfaq.txt`, 1997

[AMZ95]   E. Amir, S. McCanne, H. Zhang: *An Application Level Video Gateway.* Proc. 3rd ACM Multimedia, San Francisco, CA, 1995

[ATM]   The ATM Forum: `http://www.atmforum.com/`

[ATM97]   The ATM Forum: *Phase I ATM Security Specification (3rd Draft).* ATM Forum BTD-SEC-01.03, 1997

[Bar93]   M.F. Barnsley: *Fractals Everywhere.* Academic Press, New York, 1993, ISBN 0-12-079061-0

[BBHK96] K. Bahr, S. Braun, E. Hinsch, P. Kirstein: *Security Architecture for MERCI.* MERCI-Projekt, Deliverable D10.1,
          `http://www-mice.cs.ucl.ac.uk/mice/merci/deliverables/`
          `d10.1/d10.1.html`, 1996

[BGU95]   P. Bahl, P.S. Gauthier, R.A. Ulichney: *Software–only Compression, Rendering, and Playback of Digital Video.* Digital Technical Journal, 7(4), 1995

[BiKo95] E. Biham, P.C. Kocher: *A Known Plaintext Attack on the PKZIP Stream Cipher.* Proc. Fast Software Encryption: 2nd Int'l Workshop, Leuven, Belgium, 1994, pp. 144–153
          Springer Verlag, Berlin, 1995, LNCS 1008, ISBN 3-540-60590-8

[BiSh93] E. Biham, A. Shamir: *Differenital Cryptanalysis of the Data Encryption Standard.* Springer Verlag, Berlin, 1993, ISBN 3-540-97930-1

[BKR97]   T. Blecher, T. Kunkelmann, R. Reinema: *Kryptographieverfahren für Videoübertragung.* GMD–Studien Nr. 319, Sankt Augustin, 1997, ISBN 3-88457-319-5

[BTH96]   L. Boney, A.H. Tewfik, K.N. Hamdy: *Digital Watermarks for Audio Signals.* Proc. 3rd IEEE International Multimedia Computing and Systems Conference, Hiroshima, Japan, 1996

[BZB97] R. Braden, L. Zhang, S. Berson et al: *Resource ReSerVation Protocol (RSVP) — Version 1 Functional Specification*. RFC 2205, 1997

[CFN90] D. Chaum, A. Fiat, M. Naor: *Untraceable Electronic Cash*. Proc. Advances in Cryptoplogy — CRYPTO'88, pp. 319–327
Springer Verlag, Berlin, 1990, LNCS 403, ISBN 3-540-97196-3

[ChCh89] G.H. Chiou, W.T. Chen: *Secure Broadcasting Using the Secure Lock*. IEEE Transactions on Software Engineering, 15(8), pp. 929–934, 1989

[Com90] CompuServe Inc.: *Graphics Interchange Format (sm) Version 89a*. CompuServe Inc., Columbus, OH, 1990

[DeHi95] S. Deering, R. Hinden: *Internet Protocol, Version 6 (IPv6) Specification*. RFC 1883, 1995

[DES77] National Buerau of Standards: *Data Encryption Standard*. FIPS 46, Government Printing service, 1977

[DGH87] D.F. Dixon, S.J. Golkin, I.H. Hashfield: *DVI Video Graphics*. Computer Graphics World, Juli 1987

[DiHe76] W. Diffie, M.E. Hellmann: *New Directions in Cryptography*. IEEE Transactions on Information Theory, 6, pp. 644–654, 1976

[DiSt97] J. Dittmann, A. Steinmetz: *A Technical Approach to the Transparent Encryption of MPEG-2 Video*. Proc. Communication and Multimedia Security Conference, Athens, Greece, 1997

[DSS94] National Buerau of Standards: *Digital Signature Standard (DSS)*. FIPS PUB 186, Government Printing service, 1994

[DVB] Digital Video Broadcasting project: http://www.dvb.org/

[Ebe93] H. Eberle: A High-Speed DES Implementation for Network Applications. Proc. Advances in Cryptology — Crypto'92, pp. 521–539
Springer Verlag, Berlin, 1993, LNCS 740, ISBN 3-540-57340-2

[EfLa94] W. Effelsberg, B. Lamparter: *eXtended Color Cell Compression*. Proc. 2nd Int'l Workshop on Advanced Teleservices and High-Speed Communication Architectures (IWACA'94), Heidelberg, Germany, pp. 181–190
Springer Verlag, Berlin, 1994, LNCS 868, ISBN 3-540-58494-3

[EnSt88] J. Encarnação, W. Straßer: *Computer Graphics*. 3. Aufl., R. Oldenbourg Verlag GmbH, München, 1998, ISBN 3-486-20640-0

[Eri94] H. Eriksson: *The Multicast Backbone*. Communications of the ACM, 37(8), pp. 54–60, 1994

[Fis94] Y. Fisher: *Fractal Image Compression — Theory and Application*. Springer Verlag, New York, 1994, ISBN 0-387-94211-4

[Fli96] H. Fliegner: *Kompressionsverfahren für multimediale Daten*. Diplomarbeit am FB Informatik, TU Darmstadt, 1996

[FKK96]   A.O.Freier, P. Karlton, P.C. Kocher: *The SSL Protocol Version 3.0.*
           `ftp://ietf.org/internet-drafts/`
           `draft-ietf-ssl-version3-00.txt`, 1996

[Fre94]   R. Frederic: *Experiences with real-time software video compression.*
           XEROX Parc,
           `ftp://ftp.parc.xerox.com/pub/net-research/nv-paper.ps`,
           1994

[FRS94]   Y. Fisher, D. Rogovin, T.P. Shen: *Fractal (Self-VQ) Encoding of Vi-
           deo Sequences.* Proc. SPIE Visual communications and image pro-
           cessing (VCIP'94), Chicago, IL, 1994

[Fol90]   J. Foley: *Computer Graphics — Principles and Practice.* 2nd Ed.,
           Addison–Wesley, Reading, 1990, ISBN 0-201-12110-7

[Gar94]   S. Garfinkel: *PGP: Pretty Good Privacy.* O'Reilly & Associates,
           1994, ISBN 1-56592-098-8

[HaGi96]   F. Hartung, B. Girod: *Digital Watermarking of Raw and Compres-
           sed Video.* Proc. European EOS/ SPIE Symposium on Advanced
           Imaging and Network Technologies, Berlin, Germany, 1996

[Ham87]   R.W. Hamming: *Information und Codierung.* 2. Aufl., VCH, Wein-
           heim, 1987, ISBN 3-527-26611-9

[Hoe98]   P. Hörmann: *Konzeption und prototypische Realisierung eines Ga-
           teways zwischen Multimedia-Konferenzen im Multicast Backbone
           (MBone) und nach dem Standard H.323.* Diplomarbeit am FB Elek-
           trotechnik, TU Darmstadt, 1998

[HoGi97]   U. Horn, B. Girod: *Scalable Video coding for the Internet.* Computer
           Networks and ISDN Systms, 29(15), pp. 1883–1842, 1997

[HoWe97]   U. Horn, J. Weigert: *ScalVico homepage.*
           `http://www4.informatik.uni-erlangen.de/Projects/ScalVico/`,
           1997

[Hu95]   W. Hu: *DCE Security Programming.* O'Reilley & Associates, Inc.,
           Sebastopol, CA, 1995, ISBN 1-56592-134-8

[Huf52]   D.A. Huffman: *A Method for the Construction of Minimum-
           Redundancy Codes.* Proc. IRE, 40(9), pp. 1098–1101, 1952

[IETF]   Internet Engineering Task Force:
           `ftp://ietf.org/internet-drafts`

[ISO93]   ISO/IEC International Standard 11172-2: *Coding of Moving Pictu-
           res and Associated Audio for Digital Storage Media up to about 1.5
           Mbit/s — Part 2: Video.* 1993

[ISO94]   ISO/IEC International Standard 10918-1: *Digital Compression and
           Coding of Continuous-Tone Still Images: Requirements and Guide-
           lines.* 1994

[ISO95]   ISO/IEC International Standard 13818-3: *Generic coding of moving pictures and associated audio information — Part 3: Audio.* 1995

[ISO96a]   ISO/IEC International Standard 13818-1: *Generic coding of moving pictures and associated audio information: Systems.* 1996

[ISO96b]   ISO/IEC International Standard 13818-2: *Generic coding of moving pictures and associated audio information: Video.* 1996

[ISO98]   R. Koenen (Ed.): *MPEG-4 Overview.* ISO/IEC JTC1/SC29/WG11 Document N2196, Tokyo, 1998

[ITU93a]   ITU-T Recommendation H.261: *Video codec for audiovisual services at $p \times 64$ kbit/s.* 1993

[ITU93b]   ITU-T Recommendation H.320: *Narrow-Band Visual Telephone Systems and Terminal Equipment.* 1993

[ITU96a]   ITU-T Recommendation H.263: *Video coding for low bitrate communication.* 1996

[ITU96b]   ITU-T Recommendation H.323: *Visual Telephone Systems and Equipment fir Local Area Networks which provide a non guaranteed Quality of Service.* 1996

[Kah67]   D. Kahn: *The Codebreakers: The Story of Secret Writing.* Macmillan Publishing Co., New York, 1967

[Knu97]   D. Knuth: *The Art of Computer Programming: Volume 2, Seminumerical Algorithms.* 3rd Ed., Addison–Wesley, Reading, 1997, ISBN 0-201-89684-2

[KRSB97]   T. Kunkelmann, R. Reinema, R. Steinmetz, T. Blecher: *Evaluation of Different Video Encryption Methods for a Secure Multimedia Conferencing Gateway.* 4th COST 237 Workshop, Lisboa, Portugal, pp. 75–89
           Springer Verlag, Heidelberg, 1997, LNCS 1356, ISBN 3-540-63935-7

[KuHo98a] T. Kunkelmann, U. Horn: *Partial Video Encryption Based on Scalable Coding.* Proc. 5th International Workshop on Systems, Signals and Image Processing (IWSSIP'98), Zagreb, Croatia, 1998

[KuHo98b] T. Kunkelmann, U. Horn: *Video Encryption Based on Data Partitioning and Scalable Coding — A Comparison.* Proc. 5th International Workshop on Interactive Distributed Multimedia Systems (IDMS'98), Oslo, Norway, 1998

[KuRe97a] T. Kunkelmann, R. Reinema: *A Scalable Security Architecture for Multimedia Communication Standards.* Proc. 4th IEEE International Conference on Multimedia Computing and Systems (ICMCS'97), Ottawa, Canada, pp. 660–661
           IEEE Computer Society, 1997, ISBN 0-8186-7819-4

[KuRe97b]   T. Kunkelmann, R. Reinema: *A Scalable Security Gateway for Multimedia Communication Tools.* IFIP WG 6.1 International Working Conference on Proc. Distributed Applications and Interoperable Systems (DAIS'97), Cottbus, Germany, pp. 89–94
Chapman & Hall, 1997, ISBN 0-412-82340-3

[KVMW98]   T. Kunkelmann, H. Vogler, M.L. Moschgath, L. Wolf: *Scalable Security Mechanisms in Transport Systems for Enhanced Multimedia Services.* Proc. 3rd European Conference on Multimedia Applications, Services and Techniques (ECMAST'98), Berlin, Germany, 1998
Springer Verlag, Heidelberg, 1997, LNCS 1425, ISBN 3-540-64594-2

[L3FAQ]   MPEG Audio Layer-3 FAQ:
`ftp://ftp.fhg.de/pub/layer3/l3faq.html`

[Lai92]   X. Lai: *On the Design and Security of Block Ciphers.* ETH Series in Information Processing, 1, Hartung–Gorre Verlag, Konstanz, 1992

[LaMa91]   X. Lai, J. Massey: *A Proposal for a New Block Encryption Standard.* Proc. Advances in Cryptology — EUROCRYPT'90, pp. 389–404
Springer Verlag, Berlin, 1991, LNCS 473, ISBN 3-540-53587-X

[LCTC96]   Y. Li, Z. Chen, S. Tan, R.H. Campbell: *Security Enhanced MPEG Player.* Proc. IEEE 1st International Workshop on Multimedia Software Development (MMSD'96), Berlin, Germany, 1996

[Lie96]   R. Lienhart: *Automatic Text Recognition for Video Indexing.* Proc. 4th ACM International Multimedia Conference, Boston, MA, 1996

[Man83]   B. Mandelbrot: *Fractal Geometry of Nature.* W.H. Freeman & Co., New York, 1983, ISBN 0-7167-1186-9

[MaQu94]   B. Macq, J.-J. Quisquater: *Digital images multiresolution encryption.* IMA Intellectual Property Journal, 1(1), pp. 179-186, 1994

[MaQu95]   B. Macq, J.-J. Quisquater: *Cryptology for Digital TV Broadcasting.* Proc. of the IEEE, 83(6), pp. 944-957, 1995

[MaSp95]   T.B. Maples, G.A. Spanos: *Performance Study of a Selective Encryption Scheme for the Security of Networked Real-time Video.* Proc. 4th International Conference on Computer and Communications, Las Vegas, NV, 1995

[Mat94]   M. Matsui: *Linear Cryptanalysis Method for DES Cipher.* Proc. Advances in Cryptology — EUROCRYPT'93, pp. 386–397
Springer Verlag, Berlin, 1994, LNCS 765, ISBN 3-540-57600-2

[McJa95]   S. McCanne, V. Jacobson: *vic: A Flexible Framework for Packet Video.* Proc. 3rd ACM Multimedia, San Francisco, CA, 1995

[MeGa94]   J. Meyer, F. Gadegast: *Sicherheitsmechanismen für Multimediadaten am Beispiel MPEG-1 Video.* Technischer Bericht, TU Berlin,
`http://www.mpeg1.de/doc/secmpeg.ps.gz`, 1994

[Mer78]   R.C. Merkle: *Secure Communication Over Insecure Channels*. Communications of the ACM, 21(4), pp. 294–299, 1978

[MFSW97]   M. Merz, K. Froitzheim, P. Schulthess, H. Wolf: *Iterative Transmission of Media Streams*. Proc. 5th ACM Multimedia, Seattle, WA, . 1997

[Mil86]   V.S. Miller: *Use of Elliptic Curves in Cryptography*. Proc. Advances in Cryptology — CRYPTO'85, pp. 417–426
            Springer Verlag, Berlin, 1986, LNCS 218, ISBN 3-540-16463-4

[Mil95]   T. Milde: *Videokompressionsverfahren im Vergleich*. dpunkt Verlag, Heidelberg, 1995, ISBN 3-920993-23-3

[Mit97]   S. Mittra: *Iolus: A Framework for Scalable Secure Multicasting*. Proc. SIGCOMM'97, Cannes, France, pp. 277–288, 1997

[MPEG]   MPEG-FAQ: `http://www.mpeg1.de/mpegf.html`

[NeUl93]   B. Neidecker–Lutz, R.A. Ulichney: *Software Motion Pictures*. Digital Technical Journal, 5(2), 1993

[OMA97]   R. Ohbuchi, H. Masuda, M. Aono: *Watermarking Three-Dimensional Polygonal Models*. Proc. 5th ACM Multimedia, Seattle, WA, 1997

[OMG96]   Object Management Group: *Security Service, v1.0*. 1996

[OMG98]   Object Management Group: *The Common Object Request Broker: Architecture and Specification*. Revision 2.2, 1998

[OrSo98]   M. Orzessek, P. Sommer: *ATM & MPEG-2: integrating digital video into broadband networks*. Prentice Hall, Upper Saddle River, NJ, 1998, ISBN 0-13-243700-7

[PeMi93]   W.B. Pennebaker, J.L. Mitchell: *JPEG: Still Image Compression Standard*. Van Nostrand Reinhold, New York, 1993, ISBN 0-442-01272-1

[PeWe72]   W.W. Peterson, E.J. Weldon: *Error Correcting Codes*. 2. Aufl., MIT Press, Cambridge, 1972, ISBN 0-262-16-039-0

[PSR93]   K. Patel, B.C. Smith, L.A. Rowe: *Performance of a Software MPEG Video Decoder*. Proc. ACM Multimedia, Anaheim, CA, 1993

[QiNa97]   L. Qiao, K. Nahrstedt: *A New Algorithm for MPEG Video Encryption*. Proc. 1st International Conference on Imaging Science, Systems and Technology, Las Vegas, NV, 1997

[Riv92a]   R. Rivest: *The MD5 Message-Digest Algorithm*. RFC 1321, 1992

[Riv92b]   R. Rivest: *The RC4 Encryption Algorithm*. RSA Data Security, Inc., Redwood City, CA, 1992

[Rob95]   M.J.B Robshaw: *Stream Ciphers*. TR-701, RSA Data Security, Inc., Redwood City, CA, 1995

[RoCo94]   P. Rogaway, D.Coppersmith: *A Software-Oriented Encryption Algorithm*. Proc. Fast Software Encryption, Cambridge Security Workshop, pp. 56–63
Springer Verlag, Berlin, 1994, LNCS 809, ISBN 3-540-58108-1

[RSA78]   R. Rivest, A. Shamir, L. Adleman: *A Method for Obtaining Digital Signatures and Public Key Cryptosystems*. Communications of the ACM, 21(2), pp. 120–126, 1978

[SCF96]   H. Schulzrinne, S. Casner, R. Frederick et al: *RTP: A Transport Protocol for Real-Time Applications*. RFC 1889, 1996

[Sch94]   B. Schneier: *Description of a New Variable-Length Key, 64-Bit Block Cipher (Blowfish)*. Proc. Fast Software Encryption, Cambridge Security Workshop, pp. 191–204
Springer Verlag, Berlin, 1994, LNCS 809, ISBN 3-540-58108-1

[Sch96]   B. Schneier: *Applied Cryptography*. 2nd Ed., John Wiley, New York, 1996, ISBN 0-471-11709-9

[Sch97a]   R. Schäfer: *MPEG-4 and its Functionalities for Video Object Manipulation*. Proc. 2nd Erlangen Symposium Advances in Digital Image Communication, Erlangen, Germany, 1997

[Sch97b]   A. Schill: *Das OSF Distributed Computing Environment*. 2. Aufl., Springer Verlag, Berlin, 1997, ISBN 3-540-62571-2

[Sch98]   D. Scheuermann: *Hash-Funktionen auf der Basis modularer Arithmetik*. Dissertation, Justus–Liebig–Universität Gießen, 1998

[Sco85]   R. Scott: *Wide Open Encryption Design Offers Flexible Implementations*. Cryptologia 9(1), pp. 75–90, 1985

[Sha49]   C.E. Shannon: *Communication Theory of Secret Systems*. Bell System Technical Journal, 28(4), pp. 656–715, 1949

[SHA93]   National Institute of Standards and Technology: *Secure Hash Standard*. NIST FIPS PUB 180, U.S. Department of Commerce, 1993

[SHB95]   D. Stevenson, N. Hillery, G. Byrd: *Secure Communications in ATM Networks*. Communications of the ACM, 38(2), pp. 45–52, 1995

[ShMi88]   A. Shimizu, S. Miyaguchi: *Fast Data Encipherment Algorithm FEAL*. Proc. Advances in Cryptology — EUROCRYPT'87, pp. 267–278
Springer Verlag, Berlin, 1988, LNCS 304, ISBN 3-540-19102-X

[SiCh97]   T. Sikora, L. Chiariglione: *MPEG-4 Video and its Potential for Future Multimedia Services*. Proc. IEEE International Symposium on Circuits and Systems — ISCAS'97, Hong Kong, 1997

[Sta95]   W. Stallings: *Sicherheit im Datennetz*. Prentice Hall, München, 1995, ISBN 3-930436-29-9

[Ste94a]   R. Steinmetz: *Data Compression in Multimedia computing - principles and techniques*. Multimedia Systems, 1(4), pp. 166–172, Springer Verlag, Berlin, 1994

[Ste94b]   R. Steinmetz: *Data Compression in Multimedia computing - standards and systems.* Multimedia Systems, 1(5), pp. 187–204, Springer Verlag, Berlin, 1994

[StNa95]   R. Steinmetz, K. Nahrstedt: *Multimedia: Computing, Communications and Applications.* Prentice Hall, Englewood Cliffs, NJ, 1995, ISBN 0-13-324435-0

[Tan96]   L. Tang: *Methods for Encrypting and Decrypting MPEG Video Data Efficiently.* Proc. 4th ACM International Multimedia Conference, Boston, MA, 1996

[UHK]   Image Processing Laboratory of City University of Hong Kong: `ftp://ftp.image.cityu.edu.hk/pub/images/sequences`

[Wal91]   G. Wallace: *The JPEG Still Picture Compression Standard.* Communications of the ACM, 34(4), pp. 30–44, 1991

[Wan84]   Z. Wang: *Fast Algorithms for the Discrete W Transform and for the Discrete Fourier Transform.* IEEE Transactions on Acoustic, Speech and Signal Processing, 32(4), pp. 803–816, 1984

[WRC87]   I.H. Witten, M.N. Radford, J.G. Cleary: *Arithmetic Coding for Data Compression.* Communications of the ACM, 30(6), pp. 520–540, 1987

[Ylo95]   T. Ylönen: *The SSH (Secure Shell) Remote Login Protocol.* `http://www.cs.hut.fi/ssh/RFC`, 1995

[ZhKo96]   J. Zhao, E. Koch: *A Digital Watermarking System for Multimedia Copyright Protection.* Proc. 4th ACM International Multimedia Conference, Boston, MA, 1996